I0476831

Материалы VII международной научно-практической

конференции

Фундаментальные и
прикладные науки сегодня

21-22 декабря 2015 г.

North Charleston, USA

Том 3

УДК 4+37+51+53+54+55+57+91+61+159.9+316+62+101+330

ББК 72

ISBN: 978-1522984658

В сборнике опубликованы материалы докладов VII международной научно-практической конференции   " Фундаментальные и прикладные науки сегодня ".

Все статьи представлены в авторской редакции.

Содержание
Биологические науки

Геолого-минералогические науки

Исторические науки

Медицинские науки

Науки о земле

Содержание

Педагогические науки

Политические науки

Психологические науки

Социологические науки

Содержание

Технические науки

Фармацевтические науки

Филологические науки

Философские науки

Содержание

Экономические науки

Юридические науки

Содержание

Талалаева Г.В.
доцент, доктор медицинских наук, Уральский институт ГПС МЧС России,
Уральский федеральный университет
gvtalal@mail.ru

СОЗДАНИЕ ГИБРИДНОЙ НАЦИИ НА УРАЛЕ

Актуальность темы. Средний Урал, включая Свердловскую область, характеризуется уникальным географическим положением: они находится на основных путях трудовой миграции, возникших в связи с формированием Евразийского экономического союза (ЕАЭС). Поэтапное создание Таможенного союза, а затем ЕАЭС сопровождается нарастающей либерализацией условий приема на работу в РФ граждан ЕАЭС, усилением их социальной защищенности на территории РФ, признанием российскими работодателями дипломов стран ЕАЭС.

В настоящее время отсутствует единая технология мониторинга миграционных процессов в Уральском регионе, которые качественно изменились с 01 января 2015 года в связи с образованием ЕАЭС и вступлением в юридическую силу четырех гарантий: свободного перемещения через границы товаров, услуг, денег и рабочей силы.

Демографические последствия такой интеграции окончательно не просчитаны. Нам представляется, что создание баз данных о миграционных потоках в России в условиях создания ЕАЭС, должно быть дополнено знаниями основных законов экологии, описывающих заселение территории двумя сообществами с разными стратегиями поведения – коренных и пришлых. Модели формирования гибридных сообществ детально исследовано популяционной и прикладной экологией. Известно, что наибольшее напряжение демографических процессов и внутривидовой конкуренции реализуется по принципу краевого эффекта и регистрируется в так называемой гибридной зоне. Мы полагаем, что адекватной моделью для описания специфики миграционных процессов на Урале в условиях формирования ЕАЭС, является концепция гибридной зоны и создания гибридных сообществ. С точки зрения данной концепции, Средний Урал является гибридной зоной, поскольку представляет собой авиационный, автомобильный и железнодорожный узел на пути миграционных потоков из Азии в Европу. При этом большинство мигрантов минуют территорию транзитом, но часть их оседает, создавая предпосылки для формирования гибридной нации с такими высокими темпами, что они могут быть оценены как молниеносные по сравнению с предыдущими многовековыми тенденциями.

Цель работы – охарактеризовать миграционные процессы Свердловской области, используя для формализации наблюдаемых явлений концепцию гибридной зоны и сопоставляя характеристики пришлых и коренных жителей по их принадлежности к стено- и эврибионтным качествам, приверженности к k- и r- стратегиям воспроизводства. Для характеристики Среднего Урала как гибридной зоны нами проведена сравнительная оценка социальной и миграционной мобильности ряда субъектов Российской Федерации на основании официальных данных переписи населения 2010 года.

Полученные результаты. Существующие технологии мониторинга миграционных потоков, реализуемых через Урал в северном, восточном и западном направлении, демонстрируют цифры, которые в сотни раз превышают численность мигрантов, осевших в Свердловской области и зарегистрированных паспортной службой. Например, в 2014 году Росстат оценил прирост населения Свердловской области за счет механического движения около 2 тысяч человек, тогда как паспортная служба аэропорта Кольцово города Екатеринбурга зарегистрировала почти 200 тысяч мигрантов, въехавших на Урал. Различия значительные. Они свидетельствуют о том, что существующие технологии регистрации демографических показателей, ориентированные на управление устойчивым обществом, не в состоянии в полной мере оценить масштаб транзитной миграции и не позволяют эффективно спрогнозировать ее социальные последствия.

Мигранты из стран бывшего СНГ традиционно отличаются от уральцев большей привлекательностью для работодателей: они не обременены семьей, характеризуются более высокой работоспособностью, меньшей требовательностью к условиям труда, высокой мобильностью. В условиях единого рынка труда, формирующего в рамках ЕАЭС с первого января 2015 года, названные обстоятельства становятся пусковым механизмом перераспределения социально-экономических ролей между мигрантами и коренным населением Урала. Признание четырех гарантий в рамках ЕАЭС (свободного перемещения денег, товаров, услуг и рабочей силы), а также взаимное признание дипломов странами участницами ЕАЭС качественно трансформируют конкуренцию за вакансии среди выпускников высших учебных заведений России, Беларуси и Казахстана, значительно повышают их роль мигрантов в реализации семейно-брачного и репродуктивного поведения постоянных жителей Урала. Совокупность перечисленного создает объективные предпосылки для формирования гибридного сообщества людей в ключевой территории России, объединяющей ее европейскую и азиатскую части.

Установлено, что численность мигрантов, въехавших в Свердловскую область авиатранспортом только за один год (2014) равняется 4 % от общей численности населения территории. Подавляющее большинство мигрантов, въехавших в Екатеринбург в поисках работы, являются молодыми мужчинами в возрасте от 18 до 35 лет. Их количество соответствует одной трети численности постоянных жителей Свердловской области, сопоставимого пола и возраста, что равнозначно численности среднего города области и/или целому административному району мегаполиса. Приезжие ориентированы на максимально быстрое получение средств к существованию, воспитаны в культуре полигамных отношений, имеют положительные установки на репродуктивное поведение и создание брачных союзов с постоянными жительницами Урала. Многие из последних воспринимают мигрантов как престижную партию для гражданского брака из-за их трудоспособности, хозяйственности и трезвого образа жизни.

В современных условиях формирования единого рынка труда в рамках ЕАЭС и отмены квот для трудовых мигрантов стран участниц ЕАЭС мигранты все более активно образуют гражданские браки, становясь родителями внебрачных детей, рожденных в межнациональных семьях. Данное явление умаляет роль семьи как института социализации новых поколений уральцев, не отслеживается существующими технологиями мониторинга демографического статуса уральцев и, следовательно, не становится объектом социальной, семейной и демографической политики региона. Кроме того, данное обстоятельство выводит демографическое поведение мигрантов за пределы официальной статистики и создает объективные условия для формирования на Урале гибридных сообществ, содержащих в себе гено- и фенотипические признаки эврибионтов с r-стратегией воспроизводства.

Сегодня в Уральском регионе и в Свердловской области наблюдается активный процесс изменение роли мигрантов как социально-экономических акторов. Их социальная роль в жизни региона прогрессивно возрастает на фоне усиливающегося пассивного, рентного, а порой и девиантного поведения коренных жителей. Так, например, одно поколение назад, в конце XX века, мигранты из стран бывшего СНГ ориентировались на выполнение низкоквалифицированных работ; в начале XXI века они заняли достойные ниши во многих системообразующих сферах социально-экономической жизни региона, включая транспорт, логистику, сферу питания, услуг, клининга, систему образования и здравоохранения.

Коренные жители Урала обладают более сложным сценарием жизни. Они ориентированы не на рабочий труд, а на получение высшего образования с последующим трудоустройством на государственную службу, а также руководящие должности коммерческих фирм и общественных организаций. Сценарий социализации уральской молодежи в элиту общества соответствует стенобионтному типу адаптации, связанному с отсроченным родительством, узкой специализацией в профессиональной сфере, малодетностью, т.е. характеризуется k-стратегией воспроизводства.

Граница, разделяющая ареалы коренных жителей и мигрантов, по факту полупроницаема: прозрачная для мигрантов и закрытая для уральцев в силу высоких требований к комфорту, зарплате, социальному статусу и престижу избираемой профессии у последних. Совокупность фактов позволяет охарактеризовать демографическую ситуацию на Урале как процесс формирования гибридного сообщества с элементами эндогенной сукцессии коренных функциональных подвидов и активного развития интрадуцентов с перспективой скачкообразной трансформации демографической структуры жителей Урала в горизонте одного поколения. Полученные результаты имеют практическое и теоретическое значение. Они необходимы для эффективного управления устойчивым развитием территории.

Анализ социальной, экономической и демографической ситуации позволяет заключить, и язык ее образовательной системы, начинает уступать свои позиции другим нация. Идет процесс формирования гибридной нации, в которой политические приоритеты пока остаются за нацией, давшей название Российской Федерации; экономические рычаги постепенно переходят под управление диаспорам мигрантов из стран бывшего СНГ, а язык преподавания в системе образования, и, следовательно, система воспроизводства научно-технической и гуманитарной элиты общества затачивается под англоговорящие лекала и традиции. Совокупность перечисленных процессов обладает синергетическим эффектом и ускоряет создание в Уральском регионе гибридной нации, в структуре менеджмента которой одновременно присутствуют три отличных друг от друга программы, конфликт между которыми может быть спровоцирован усилением демографических диспропорций в структуре населения региона.

Система высшего образования многократно ускоряет процесс интеграции мигрантов в экономику Уральского региона и оттеснение коренных специалистов на обочину борьбы за конкурентоспособные вакансии в связи с тем, что активно внедряет инновационные магистерские программы, нацеленные на подготовку магистрантов с «двойными» дипломами, в частности Российской Федерации и Республики Казахстан. Новый формат обучения приводит не только к положительным, но и отрицательным эффектам. Последние обусловлены тем, что российская сторона выступает де факто не столько равным, сколько младшим партнером, поскольку по сравнению с уральскими вузами ряд университетов Казахстана имеют более высокий рейтинг в международных базах данных и наделены статусом, при котором дипломы Республики Казахстан признаются странами Евросоюза.

Данные, представленные на официальном сайте Росстата, убеждают в том, что, несмотря на наличие волн миграции, вызванных комплексом причин, иммиграция играет существенную роль в формировании структуры населения РФ. В частности, в 2007 году количество легально прибывших в Россию оказалось в шесть раз больше количества выехавших [1]. По данным ФМС иммиграция покрыла 71 % естественной убыли населения РФ [2]. Этнический состав волн иммиграции за последнюю четверть века был неодинаковым. Первая после распада СССР волна иммигрантов приходится на 90-е гг., характеризовалась возвращением этнических русских из стран СНГ и укрепляла статус русской нации как титульной нации Российской Федерации. Общее число приехавших в Россию в 1992—2000 гг. оценивается в 8 млн человек.

Вторая волна иммигрантов в РФ приходилась на «нулевые годы», была связана с экономическим ростом в стране. Ее основной состав сформировали временные трудовые мигранты из республик Средней Азии и Закавказья, которые зачастую не владели русским языком и не имели профессии. Большинство иностранцев, временно находящихся в России были гражданами стран СНГ, преимущественно Украины, Узбекистана, Таджикистана, Киргизии, Молдавии. Среди государств, не входящих в СНГ, наибольшее количество мигрантов были выходцами из Китая, Вьетнама, Афганистана, Турции. В силу невысокой квалификации, отсутствия образования и соответствующих дипломов, позволяющих им занимать ключевые должности в экономике и социальной жизни российского общества, вторая волна иммиграции также не внесла существенных изменений в титульный статус русской нации.

Более того, суммарно первые две волны иммиграции в РФ укрепили доминирующее положение русского этноса в демографической структуре населения. Этнический состав миграционного прироста населения России в процентах за 1992—2007 годы был следующим [3]: русские — 65,1; армяне — 7,2; украинцы и белорусы — 6,6; татары — 5,4; азербайджанцы — 2,3; башкиры, марийцы, мордва, удмурты и чуваши — 1,9; другие народы России — 2,0; остальные —9,5 %. Специфика первых двух волн иммиграции создала иллюзию стабильности социальных институтов РФ, их непоколебимости и неизменности под напором волн трудовых мигрантов, которые сегодня в ЕС осознаются как угроза политической стабильности и обозначаются термином «миграционная бомба».

Эти процессы связаны с увеличением доли мигрантов в структуре численности населения страны до тех уровней, которые могут стать критической массой для самопроизвольной трансформации социальных институтов и инфраструктурных характеристик страны. Опасность данной трансформации усугубляется значительным количеством нелегальных иммигрантов. Известно, что Россия находится на втором месте (после США) по числу законных и нелегальных иммигрантов, проживающих на территории страны. Их число в РФ по мнению экспертов ООН оценивается на уровне 13 млн человек (около 9 % населения), по данным Федеральной миграционной службы – на уровне 20 млн человек, из которых 10 млн человек трудятся нелегально.

В рамках демографической политики России данному социально-политическому аспекту иммиграции до сих пор не уделялось приоритетное значение. Влияние трудовой иммиграции на российское общество анализировалось преимущественно с экономической точки зрения. При этом отмечается, что привлечение иммигрантов как дешевой рабочей силы в краткосрочной перспективе и в определенном объеме оказывает положительное влияние на российскую экономику, т.к. повышает ее конкурентоспособность. Количество трудовых мигрантов, способных обеспечить благосостояние населения России оценивается величиной как минимум в 20 миллионов иммигрантов. В долгосрочной перспективе прогнозируется негативное влияние на экономику России дешевого труда низкоквалифицированных иммигрантов, т.к. ввиду недостаточной квалификации и низкой производительности труда они не смогут обеспечить повышение рентабельности предприятий и сферы услуг [4].

Формирование Таможенного союза, а затем ЕАЭС определило специфику третьей волны трудовой иммиграции в Россию. Отмечена активизация миграционных потоков между Российской Федерацией Республикой Казахстан, Российской Федерацией и Республикой Беларусь, в том числе из лиц, имеющих высокую профессиональную квалификацию. Социальная, профессиональная и миграционная мобильность коренного населения в новых условиях становится определяющей для гарантии стабильности и суверенитета российского государства.

Расчеты, проведенные нами на основании результатов переписи населения РФ 2010 года, показали, что наибольший процент лиц, имеющих два и более источников дохода к существованию характеризует старшую возрастную группу россиян (50 лет и старше), в то время как наибольшее число россиян принадлежит к возрастной когорте среднего возраста 30-39 лет (табл. 1). Дисбаланс между экономической прочностью и гарантированностью доходов средней (более многочисленной) и старшей (менее многочисленной) когортой очевиден. Он будет затруднять выживание титульной нации страны в условиях усилившейся профессиональной конкуренции.

Таблица 1.

Характеристика отдельных возрастных когорт населения РФ

Возрастные когорты (лет)	Численность когорт (млн чел)	Доля лиц с двумя и более источниками существования (в % к численности когорты)
20-29	8,4	12,5
30-49	41,0	15,6
50-54	11,5	22,6
55-59	10,0	37,0
60-64	7,8	38,5
65-69	4,0	32,5
70 лет и старше	14,2	22,9

Анализ миграционной активности жителей отдельных территорий РФ, проведенный на основании результатов переписи населения РФ 2010 года, показывает, что отношение численности населения территории к количеству иностранных граждан в территории минимально в Уральском федеральном округе по сравнению с Сибирским и Приволжским. При этом отношение числа иностранных граждан в территории к числу граждан РФ, проживающих в данной территории и имеющих двойное гражданство, наоборот, в Уральском федеральном округе минимально по сравнению с округами сравнения (табл.2).

Таблица 2.

Сравнение миграционной активности жителей ряда территорий РФ

Название территории	Отношение количества граждан РФ к количеству иностранных граждан	Отношение количества иностранных граждан к количеству граждан РФ, имеющих двойное гражданство
Приволжский ФО	435,8	6,22
Сибирский ФО	225,3	8,12
Уральский ФО	203,5	8,92
Свердловская область	195,2	8,98

Полученные факты означают, что в Уральском федеральном округе, и в том числе в Свердловской области, входящей в его состав, миграционная активность постоянного населения в 1,5 раза ниже, а число граждан РФ, приходящихся на одного иностранца, в 2 раза меньше, чем в Приволжском федеральном округе. На наш взгляд, это подтверждает сформулированную в начале статьи гипотезу о том, что именно Средний Урал является гибридной зоной, в которой активно идет формирование гибридного сообщества взамен ранее существовавших титульных наций. Результаты проведенного анализа свидетельствует также о том, что формирование гибридной нации в Уральском федеральном округе происходит более быстрыми темпами, чем в сопредельных территориях.

Описанные популяционные явления являются новыми для Уральского региона. Их необходимо учитывать для обеспечения устойчивого развития территории и на их основе конструировать оптимальные параметры темпа и вектора формирования гибридных сообществ на Урале, в географическом центре России, на границе Европы и Азии.

Литература

1. Росстат, таблица «Международная миграция». [Электронный ресурс] http://www.gks.ru/bgd/regl/b08_11/isswww/exe/stg/d01/05-09/htm

2. Демоскоп, Мигранты улучшили демографическую ситуацию в РФ. [Электронный ресурс] http://demoscope/ru/weekly/2009/0373/rossia01.php#1

3. Итоги переписи населения РФ 2010 года [Электронный ресурс] http://demoscope/ru/weekly/2010/0417/tema07.php

4. «Евразийский подход»: занятость важнее зарплаты [Электронный ресурс] http://demoscope/ru/weekly/2008/0323/tema02.php

[1]Урусов В.М., [2] Варченко Л.И.
[1]д.б.н., с.н.с., проф. кафедры экологии ДВФУ; [2] н.с. ТИГ ДВО РАН;
e-mail: semkin@tig.dvo.ru

ВВЕДЕНИЕ В БИОГЕОГРАФИЮ СЕВЕРНОГО ПОЛУШАРИЯ (МАКРОУРОВЕНЬ)

Ключевые слова: тектоника Земли, морфоструктуры центрального типа (МЦТ), Арктическая МЦТ, МЦТ как макрорефугиумы биоты, адаптивная эволюция, посттектоническое схлопывание ландшафтов, ротации климата, гибридизация.

Использованы разработки геоморфологов школы ТИГ ДВО РАН по гигантским морфоструктурам Земли, их динамике и влиянию на ландшафто- и видообразование как в фазе воздымания горных сооружений, так и погружения. Последнее отчасти сопряжено с образованием окраинных морей и ускорением видообразования в зонах особого химизма воздуха и почвы и жёсткого репродукционного процесса. Тектоническое воздымание обеспечивает изоляцию мутаций от родительских популяций, их поддержку однонаправленной сменой почвенно-климатических условий. Погружение ведёт к схлопыванию высотно-зональных ландшафтов и гибридизации, приобретающей особое значение в системе ротаций стадиалов и межстадиалов.

Введение. В 1970-1980-е гг. геоморфологи Тихоокеанского института географии (ТИГ ДВО РАН) доказали центральноячеистое строение поверхности Земли. Гигантские морфоструктуры центрального типа (МЦТ) имеют разные возраст, величину (порядки), динамику, соответствующую фазам их жизни [4, 8, 28 и др.]. Мы особенно детально искали связь между МЦТ 1-3-го порядков, этапами их поздней эволюции с образованием окраинных морей и, с одной стороны, адаптивной эволюцией в зонах контакта глобального уровня в частности при особом химизме почвы и воздуха береговой полосы с её в значительной мере достаточно молодыми видами, населяющими супралитораль [24, 26], высокогорным радиационным мутагенезом, древним эндемизмом высокогорий, с другой стороны – географией МЦТ 1-3-го порядков, флористическими районами, провинциями и областями. Наиболее чёткой оказалась приуроченность ядра провинциальных флор, их характерных видов и в значительной мере эндемов к южной периферии горного обрамления с тяготением ксероморфных или по крайней мере ксеромезоморфных ландшафтов, экосистем и эндемов к центральным пониженным зонам, включая периферию окраинных морей как Ангарской, так и Охотской, Амурской, Японской, Корейской МЦТ 3-го порядка.

Однако наиболее обширная Циркумбореальная флористическая область акад. А. Л. Тахтаджяна [18] коррелирует с Арктической МЦТ 1-го порядка Г. И. Худякова [29], центр которой заполнил Северный Ледовитый океан, а периферию – варианты тундр и лесотундр, спускающихся по горным хребтам до 40° с. ш. и даже по высокогорью о-ва Хонсю до Средней Японии. МЦТ 3-го порядка соответствуют провинциальным флорам и зональным ландшафтам, инициированным в древности этапами их воздымания, в т.ч. меловыми схемы В.А. Красилова [7, 172-173], что подтверждается ареалами ряда сосудистых растений в монографиях А.И. Толмачёва [17 и др.], С.С. Харкевича и Н.Н. Качуры [27], А.Е. Кожевникова [5] и наших и сводке «Сосудистые растения советского Дальнего Востока» под редакцией С.С. Харкевича (1985-1996). Высокогорные и низкогорно-приморские фазы развития МЦТ при всей своей противоположности в плане распределения солнечного сияния и высотно-зональных климатов, разделении громадным временным сдвигом имели одно очень важное для макроэволюции биоты свойство. Тогда формировались самые активные зоны контакта глобального уровня, преобразовывавшие биоту через радиационный фон, солевой баланс, стрессируемый репродукционный процесс, напряжение физиологии, особенно жёсткие популяционные волны и самую надёжную эволюцию новообразований от отступающих вниз родительских популяций. Сходный процесс при отступлении Мирового океана не даёт обширных зон новообразований потому, что сменяющая его примерно через 40 тыс. л. мощная (на 100 и более метров) морская трансгрессия или консервирует микроэволюцию (адаптивная эволюция останавливается ротацией линейки экотопов на её начальных этапах) или уничтожает новообразования целиком при восстановлении шельфа.

Если учесть возраст наибольшего воздымания МЦТ 1-го порядка, а он старше мелового, больше, чем многие десятки млн. л. за которые образовались окраинные моря, то можно предполагать, что на месте Северного Ледовитого океана и его обширной периферии сформировалась зона адаптивной эволюции более высокого, чем родовой, уровня. Тогда Арктическая МЦТ Г. И. Худякова с её периферией принадлежит к главнейшим центрам видообразования Северного полушария, что давным-давно интуитивно обосновано М. Г. Поповым [11, 12, 13]. Сразу уточним, что в отличие от М. Г. Попова мы не считаем Арктику и Субарктику единственной прародиной субальпийских видов и форм, а также экосистем и ландшафтов, признавая Арктическую МЦТ только первой среди равных [22 и др.]. А значит приоритетность идей М. Г. Попова по преимущественно высокоширотному происхождению Голарктического царства флоры в целом подтверждается, уточняясь на уровне более компактных МЦТ [20], также вносящих свой вклад в эволюцию видов и ландшафтов с коррекцией на дрейф литосферных плит и закрытие праокеана Тетис [14, 20, 26].

Цель: доказать и детализировать для биоты Северного полушария в целом и её флористического разнообразия в частности определяющее значение надрегиональной и региональной геоморфологии и орографии в качестве важнейшего фактора макроэволюции.

Задачи: 1) показать, что развитие МЦТ 1-го порядка главный движитель эволюции биоты Голарктического и Неотропического царств Северного полушария; 2) показать различные пути и смыслы макроэволюции в фазах воздымания и погружения МЦТ; 3) показать принципиальные отличия и временные придержки адаптивной и гибридогенной («интрогрессивной» по Е. Г. Боброву, [1 и др.] эволюции.

Материал и методика. При анализе ареалов характерных видов Субарктики выявляется перекос в сторону Западной Сибири и Севера Дальнего Востока, где не только арктическая флора, но и растительность как ландшафтообразователи смещаются в т. ч. к югу от Северного полярного круга [15]. Типичные тундры Субарктики более обширны разве ещё в Канаде, что можно считать реликтом последнего стадиала. В целом зона формирования ценотипов и экосистем, характерных Арктической МЦТ, по Г. И. Худякову [29] ограничена 62° с. ш. (рис. 1), что существенно южней Северного полярного круга (66° 33′), маркируется рядом ареалов видов семейств *Cornaceae* и *Erycaceae*.

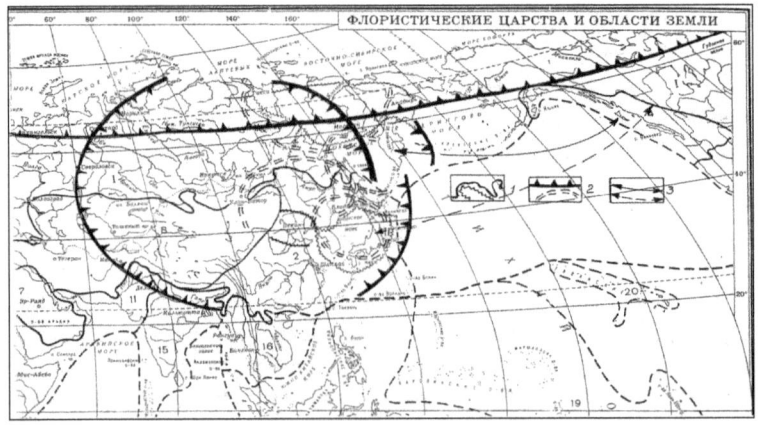

Разумеется, экстразональные сообщества и высокогорья продвигают эти виды далеко на юг куда они спустились в т. ч. в стадиалы при падении среднегодовых температур воздуха на 6-8° С [6]. Возьмём, например, *Vaccinium uliginosum* и *Cornus canadensis* в Корее и Японии. Но и не только субальпийцы и мамонтовая фауна формировались в пределах Арктической МЦТ. Вкладом её в ландшафты и флоры Северного полушария являются также таёжное и подтаёжное биологическое разнообразие (БР), что перекрывает аналогичный эффект Охотской, Японской и даже Амурской морфоструктур и позволяет по бруснике и майнику двулистному *Maianthemum bifolium* определять, что значение высокоширотного Севера масштабней, чем таковое Охотии с её *Allium ochotense, Trillium camschatcense, Clintonia udensis, Maianthemum dilatatum*, хотя последний приводят и для Северной Америки. Охотские ценотипы, в отличие от арктических, почти всегда являются гигрофитами.

Ранее нами установлено [22], что ландшафтными формациями Колымской МЦТ являются кедровостланиковая и лиственницы Каяндера, Алданской – лиственницы Гмелина, Охотской – лиственницы камчатской, ели мелкосеменной, берёзы Эрмана (каменной) и берёзы Тауша, рябины бузинолистной, курильских бамбуков (род Sasa), тисового стланика *Taxus nana*, Амурской – сосны кедровой корейской, елей мелкосеменной и корейской, гибридных лиственниц и *Larix olgensis*, дуба монгольского, ряда берёз (в т. ч. *Betula costata*), Японской – пихт твёрдой *Abies firma, A. mariesii* и др, *Pinus thunbergiana, P. densiflora, P. parviflora, Qercus crispula, Sabina sargentii* (в высоких горах). Следует отметить, что даже очень значительные ландшафтные экосистемы этих видов не распространяются на Европу и Америку в отличие от ценоэлементов-ландшафтообразователей Арктической МЦТ Г. И. Худякова.

Результаты исследования и их обсуждение. В своё время при реконструкции возраста хвойных Дальнего Востока [23] мы учли особую древность изначально высокоширотных *Picea abies, P. obovata* [16], *Pinus sibirica, P. sylvestris, Juniperus sibirica*, а также средне-низкоширотных сабиновых можжевельников *Sabina chinensis, S. davurica, S. sargentii* и др. Теперь эти факты подтверждает их генезис на базе МЦТ 1-го порядка соответственно Арктической и Азиатской. Сравним датировки и схему размещения видо- и ландшафтообразования в Арктике М. Г. Попова [11 и др.] с соответствующими событиями и зонами в пределах Амурской, Корейской, Японской МЦТ 3-го порядка, тоже давшей высотно-зональные ценотипы и ландшафты.

По М. Г. Попову [11] в олигоцене (38 млн. лет назад) у полюса возникла субтропическая флора, в миоцене (26 млн. л. н.) – пребореальная, в плиоцене (8 млн. л. н.) – таёжная, или бореальная, в плейстоцене (3 и менее млн. л. н.) – арктическая. Каждая флора сдвигается к югу, уступая место последующей. Определённая стройность и простота схемы обеспечили ей некоторый успех и в наше время. В особенности если уточнить и перевернуть датировки: потому что арктическая (тундрово-высокогорная) уж никак не плейстоценовая.

Плейстоцен дал гибриды и молодые виды, например, *Juniperus conferta* в России и *J. x litoralis* в Японии, а возраст типичных характерных субальпам хвойных варьирует от мела до олигоцена [23], а европейскую и сибирскую ели (*Picea abies, P. obovata*) д.б.н. В. В. Татаринов [16] считал почти неизменными с эоцена, а это около 47-50 млн. л. н. Ничего удивительного, что к квартеру они дали викарианты не только в Канаде и США, но и в высоких горах Средней Азии, а позже или уже в квартере образовали гибриды. «Корни» елей европейской и сибирской по ископаемым остаткам прослежены из Гренландии. Почти аналогия известна у плоскохвойных елей-касикт: *Picea sitchensis* запада США и Канады идентична *P. chondoensis* Центральной Японии, хотя ареалы разделил Тихий океан [25]. К елям европейской и сибирской, пожалуй, близки по возрасту высокоширотные виды евразийских двухвойных и кедровых сосен. Удерживаясь у полярного круга, они заняли обширные территории Евразии уже во время четвертичных ротаций климата и широкой послеледниковой трансгрессии песчаных наносов. На севере Канады *Pinus murrayana* (= *P. contorta*?) имеет сходное происхождение и, безусловно, родственна *P. sylvestris*. Её локальный ареал в скалистых горах отражает разные черты видо- и ландшафтообразования в Старом и Новом свете. Хотя там и там чередование обширных таёжных и прерийных и луговых пространств обеспечило чередование лесных и степных фаун.

Арктическая МЦТ (диаметр около 6 тыс. км), давшая в мелу-олигоцене по крайней мере не меньше 800 таксонов сосудистых растений видового ранга [19 и др.], являясь родиной арктических, аркто-бореальных (90% современного объёма провинциальной флоры) и бореальных таксонов, определяет аркто-бореальность и бореальность флоры Командорских островов, Курил, Камчатки, где, однако, преобладают таёжные ценотипы. И только в Приморье и к югу от 48° с. ш. в КНР господствует дубравная флора. Но амурско-маньчжурские ценотипы флоры и фауны уже к северу от 50° с. ш. сходят на не более чем первые проценты объёма на востоке Азии и примерно на 5-8% на юге Забайкалья. Вот в чём разница влияния БР Арктических и южных МЦТ 3-го порядка, даже такой, как Амурская. Мы к этому вернёмся в выводах.

Рассмотрим вертикальные зоны современной Амурской МЦТ, имеющей при диаметре более 3 тыс. км в центре амурскую лесостепь и приханкайскую «прерию», поддержавшие и в палеолите фауну копытных при наличии хищных кошачьих и прессе достаточно многочисленных здесь и десятки тыс. л. н. первобытных охотников. Г. Э. Куренцова [9 и др.] эдификаторами приморских к плейстоцену снизившихся на 1 км высокогорий справедливо считает *Microbiota decussata, Juniperus sibirica, Sorbus schneideriana, Lonicera caerulea* с редкими кривыми (ветровыми) *Abies* x *sachalinensis* и *Pinus koraiensis*, а примерно с 45° с. ш. *Pinus pumila*, возраст которых от позднемелового до раннемиоценового. На высоте от 900-1000 до 1300 м над ур. м. на теневых склонах хр. Ливадийский (юг Приморья, 43° с. ш.) в бадановых *Bergenia pacifica* и брусничных каменноберезняках (*Vaccinium vitis-idaea, Betula lanata*) с *Syringia wolfii*,

Oplopanax elatus в подлеске ландшафтообразователем является характерная для расположенной у Байкала Ангарской МЦТ 3-го порядка восточносибирская каменная берёза – память о первых стадиалах, инвазивная порода, перебравшаяся за тысячи км к Японскому морю за плейстоцен. На высоте 950-800 м она сменяется заманиховым елово (*Picea* x *komarovii*) – белопихтарником (*Abies nephrolepis*) с *Taxus cuspidata* высотой до 14-24 м *Acer komarovii*, гетерозисной *Betula* x *paraermanii* (= *B. lanata* x *B. costata*) и *Pinus koraiensis* с подлесочным *Acer barbinerve* и другими маньчжурцами [3], включая лианы *Actinidia kolomikta, Schizandra chinensis*. Ниже идёт маньчжурский кедрово-широколиственный ли́аново-грабовый лес с многими видами лип, клёнов, *Phellodendron amurense*, переходящий во вторичные леса *Quercus mongolica* с *Tilia mandshurica*, окружающие лесолуговые котловины, излюбленные копытными, тиграми и браконьерами. В юго-западном Приморье и в бассейнах рек Илистая и Арсеньевка южные склоны до абсолютной высоты 600-700 м занимают арундинелловые и мелкоосочковые сосняки *Pinus* x *funebris* с дубом, арундинелловое разнотравье, впервые изученное географом Н.М. Пржевальским ещё в 1860-х годах и дубняки предстепья с *Armeniaca mandshurica* и *Ulmus macrocarpa*. Это тоже стации обитания копытных и реликтовых кошачьих.

Разумеется, в Амурской МЦТ между 53-41° с. ш. доминируют амурские или маньчжурские виды и ландшафты. Их до 2/3. На уровне до 1/5 они слагают флору и фауну собственно Японии, на 1/10 и чуть больше – Сахалина и в целом Сахалино-Хоккайдской флористической провинции. Ангарских видов, возглавляемых *Betula lanata, Ulmus pumila* во флоре Амурской МЦТ до 20%. Причём совершенно не обязательно, что они сместились сюда в стадиалы плейстоцена. Их возраст, видимо, солидней. Сосудистых растений североамериканского генезиса в Приморье и Корее около 6%, на Нижнем Амуре 15%, в Приохотье до 35%, на Камчатке 45%, Командорах 60%. Несмотря на грандиозный временной люфт размыкания Азии и Америки в средних широтах дальневосточные флоры содержат немало североамериканских видов.

Что в нашем случае важно – взаимопроникновение ландшафтообразователей высоких гор совпало с высоким стоянием Сихотэ-Алиня [2], в который даже проникла *Abies* x *sachalinensis* [23], видимо, через Северный Сихотэ-Алинь, где в районе Совгавани она образует леса. А вот *Betula* x *paraermanii* возникла на месте: при тектоническом погружении данной горной страны субальпийский каменноберезняк воссоединился с неморальным смешанным лесом с берёзой жёлтой [21], дав быстрорастущую берёзу лжеэрмана, произрастающую отсюда до Единки (крайний северо-восток Приморья), Нельмы, Гроссевичей, Де-Кастри, сахалинского берега Татарского пролива. Вот ещё важный для биогеографии Северного полушария узел –

Амурская МЦТ является родиной кабана, пятнистого оленя, горала, амурского тигра, дальневосточного леопарда, множества птиц. Это ей характерна в очень большой мере (до 40%) эндемичная фауна при эндемизме флоры едва ли выше 5,5%.

Теперь вкратце о БР и ландшафтах Японской МЦТ (размещена в основном между 44 и 34-32° с. ш., диаметр менее 2 тыс. км), границу которой определяют высокогорья с сабиной Саржента, усыхающими из-за перегрева (климат углубляется в текущий межстадиал) маньчжурскими ельниками *Picea komarovii* с подлеском из заманихи и сирени Вольфа, елово-лиственничными лесами, кедровниками, чернопихтово-широколиственными и застепнёнными сосново-можжевеловыми (*Juniperus rigida*) полидоминантными лесами, дубняками из *Quercus mongolica*, *Q. dentata*, даже изредка *Q. wutaishanica* и *Q. aliena*, борами *Pinus densiflora*, а это азалиевые (в подлеске *Rhododendron schlippenbachii*) и арундинелловые сосняки с северокорейскими флористическими элементами и берёзой железной *Betula schmidtii*, занимающие обычно, но не всегда, крутые инсолируемые склоны когда-то любимые пятнистыми оленями, тиграми и леопардами. Здесь же нами учтены древостои *Pinus x densi-thunbergii* (только в верховьях рек Барабашевка и Артёмовка), *P. x funebris*, *P. x funebri-thunbergiana* (возраст гибридов иногда совпадает с рубежом плейстоцена, но для *P. x funebris* он среднемиоценовый) [21] в Приморье, Китайской Маньчжурии и Корее.

В низкогорьях Японии от скал над морем и за полосой дюн преобладают боры *Pinus thunbergiana*, группировки *Cryptomeria japonica*, *Chamaecyparis obtusa* (550-1500 м над ур. м.), *Thuja japonica*. В среднегорьях леса *Pinus densiflora*, изолят *P. koraiensis* в центральной части о-ва Хонсю, эндемичные хвойные и широколиственные породы собственно Японии. В высокогорье эндемичные бореальные *Abies*, *Picea*, полустланик *Pinus parviflora*, гибридизирующий с пришедшим с Сахалина – Курил *P. pumila* (= *P. x parviflora* var. *pentaphylla*), *Sabina sargentii* [10].

При эндемичности материковой части флоры Японской МЦТ на уровне 8% в собственно японском секторе мы ожидаем по крайней мере полуторную долю эндемов из-за обширности береговой зоны контакта глобального уровня именно в Японии.

Отметим, что стации копытных в Приморье в пределах сектора Японской МЦТ приурочены как раз к дубнякам, соснякам и кедрово-широколиственным лесам и в меньшей мере байрачным лесам *Fraxinus rhynchophylla*, *F. densata*, *F. sieboldii* + *Betula schmidtii*. Лещинно-леспедецевые заросли и разнотравные и прерийные луга из-за пожаров, случающихся чаще, чем раз в 6 лет, и браконьеров фауной избегаются. Вот что важно – довольно широкое распространение в низкогорьях лесов и редколесий с бархатом амурским, маркирующим в т.ч. древний ландшафт мощных лесов зоны сухой зимы, так или иначе очерчивают раннеплейстоценовое распространение фауны оленя, кабана, тигра.

Ещё раз напомним, что пределы Азиатской МЦТ 1-го порядка тоже маркируют сабины-субальпийцы, однако, не столь чётко, как в случае с *Sabina sargentii*. Из-за большей древности флоры, БР в целом и ландшафтов внутри МЦТ 1-го порядка.

Сопоставление границ флористических областей и провинций с отвечающими им сегодня или в прошлом рефугиумами БР мы уже проводили [20; 26] и даже предлагаем на этом основании расширить Восточноазиатскую флористическую провинцию А.Л. Тахтаджяна [18], включив в неё Приохотье и Камчатку. Кстати – на восточном краю противолежащей Пацифики множество *Taxaceae, Pinaceae, Taxodiaceae, Betulaceae, Araceae, Liliaceae, Rosaceae, Oleaceae, Aceraceae, Araliaceae* тоже сродни нашим восточноазиатам до викарности. Есть и общие виды. И даже не в самых высоких горах.

Выводы

1. В Северном полушарии эволюция биоты и ландшафтных зон на макроуровне глубины геологических веков определяется МЦТ 1-го порядка. В высоких широтах виды и экосистемы происходят из Арктической МЦТ Г.И. Худякова, низких – Азиатской МЦТ Б.В. Ежова и её североамериканского антипода или генетического продолжения.

2. В ретроспективе в пределах Ангарской, Амурской, Японской, Корейской и др. МЦТ 3-го порядка не только бедней разнообразие флоры и фауны, чем в грандиозных первопорядковых МЦТ, что закономерно, но в целом ниже и короче их вклад в эволюцию биоты.

3. Эволюционный процесс в МЦТ 1-го и 3-го порядков при их значительной разновозрастности и разномасштабности по своим механизмам однотипен. И это относится как к высокогорной в целом более древней зоне контакта глобального уровня, так и застепнённому низкогорью внутренних котловин и береговым биотам окраинных морей.

4. БР и экосистемы Арктической МЦТ смещаются на юг не из-за однонаправленного глобального похолодания, а из-за сформированных в т.ч. и достаточно поздно субмеридиональных горных сооружений, рассекающих МЦТ 3-го порядка, предоставляющих вселенцам подходящие для их биологии линейки экотопов.

5. Если на российском и североамериканском побережьях Пацифики в ценозах высокогорной тайги дивергентная эволюция делает первые шаги (майник, симплокарпус, волжанка, заманиха, плоскохвойные ели), то для ряда ароидных, берёз, клёнов, ясеней средних и низких широт она совершенно отчётлива. В высоких горах морфофизиология биоты, таким образом, законсервирована.

6. Если воздымание МЦТ обеспечивает изоляцию мутаций и новообразований на верхнем пределе растительности (между новообразованиями и родительскими популяциями холод, недостаток тепла формируют «мёртвую» зону), то тектоническое погружение ведёт к «схлопыванию», наложению высотно-зональных ландшафтов и гибридизации даже не только викарных видов, к «интрогрессивному» заменителю эволюции, нормальному ходу которой препятствует скорость климатических изменений в системе стадиал-межстадиал. Этот эрзац почти победил в квартере.

7. Влияние флоры и фауны Арктической МЦТ 1-го порядка прослеживается даже на 50-40-х градусах с. ш., а японско-амурских едва дотягивает до 50-х градусов в Забайкалье и 60° с. ш. на Камчатке.

8. Виды родов *Sasa, Ilex, Acer, Lysichiton*, а также *Betula ermanii, B.* x *paraermanii, Sorbus sambucifolia* наиболее чётко маркируют северный предел Восточноазиатской флористической области А.Л. Тахтаджяна.

9. География МЦТ 1-3-го порядков может служить маркёром зон древнего эндемизма, связанного как с высокогорьями, так и древними супралиторалями. Это зоны контакта глобального уровня (Урусов и др., 2010, 2014). Более молодые МЦТ 4-5-го порядков за квартер обзавелись эндемами береговых экосистем и известняковых гор.

ЛИТЕРАТУРА

1. Бобров Е.Г. Лесообразующие хвойные СССР. – Л.: Наука, 1978.– 188 с.

2. Бобров Е.Г. Некоторые черты новейшей истории флоры и растительности южной части Дальнего Востока // Бот. ж. 1980. – Т. 65, № 2. – С. 172-184.

3. Гафицкая К.С., Боклаг О.Ю., Урусов В.М., Кононова Н.Н. Экологический туризм на хребте Ливадийский (Южное Приморье) // Исследование и конструирование ландшафтов Дальнего Востока и Сибири. – Владивосток: Дальнаука, 2005. – Вып. 6. – С. 241-269.

4. Ежов Б.В., Андреев В.Л. Оруденение в морфоструктурах центрального типа мантийного заложения. – М.: Наука, 1989. – 126 с.

5. Кожевников А.Е. Сытевые (семейство Cyperaceae Juss.) Дальнего Востока России (современный таксономический состав и основные закономерности его формирования). Владивосток: Дальнаука, 2001. 275 с.

6. Короткий А.М. Оледенение и псевдогольцовые образования юга Дальнего Востока СССР // Плейстоценовые оледенения востока Азии. – Магадан: Северо-вост. Комплексный НИИ АН СССР, 1984. – С. 174-185.

7. Красилов В.А. Меловой период. Эволюция земной коры и биосферы. М.: Наука, 1985. 240 с.

8. Кулаков А.П. Морфоструктура Востока Азии. М.: Наука, 1986. 175 с.

9. Куренцова Г.Э. Реликтовые растения Приморья. – Л.: Наука, 1968. – 72 с.

10. Овсянников В.Ф. Хвойные породы. Хабаровск: Книжное дело, 1930. 202 с.

11. Попов М.Г. Растительный мир Сахалина. – М.: Наука, 1969. – 136 с.

12. Попов М.Г. Особенности флоры Дальнего Востока сравнительно с европейской. –Ташкент, 1977. – 68 с.

13. Попов М.Г. Филогения. Флорогенетика. Флорография. Ч. 1. Киев: Наук. Думка, 1983. 280 с.

14. Смирнов А.М. Сочленение Китайской платформы с Тихоокеанским складчатым поясом. – М.; Л.: Изд-во АН СССР, 1962. – 160 с.

15. Соколов С.Я., Связева О.А. География древесных растений СССР. М.-Л.: Наука, 1965. 266 с.

16. Татаринов В.В. Сингамеон елей Восточно-Европейской равнины. М.: Деп. ВИНИТИ № 143-1392, 1992. 335 с.

17. Толмачёв А.И. Введение в географию растений. Л.: Изд-во ЛГУ, 1974. 244 с.

18. Тахтаджян А.Л. Флористические области земли. – Л.: Наука, 1978. – 247 с.

19. Урусов В.М. География биологического разнообразия Дальнего Востока (сосудистые растения). – Владивосток: Дальнаука, 1996. – 245 с.

20. Урусов. В.М. География и палеогеография видообразования в Восточной Азии. – Владивосток: ВГУЭС, 1998. – 167 с.

21. Урусов В.М. Гибридизация в природной флоре Дальнего Востока и Сибири (причины и перспективы использования). – Владивосток: Дальнаука, 2002. – 230 с.

22. Урусов В.М., Лобанова И.И., Варченко Л.И. Геоморфологический аспект эволюции сосудистых растений и биогеографии востока Азии // Исследование и конструирование ландшафтов Дальнего Востока и Сибири. Вып. 6. – Владивосток: Дальнаука, 2005. – С. 87-110.

23. Урусов В.М., Лобанова И.И., Варченко Л.И. Хвойные российского Дальнего Востока – интересные объекты изучения, охраны, разведения и использования. – Владивосток: Дальнаука, 2007. – 440 с.

24. Урусов В.М., Варченко Л.И., Врищ Д.Л., Прокопенко С.В. и др. Владивосток – юг Приморья. Вековая и современная динамика растительности. – Владивосток: Дальнаука, 2010. – 420 с.

25. Урусов В.М., Варченко Л.И. Плоскохвойные ели Северной Пацифики: география, морфология, эволюция, экология // Вестн. КрасГАУ, 2011, №8. – С. 88-93.

26. Урусов В.М., Врищ Д.Л., Варченко Л.И. Узловые моменты эволюции флор и ландшафтов Дальнего Востока в мезозое-кайнозое // Географический вестн. Пермского гос. нац. исслед. ун-та, 2014, №3. – С. 26-37.

27. Харкевия С.С., Качура Н.Н. Редкие виды растений советского Дальнего Востока и их охрана. М.: Наука, 1981. 234 с.

28. Худяков Г.И., Кулаков А.П., Тащи С.М. Новые аспекты морфотектоники северо-западной части Тихоокеанского подвижного пояса // Геолого-геоморфологические конформные комплексы Дальнего Востока. – Владивосток: ДВНЦ АН СССР, 1980. – С. 7-24.

29. Худяков Г.И. Антиподальные структуры земли и их эволюция // Тихоокеанский ежегодник. – Владивосток: Тихоокеанс. Науч. ассоц. 1988. – С. 85-91.

Габдрахманов Д.Т.
магистр, Институт геологии и нефтегазовых технологий, Казанский
(Приволжский) федеральный университет
E-mail: damir_chelny@mail.ru
Михайлова А.Н.
аспирант, Институт органической и физической химии им. А.Е. Арбузова
Казанского научного центра РАН
Каюкова Г.П.
доктор химических наук, Институт органической и физической химии им.
А. Е. Арбузова Казанского научного центра РАН,
E-mail: kayukova@iopc.ru

К ВОПРОСУ О ФОРМИРОВАНИИ НЕФТЕНОСНОСТИ РОМАШКИНСКОГО МЕСТОРОЖДЕНИЯ НА ПРИМЕРЕ БЕРЕЗОВСКОЙ ПЛОЩАДИ

Несмотря на высокую степень изученности Волго-Уральской нефтегазоносной провинции, в частности территории Татарстана, вопрос о происхождении нефти Южно-Татарского свода (ЮТС) и прилегающих территорий является крайне дискуссионным [1,6]. Всеми признается, что доманиковые отложения являются доказанной высокопродуктивной нефтематеринской толщей для большинства залежей в вышележащих карбонатных постройках Волго-Уральского бассейна [2,77]. Однако для девонских огромных по объему залежей это утверждение вызывает в ряде случаев определенные сомнения. В работе [3,48-52] исключена возможность миграции углеводородов из Предуральского прогиба и Прикаспийской впадины. В то время как подсчет сингенетичных углеводородов в толще девона Восточно-Европейской платформы показал, что максимальные их количества сосредоточены в древних впадинах, окаймляющих крупнейшие скопления нефти на ЮТС. Первоначальная сумма сингенетичных углеводородов была вполне достаточной для формирования нефтяных месторождений названных регионов даже при относительно низком коэффициенте аккумуляции. В работе [4,1-16] высказано предположение, что возможно-нефтематеринскими являются карбонатные прослои в толще терригенных отложений тиманского и пашийского горизонтов, а также глинистые терригенные породы нижележащих горизонтов. Однако они намного беднее органическим веществом доманиковых отложений. В числе прочих представлений обсуждается и возможность поступления углеводородов из фундамента [1,120]. Интерес к кристаллическому фундаменту обусловлен тем, что по некоторым данным [5,3-14; 6,156] в нем могут, как содержаться залежи нефти, так и пути миграции. В работе [7,24-28] высказана мысль о возможной подпитке нефтесодержащих комплексов осадочной толщи ЮТС углеводородами из пород фундамента.

Целью настоящего исследования являлось геохимическое изучение нефтей ЮТС и их генерационных источников: реконструкция исходного типа и фациальных условий накопления органического вещества (ОВ) нефтей, определение степени катагенетической зрелости и обнаружение процессов вторичной миграции, а также сопоставление полученных данных с полученными ранее результатами других исследований.

Объектами исследования служили образцы нефтей и керна из девонских (D3dm и D3md, D3tm, D3psh, D2gv, D2st.osk) отложений Березовской площади Ромашкинского месторождения, а также образцы керна из пород фундамента и других площадей данного месторождения (таблица).

Таблица. Общая характеристика нефтей и битумоидов (ХБА) из пород Березовской площади и пород фундамента Ромашкинского месторождения

№ п/п	Площадь	№ скважины	Возраст	Тип флюида	Интервал отбора, м	Литология пород	Плотность флюида при 20°C, г/см³	$S_{общ}$ мас. %
				Нефти осадочной толщи				
1	Березовская	651	C_1bb	Нефть	1107,6-1113,2 1116-1118	Песчаники	0.8933	3,62
2	Березовская	27357	C_1t	Нефть	1127-1133	Карбонаты	0.9256	4,75
3	Березовская	21549	D_3, dm	Нефть	1769-1773	Карбонаты	0.9162	4,40
4	Березовская	27352	D_3, md	Нефть	1808-1826,6	Карбонаты	0,9075	4,74
5	Березовская	21726	D_3, tm	Нефть	1780,3-1782,2	Песчаники	0,8694	2,24
6	Березовская	5815	$D_3, tm+psh$	Нефть	1763,2-1765,2 1766-1767,6	Песчаники	0,8638	2,35
7	Березовская	5816д	D_3, psh	Нефть	1832,1-1839,6	Песчаники	0,8606	1,93
8	Березовская	101	D_2, gv	Нефть	1803,8-1806	Песчаники	0.8547	1,75
				ХБА из пород осадочного чехла				
9	Березовская	13478	D_3, dm	ХБА	1759-1760,5	Мергели		6,80
10	Березовская	21534	D_3, dm	ХБА	1805-1808	Карбонаты		5,40
11	Березовская	32875	D_3, psh	ХБА	1761-1762,6	Песчаники		4,20
12	Березовская	32875	D_3, psh	ХБА	1766,8-1770	Аргиллиты		3,70
13	Березовская	21504	D_3, psh	ХБА	1852-1860	Песчаники		5,94
14	Березовская	21567	$D_2, st.osk$	ХБА	1869-1876	Песчаники		2,20
				ХБА из пород фундамента				
15	Алькеевская	30381	AR-PR	ХБА	1809,5-1810,0	Гр.-гнейсы		5,84
16	Альметьевская	20939	AR-PR	ХБА	1827,0-1827,8	Гр.-гнейсы		3,26
17	Павловская	28723	AR-PR	ХБА	1838,0-1838,6	Гр.-гнейсы		7,25
18	Абдрахмановская	23784	AR-PR	ХБА	1886,0-1886,8	Гр.-гнейсы		3,03
19	Зеленогорская	19941	AR-PR	ХБА	1936,2-1937,0	Гр.-гнейсы		3,27

Ромашкинское месторождение приурочено к крупному тектоническому элементу территории Татарстана – ЮТС. Центральная, наиболее приподнятая часть данного месторождения охватывает нефтегазоносные территории Абдрахмановской, Северо-Альметьевской и Алькеевской площадей и далее простирается на Минибаевскую площадь, прилегающую непосредственно к борту Алтунино-Шунакского прогиба (рис. 1), связанного с одноименным разломом, имеющим дизъюнктивную природу и в региональном плане разделяющим два крупных месторождения: Ромашкинское и Ново-Елховское.

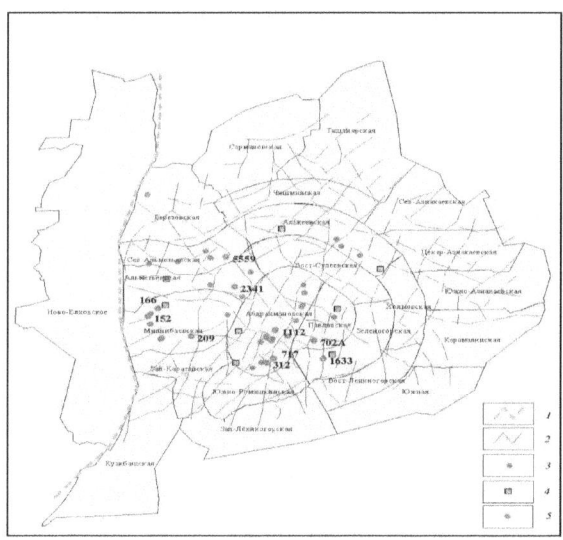

Рис. 1. Схема расположения объектов исследования на Ромашкинском месторождении: *1 - Алтунино-Шунакский прогиб, 2 – разломы кристаллического фундамента, 3 - скважины, в которых отобраны пробы нефти, 4 - скважины, в которых отобраны образцы керна из пород кристаллического фундамента*

Березовская площадь расположена в крайней северо-западной части Ромашкинского месторождения и отдалена от купольной части ЮТС. Поверхность кристаллического фундамента в пределах площади имеет региональный наклон в западном направлении к Алтунино-Шунакскому разлому. Рельеф кристаллического фундамента имеет здесь сложное блоковое строение, осложнен разломами северо-восточного и северо-западного простирания. Область фундамента в процессе генезиса неоднократно могла являться проницаемой зоной в периоды тектонической активизации. Алтунино-Шунакский разлом, развитый в теле кристаллического основания прослеживается по отложениям осадочного чехла в виде прогиба, в осевой зоне которого осадки имеют увеличенную мощность.

Изучаемая территория характеризуется широким стратиграфическим диапазоном нефтегазоносности. В пределах Ромашкинского месторождения нефтепроявления различной интенсивности зафиксированы практически по всему разрезу осадочного чехла, за исключением пород кристаллического фундамента. В пределах Березовской площади основной промышленный горизонт – песчаный пласт пашийского горизонта франского яруса. В нижнекаменноугольных отложениях залежи нефти установлены в турнейских (кизеловский горизонт) и визейских (бобриковский горизонт). Кроме того, здесь продуктивными являются и локально-нефтеносные горизонты живетского яруса (воробьевский, ардатовский, муллинский) и семилукские и мендымские доманиковые отложения верхнего девона.

Геохимические исследования выполнены в лаборатории химии и геохимии нефти Института органической и физической химии им. А.Е. Арбузова Казанского научного центра РАН. Из образцов керна на приборе Сокслета экстрагировали смесью растворителей, содержащей хлороформ, бензол и изопропиловый спирт, битумоиды (ХБА), нефти обезвоживали, затем методом жидкостно-адсорбционной хроматографии на силикагеле АСК проводили их разделение на масла, смолы и асфальтены. Биомаркерные параметры и геохимические коэффициенты исследованных флюидов были изучены по данным состава индивидуальных углеводородов, входящих в насыщенную часть масляных фракций, методами газовой хроматографии и хромато-масс-спектрометрии. Исследование выполнено на хроматографе AutoSystem XL фирмы Perkin Elmer с использованием пламенно-ионизационного детектора (FID) и высокоэффективной кварцевой капиллярной колонки с 20 мм слоем фазы SE 30 (длина 25 м, внутренний диаметр 0,2 мм). Температурная программа: изотермический режим 1 мин при начальной температуре 60°C, линейное программирование 10°C/мин до температуры 280°C, изотермический режим 10 мин. Молекулярный состав н-алканов определяли методом внутренней нормализации. Хромато-масс-спектрометрическое исследование выполнено на квадрупольном хромато-масс-спектрометре фирмы Perkin Elmer «Q-MASS 910 Benchtop Mass Spectrometer». Использовали высокоэффективную кварцевую капиллярную колонку длиной 60 м, с внутренним диаметром 0.32 мм и 15 μm слоем фазы ДВ-1701 (14% цианопропилфенилсиликон). Хроматографирование проводили в режиме линейного программирования температуры: от 60 до 280°C, скорость подъема температуры до 90°C - 15°C/мин, до 280°C - 10°C/мин. Масс-спектрометрическая регистрация проводилась в режиме селективного режимного мониторинга с записью масс-фрагментограм по характеристичным ионам m/z 71 (н-алканы), m/z 191 и 177 (гопаны), m/z 217 и 218 (стераны). Обработку полученных результатов проводили в системе TurboChrom/Geochemistry Navigator [1,113]. Идентификацию углеводородов выполняли с использованием литературных и библиотечных данных.

Исследуемые нефти и битумоиды из пород осадочной толщи Березовской площади крайне неоднородны по содержанию масел, смол и асфальтенов (рис. 2) и относятся к разным типам. Отличаются они по компонентному составу от битумоидов пород фундамента. В то же время проявляются некоторые схожие особенности их состава: нефти из доманиковых отложений по компонентному составу достаточно близки к составу нефтей из терригенных отложений девона, но те и другие заметно отличаются от ХБА пород осадочного чехла и фундамента. Можно также отметить близкий состав битумоидов из отложений терригенного девона и фундамента.

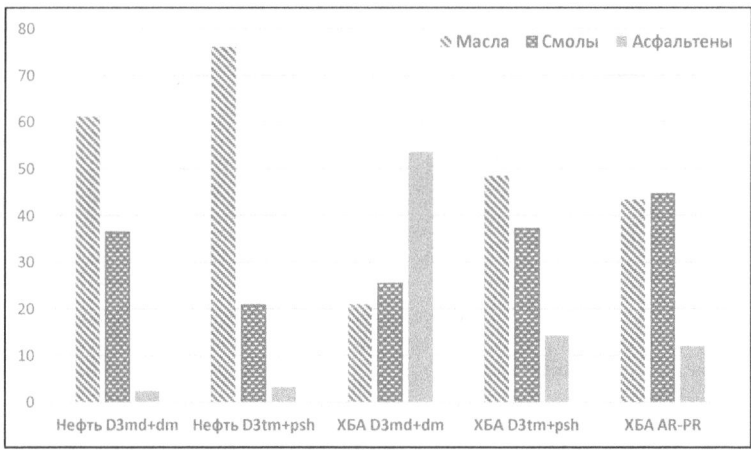

Рис. 2. Диаграмма распределения компонентов в исследованных флюидах Березовской площади Ромашкинского месторождения

Хемофоссилии несут важную информацию об исходном материнском веществе и широко используются в качестве корреляционных параметров для выявления исходного генотипа ОВ, фациальных обстановок седиментогенеза, определения условий протекания диагенеза, степени катагенетической преобразованности и зрелости ОВ нефтематеринских толщ [1,108; 8,239].

Для генетических суждений использовали общепринятые при геохимических исследованиях газохроматографические коэффициенты, представляющие собой отношение пристан/фитан (П/Ф), П/н-C_{17} и Ф/н-C_{18}, а также показатели «нечетности», позволяющие оценить окислительно-восстановительную обстановку в раннем диагенезе и катагенетические и миграционные процессы на последующих стадиях формирования залежей. Кроме того, в работе исследовали показатели, отражающие характер распределения н-алканов состава C_{10}–C_{30} и высших полициклических биомаркеров - стеранов и терпанов [1,118].

По параметрам П/н-C_{17} и Ф/н-C_{18} все образцы попадают в область сильновосстановительных мелководноморских фациальных обстановок осадконакопления ОВ, по уровню катагенетической преобразованности являются зрелыми, однако битумоиы из пород кристаллического фундамента попадает в постзрелую зону (рис. 3).

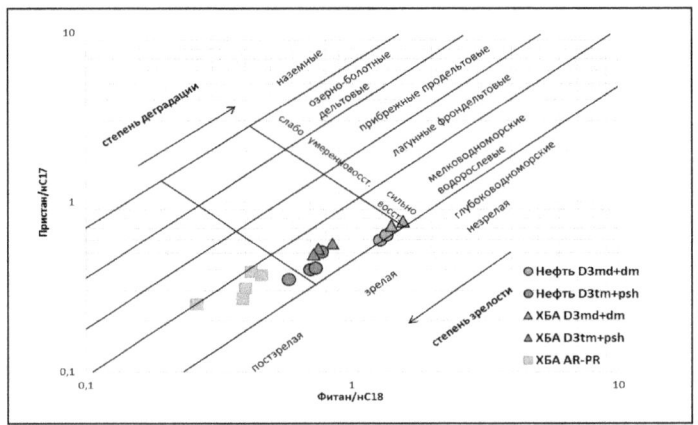

Рис. 3. График Кеннона-Кессоу определения фациальных условий седиментогенеза и окислительно-восстановительных условий раннего диагеназа НПМ по соотношению биомаркерных углеводородов: П/н-C_{17} и Ф/н-C_{18}

На фоне утверждения о миграционном характере доманиковой нефти обращает на себя внимание наличие корреляционной связи между ХБА и нефтями доманикового горизонта по генетическим параметрам DIA/REG и T_s/T_m (рис. 4), указывающим на литологию нефтематеринской породы, так и по Ф/н-C_{18} и П/н-C_{17} (диаграмма Кеннона и Кессоу) (рис. 3). Нельзя не отметить и наличие связи между битумоидами фундамента и нефтями терригенного девона. Исследованные объекты по параметрам DIA/REG и T_s/T_m условно разделяются на две группы. Значения данных параметров для флюидов доманиковых отложений свидетельствуют об их связи с бассейном карбонатной седиментации, в то время как генезис битумоидов из пород фундамента и терригенных пашийских отложений связан с глинистыми минералами. Однако разделение на две группы недостаточно четкое, что позволило в работе [1,177] на Ромашкинском месторождении выделить промежуточную группу с неоднозначными параметрами. На Березовской площади в эту промежуточную группу можно объединить отдельные нефти и ХБА из пород пашийских отложений.

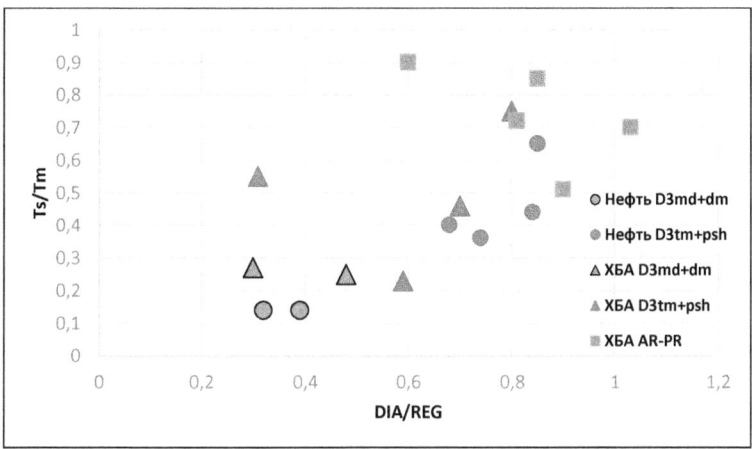

Рис. 4. Распределение исследованных флюидов по параметрам DIA/REG и T_s/T_m, характеризующих литологический состав нефтематеринских пород

Наиболее информативными параметрами зрелости нефтей и ХБА пород являются биомаркерные коэффициенты C29SSR, C29BBAA [1,118]. По значениям этих параметров (рис. 5) все исследованные образцы флюидов осадочной толщи попали в область высокой степени зрелости. Однако интересен тот факт, что по данным показателям ХБА фундамента являются менее зрелыми.

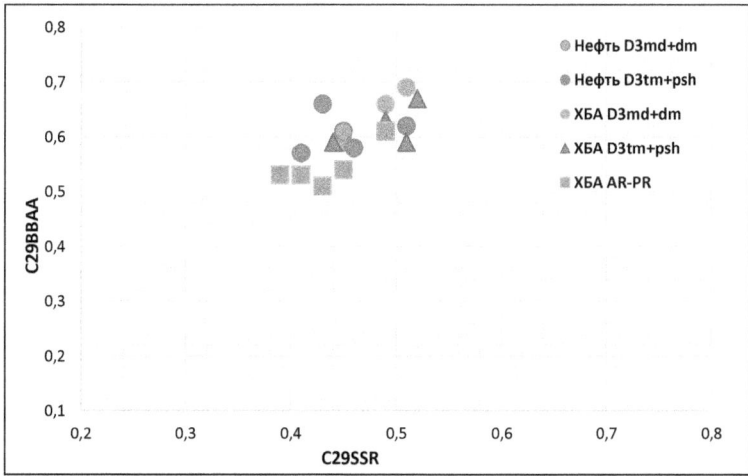

Рис. 5. Зависимость между показателями термальной зрелости: C29SSR и C29BBAA для исследованных флюидов Березовской площади

По геохимическим показателям, отвечающим за генотип органического вещества и условия его осадконакопления, однозначной корреляции не выявлено. По относительному содержанию стеранов состава C_{27}, C_{28} и C_{29} нельзя четко выделить один тип генерирующих формаций. По взаимному расположению точек на треугольной диаграмме (рис. 6), отражающих относительное содержание C_{27}, C_{28} и C_{29} стеранов в исследуемых флюидах, можно судить о литологии нефтематеринской породы и палеогеографических условиях их образования. Разделение по содержанию стеранов состава C_{27} и C_{29}, как правило, указывает на карбонатную и терригенную составляющую нефтематеринских пород. Однако все образцы лежат в области мелководных лагун.

На диаграмме, представленной на рис. 7, можно видеть некоторую дифференциацию исследованных объектов по содержанию в них трициклических терпанов, стеранов и пентациклических терпанов. Наблюдается тенденция увеличения содержания трициклических терпанов вверх по разрезу осадочной толщи от пород фундамента до доманиковых отложений верхнего девона, что может являться результатом фракционирования состава биомаркерных углеводородов в миграционных процессах. О возможных процессах миграции углеводородах в породах фундамента и осадочной толще при формировании нефтеносности ЮТС на территории Татарстана указывалось и в работе [9,159].

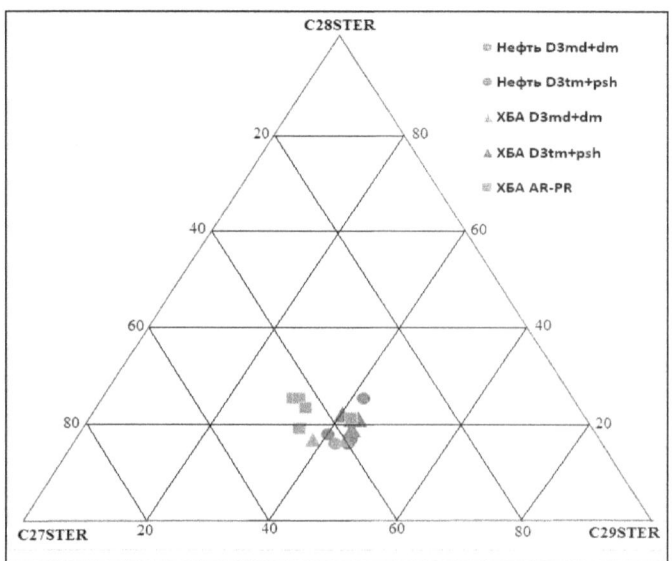

Рис. 6. Диаграмма распределения флюидов Березовской площади по относительному содержанию стеранов состава C_{27}:C_{28}: C_{29},

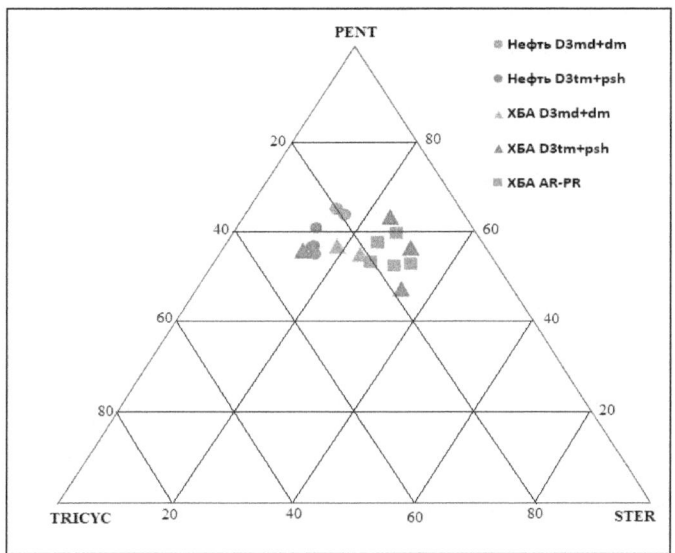

Рис. 7. Диаграмма распределения флюидов Березовской площади по содержанию биомаркерных углеводородов: трициклических терпанов, тетрациклических стеранов и пентациклических терпанов

Таким образом, выявлены отличительные особенности состава нефтей и битумоидов доманиковой формации от нефтей поддоманиковых отложений и битумодов из пород фундамента. Показан близкий компонентный состав битумоидов из пород фундамента и терригенных толщ девона, а также выявлена общность восстановительных условий их осадконакопления, что свидетельствуют о наличии глубинной флюидной составляющей в формировании нефтеносности осадочных толщ на исследуемой Березовской площади.

Работа выполнена при финансовой поддержке гранта РФФИ № 15-45-02689 р_поволжье_а

Литература

1. Каюкова Г.П., Романов Г.В., Лукьянова Р.Г., Шарипова Н.С. Органическая геохимия осадочной толщи и фундамента территории Татарстана. – М.: ГЕОС, 2009. – 487 с.
2. Ступакова А.В., Фадеева Н.П., Калмыков Г.А., Богомолов А.Х. и др. Поисковые критерии нефти и газа в доманиковых отложениях Волго-Уральского бассейна // Георесурсы. 2015. № 2 (61). С. 77-86.

3. Родионова К. Ф. О нефтематеринских породах палеозоя Волго-Уральской Нефтегазоносной области. Генезис нефти и газа (доклады, представленные на всесоюзное совещание по генезису нефти и газа, г. Москва, февраль 1967 г.). - М.: Недра, 1967. – С. 48-52.

4. Киселёва Ю.А., Можегова С.В. Генетические группы нефтей центральных районов Волго-Уральской нефтегазоносной провинции и их генерационные источники // Нефтегазовая геология. Теория и практика. 2012. Т. 7. № 3. http://www.ngtp.ru/rub/1/36_2012.pdf

5. Муслимов Р. Х., Лобов В. А., Хаммадеев Ф. М., Аминов Л. З., Абдуллин Н. Г., Кавеев И.Х., Филипповский В. И. Обоснование заложения и основные результаты бурения скважины 20000. Глубинные исследования архейского фундамента востока Русской платформы в Миннибаевской скв. 20 000. – Казань: Тат. кн. изд-во, 1976. - С. 3-14.

6. Широкова И. Я., Волхонина Е. С., Готтих Р. П. Предварительные результаты исследований микротрещиноватости и органического вещества пород, вскрытых скважиной 20 000. Глубинные исследования архейского фундамента востока Русской платформы в Миннибаевской скв. 20000. – Казань: Тат. кн. изд-во, 1976. - С. 155-158.

7. Гатиятуллин Н.С., Баранов В.В., Лукьянова Р.Г. Скважина № 20009 Ново-Елховская: завершение многолетнего изучения // Георесурсы. 2015. № 1 (60). С. 24-28.

8. *Петров А.А.* Углеводороды нефти. - М.: Наука, 1984. - 263 с.

9. Бурова Е. Г., Жузе Т. П. О битуминозности пород кристаллического фундамента Миннибаевской скважины. Глубинные исследования Архейского фундамента востока Русской платформы в Миннибаевской скв. 20000. – Казань: Тат. кн. изд-во, 1976. - С. 159 - 162.

Shilova A.V.
Young Researcher, Perm State University, shilova-av@yandex.ru
Kovaleva T.G.
Candidate of Geological and Mineralogical Sciences, Perm State University,
kovalevatg@mail.ru

APPLICATION OF GIS-TECHNOLOGY FOR MODELING OF GROUNDWATER FLOW

Often of the bases the subgrade for buildings and constructions is thickness of quarternary integumentary deposits, which can be represented by almost all varieties - from coarse and sharp-edged rounded to the fine clay and organic-mineral soils. Development of incoherent sand deposits at the base of the foundations of buildings and structures is a prerequisite for the possible occurrence of suffosion processes. As a result of activation of suffosion processes the formation of dips on the surface and cavity - deep in the soil mass. For the purpose of an assessment of danger of development of geological processes need of complex studying of a condition of the geological and hydro-geological environment is obvious. At the previous stages of researches the geological component was studied in detail [1, 144; 3, 185], but the important role is played by hydrogeology.

In this paper the attempt of modeling of groundwater flow within the industrial site located in Berezniki (Perm, Russia).

Existence of a filtrational stream of underground waters [2, 123] in disperse deposits with high and non-uniform pores permeability causes emergence of the shifting power influence.

Thus, one of the best conditions for the appearance and development of suffusion cavities in the layered thickness is the emergence in some volume of breeds of hydrodynamic pressure. Hydrodynamic pressure is defined by a filtrational stream which has to exceed the effective tension in the rock mass providing its relative stability. Relatively high hydrodynamic pressure in a filtrational stream arises in case of alternation of layers with different permeability – relatively low permeable deposits show the considerable resistance to the movement in them of water and as result in a filtrational stream there are hydrodynamic forces – hydrodynamic pressure.

In this paper the attempt of modeling of groundwater stream within the industrial site located at Berezniki (Perm Krai, Russia) is carried out.

Modeling of an underground soil stream is carried out by means of ESRI ArcGIS 10 (Spatial Analyst module) with use of the built-in procedure "Darcy Flow".

Modelling of groundwater flow is carried out by means of ESRI ArcGIS 10 (Spatial Analyst module) with use of the built-in procedure "Darcy Flow". The counted model of an underground flow is based on the law of a laminar filtration of Darci. The result of this calculation are areal raster model reflecting the difference specific charge raster between adjacent cells, as well as pressure gradient and the flow direction at each point of the model (figure 1-3).

REFERENCES

1. Катаев В.Н., Шилова А.В. Оценка опасности проявления геологических процессов в зависимости от грунтовых условий // Сергеевские чтения. Молодежная конференция. Выпуск 15. Материалы годичной сессии Научного совета РАН по проблемам геоэкологии, инженерной геологии и гидрогеологии (21-22 марта 2013 г.). – М.: РУДН, 2013. С. 144-148.

2. Шилова А.В. Характеристика химического состава грунтовых вод территории промлощадки в г. Березники Пермского края // Геология и полезные ископаемые Западного Урала: статьи по материалам регион. науч.-практ. иссл. ун-т.–Пермь, 2013. С. 123-126.

3. Shilova A.V. The assessment of hazard of geological processes depending on the ground conditions at Berezniki (Permsky kray, Russia) // Global View of Engineering Geology and the Environment: proceeding of the International symposium and 9th Asian Regional conference of IAEG, Beijing, China, 23-25 September 2013. CRS Press/Balkema, Taylor & Francis Group, London, UK, 2013. P. 185-188.

Fig. 1. The direction of an underground flow in the territory of the industrial site

Fig. 2. Specific charge of groundwater flow in the territory of the industrial site

Fig. 3. The variability of a gradient of an underground stream in the territory of the industrial site

Свиридов И.С.
Федеральное государственное образовательное учреждение высшего
образования «Липецкий государственный педагогический университет»,
г. Липецк, аспирант кафедры отечественной истории,
ilya.sviridov.1992@mail.ru

НРАВСТВЕННОСТЬ В ОБЫДЕННОЙ ЖИЗНИ РУССКИХ КРЕСТЬЯН ВТОРОЙ ПОЛОВИНЫ XIX ВЕКА

На протяжении долгого времени в отечественной историографии уделялось больше внимания социально-экономическому аспекту жизни великорусских крестьян. Духовную сторону их жизни историки не исследовали. В этой связи представляется рассмотреть такую малоизученную проблему как влияние нравственности на обыденную жизнь русских крестьян второй половины XIX века.

Под нравственностью мы понимаем правила, определяющие поведение: духовные и душевные качества, необходимые человеку в обществе, а также выполнение этих правил.

Нравственные нормы великорусских крестьян сформировались под воздействием православия. По итогам первой всеобщей переписи населения более 90% русских сельских жителей являлись православными [7, 15].

В основе взаимоотношений между поколениями в крестьянской среде лежало уважение к старшим – родителям, дедам и прадедам, к старикам в общине. «Что делать, слушаться надо стариков» [14, 413]. Общественное мнение резко осуждало лиц, позволяющих себе непочтительное отношение к старшим. Крестьянская нравственность, все нормы поведения требовали безусловного уважения родителей на протяжении всей их жизни. Крестьянин-самоучка С.Т. Семенов в своем рассказе «Дедушка Илья» писал: «Я думал, что он матушку в один порошок сотрет, но один вид бабушки и ее слова подействовали на него необычайно» [10, 76].

В делах об оскорблении детьми родителей и взаимных оскорблений родителей и детей волостные судьи всегда становились на сторону родителей. Волостной суд строго карал тех, кто, нарушив сыновний долг послушания, позволял себе оскорблять или хуже того, бить родителей. Так, Воейковский волостной суд Данковского уезда Рязанской губернии 12 ноября 1872 года слушал словесную жалобу крестьянки сельца Богословки Матрены Спиридоновой. Истица показала, что ее сын Михаил Кузьмин «ругал ее скверноматерными словами… начал ее бить, разбил во многих местах до крови». Судьи постановили: за оскорбление матери подвергнуть Кузьмина наказанию розгами к 20 ударам [5, 145]. Кроме того, по народным воззрениям, родитель «по своей воле» всегда вправе наказать собственных детей. Если родители в силу возраста и физической немощи не могли наказать непутевого сына или дочь, то они обращались к старосте или в волостной суд [1, 133].

До выделения из отцовской семьи в самостоятельное хозяйство сын должен был подчиняться родителям во всех делах – и хозяйственных, и личных. «Старший по летам или степени родства стоит во главе семьи обыкновенно до тех пор, пока он может работать» [4, 63]. Вот тут-то и выступало уже в чистом виде нравственная основа их отношений – уважение, любовь, забота, стремление поддержать и обеспечить старых и больных родителей. И в этот период тоже общественное мнение деревни и ее обычаи были на стороне родителей. Это был неписаный закон русской деревни, и если он нарушался, то обращения в волостной суд, как правило, удовлетворялись, и истцам назначалось денежное и материальное содержание. Так, Нижеслободский волостной суд своим решением 1896 г. обязал сына выдавать отцу по 10 руб. в год и по одной паре сапог [8, 116]. Жалобы детей на родителей за оскорбления и побои, судами не принимались.

Нравственная основа взаимоотношений двух поколений в семье особенно четко проявлялась в крестьянских представлениях о значении родительского благословения и родительского проклятья. «Отца-матери благословение – опо-ра, без нее ни шагу... как можно! Будешь на него молиться, папеньку вспомянешь – помолишься» [11, 165], – припомнил, находясь в эмиграции, воспитанный в крестьянской среде, видный русский писатель И.С. Шмелев.

Родительское благословение давалось перед свадьбой (когда начинали собираться в церковь, родители благословляли иконой), перед отъездом в дальнюю дорогу, перед смертью отца или матери («когда умирают родители, то благословляют образом, на всю жизнь» [11, 465]). Человек же, получивший проклятье кого-либо из родителей, ожидал для себя тяжелые беды и несчастья. На проклятого родителями все смотрели как на отверженного.

По крестьянской этике уважения были достойны не только родители, но и старшие вообще. В семейном застолье лицам пожилым, и тем более престарелым, предоставлялось почетное место. Их с почтением приветствовали при встречах на улице. «Престарелость мы всегда весьма почитаем. Мы даже настолько к родителю привержены, что уж если Господу угодно такое произволение, так мы и землепашные труды (труд на земле является самым тяжелым – *И.С.*) примем в помощь родителю» [6, 22].

Одним из ярких примеров нравственности и милосердия русских крестьян являлась соседская помощь односельчанам, оказавшихся в тяжелом положении. Особенно широко была распространена мирская помощь кусочками. У побирающегося кусочками есть двор, хозяйство, лошади, корова, овцы, у его бабы есть наряды – у него нет только в данную минуту хлеба, – писал об этом А.Н. Энгельгардт, – когда в будущем году у него будет хлеб, то он не только не пойдет побираться, но и сам будет подавать кусочки. Подают «всем», молча, ничего не спрашивая, не залезая в душу» [15, 32].

Отзывчивость, соседская и родственная взаимопомощь также проявлялась наиболее открыто на так называемых помочах. Этот обычай заключался в приглашении знакомых людей для помощи в срочных работах, с которыми семья не успевает справиться самостоятельно. «Когда Господь пошлет богатый урожай, так что своими средствами нет возможности управиться, призывают «помочь». Приглашают в праздник, потому что на себя работать в праздник грех, а пособить доброму человеку грехом не считается» [9, 40]. Продолжительность работы на помочах в одних районах была четко определена обычаем, в других – менялась в зависимости от обстоятельств. «Работают как бы шутя, но превосходно, точно у себя дома. Это даже называется не работать, а «помогать»» [15, 63]. Представление о нравственной обязательности участия в помочи было особенно выражено, когда речь шла о благотворительной помощи общины одному ее лицу, нуждающемуся в поддержке [2, 84].

Совершенно безвозмездные помочи общины отдельному члену ее при особенно неблагоприятных для него обстоятельствах (пожар, вдовство, сиротство, падеж лошади) были по крестьянским этическим нормам самыми обязательными. Община, по крестьянским представлениям, просто не могла отказать в этом случае либо сама проявляла инициативу в организации такой помощи.

Трудно переоценить значение милосердия, сочувствия и помощи пострадавшему в системе нравственных норм крестьян. Человек милосердный, оказывающий благотворительную помощь, всегда пользовался уважением односельчан. Богоугодным делом считалась подача милостыни. «Ежели я старичку подам, это уж все одно, к примеру, как для души... спасенное и все такое... Тут совсем иное дело... Так сказать – надо – божественное... Мы Бога помним, и старичку завсегда с нашим удовольствием ... Не разорит... » [16, 383].

Незабываемый образ доброго и отзывчивого крестьянина запечатлелся с детских лет в памяти Ф.М. Достоевского. Это был мужик Марей – крепостной из деревни принадлежащей отцу Достоевского. Федя бродил один по лесу, увлеченно наблюдая за букашками и ящерицами, когда впечатлительному мальчику вдруг померещился крик: «Волк бежит». Он опрометью бросился из леса, крича от страха, и выскочил в поле, прямо на пашущего крестьянина. Марею не сразу, но все-таки удалось успокоить малыша.

Достоевский отчетливо вспомнил эту встречу через двадцать лет, вспомнил в каторжном остроге, и образ Марея помог ему увидеть души за грубой внешностью товарищей по заключению. «Встреча была уединенная, – писал он потом о Марее, – в пустом поле, и только Бог, может, видел сверху, каким глубоким и просвещенным человеческим чувством и какою тонкою, почти женственною нежностью может быть наполнено сердце иного грубого, зверски невежественного крепостного русского мужика, еще и ждавшего, не гадавшего тогда о своей свободе» [3, 214].

Понятие о чести у крестьян непременно соединялось с сознанием честного выполнения своего долга – в труде, в исполнении взятых на себя обязательств. «Крестьянин никогда не отказывается от долга, – сообщает А.Н. Энгельгардт. – Не стану доказывать, что мужик представляет идеал честности, но не нахожу, чтобы он был лучше нас, образованных людей» [15, 105]. В ходу было множество пословиц о твердом слове: «Мое слово золото», «Не давши слова крепись, а давши держись», «Уговор дороже денег» и другие

Волостные суды также давали крестьянкам возможность защищать свою честь и достоинство. Так, крестьянин села Войекова Данковского уезда Тимофей Иванов по жалобе его супруги, что он «всегда в пьяном виде бьет ее без пощады», решением волостного суда был подвергнут двадцати ударам розгами.

Строго волостной суд наказывал за побои и недоброжелательные отношения к ближайшим родственникам: братьям и сестрам. Так, Воейковский волостной суд в мае 1869 г. вынес решение о взыскании с крестьянки с. Богдановки Пелагеи Степановы штрафа 3 руб. сер. за побои и называние б…ю своей сестры Авдотьи [5, 110]. Следовательно, решения волостных судов основывались на нормах обычного права, крестьянских представлениях о справедливости и были направлены на наказание виновных.

Крестьянское понятие чести включало в себя также для мужчин – отсутствие оснований для оскорблений и умение ответить на незаслуженные поношения; для девушек – чистоту, для женщин – верность. Русские крестьяне решительно осуждали добрачные связи [2, 96].

Следовательно, решения волостных судов основывались на нормах обычного права, крестьянских представлениях о справедливости и были направлены на наказание виновных.

Таким образом, в нравственном идеале крестьян христианская трактовка добра, милосердия, благочестия, почтения к старшим тесно переплеталась с понятиями взаимопомощи, добросовестного выполнения взятых на себя обязательств. Нравственные понятия и соответствующие нормы поведения прививались в семье детям с малых лет. За пределами семьи не менее существенным было общественное мнение односельчан, оказывающих устойчивое влияние на детей и взрослых.

Литература

1. Безгин В.Б. Конфликты в крестьянской семье и практика их разрешения волостными судами // Крестьянство и власть в России (IX – начало XX). Материалы научной конференции. Липецк, 2011.

2. Громыко М.М. Мир русской деревни. М., 2002.

3. Достоевский Ф.М. Дневник Писателя // Собр. соч. в 9 т. Т. 9 в 2 кн. Кн. 1. М., 2007.

4. Ефименко А.Я. Исследования народной жизни. Обычное право. Вып. I. М., 1884.

5. Земцов Л.И. Волостной суд в России 60-х – первой половины 70-х годов XIX века (по материалам Центрального Черноземья). Воронеж, 2002.. Док. № 328, № 183.

6. Златовратский Н.Н. Авраам // Крестьянские судьбы: рассказы русский писателей 60–70-х гг. XIX века. М., 1986.

7. Общий свод по империи результатов разработки данных первой всеобщей переписи населения, произведенной 28 января 1897 г. Т.1. СПб., 1905.

8. Русские крестьяне. Жизнь. Быт. Нравы. Материалы «этнографического бюро князя В.Н. Тенишева». СПб., 2008. Т. 6. Курская, Московская, Олонецкая, Псковская, Санкт-Петербургская и Тульская губернии.

9. Селиванов В.В. Год русского земледельца. Зарайский уезд Рязанской губернии. Рязань, 1995.

10. Семенов С.Т. Дедушка Илья // Рассказы и повести. М., 1983.

11. Шмелев И.С. Богомолье. Повести и рассказы. М., 2013.

14. Шмелев И.С. Лето Господне. М., 2012.

15. Энгельгардт А.Н. Из деревни. 12 писем (1872–1887). М., 1956.

16. Эртель А.И. От одного корня // Крестьянские судьбы: рассказы русский писателей 60–70-х гг. XIX века. М., 1986.

Власова М.А. , к.м.н.[1], **Островская О.В.** , д.м.н.,[1] **Супрун С.В.** , д.м.н.[1], **Кондрашова Е.А.** ,[2] **Ивахнишина Н.М.** , к.б.н.,[1] **Наговицына Е.Б.** к.м.н.[1]

[1]Хабаровский филиал ДНЦ ФПД - Научно-исследовательский институт охраны материнства и детства, 680022, ул. Воронежская, 49, корп.1, тел. (42-12)98-05-91,
e - mail: iomid @ yandex. ru,
[2] Перинатальный центр МЗ Хабаровского края, 680028, ул. Истомина, 85, тел.(42-12) 45- 40 -03, e-mail: perinatalcenter@rambler.ru г. Хабаровск

ПРИМЕНЕНИЕ ТЕСТА «ФЕМОФЛОР» ДЛЯ ОЦЕНКИ СОСТОЯНИЯ БИОЦЕНОЗА ГЕНИТАЛЬНОГО ТРАКТА У ЖЕНЩИН С ПРЕЖДЕВРЕМЕННЫМИ РОДАМИ

Бактериальный вагиноз – инфекционный невоспалительный синдром, связанный с дисбиозом влагалищного биотопа, сопровождающийся резким снижением содержания или отсутствием молочно - кислых бактерий *Lactobacillus spp* и чрезмерно высокой концентрацией условно патогенных микроорганизмов. Бактериальный вагиноз увеличивает восприимчивость к инфекциям, передающимся половым путем, увеличивает риск возникновения инфекционных осложнений после абортов и гинекологических операций, воспалительных заболеваний органов малого таза, патологии беременности, гипотрофии плода и преждевременных родов.

Наиболее распространенными методами диагностики инфекционных заболеваний урогенитального тракта являются микроскопическое исследование состояния вагинального эпителия и лейкоцитарной реакции, оценка состава и количества микроорганизмов по микроскопии мазка, бактериологическое исследование, качественная полимеразная цепная реакция (ПЦР). Условно- патогенные микроорганизмы могут присутствовать как при патологических состояниях (в значительных количествах), так и в норме (в ограниченном количестве). Поэтому для оценки состояния биоценоза необходимы и качественная и количественная характеристики, что стало возможно после разработки методики ПЦР в реальном времени [2,36].

Целью исследования было: изучение характеристики биоценоза генитального тракта у беременных женщин с преждевременными родами методом ПЦР с детекцией результатов в режиме реального времени.

Материалы и методы.

Проведено исследование отделяемого заднебоковых сводов влагалища 29 беременных женщин в возрасте 24-36 лет, поступивших в «Перинатальный центр» на сроке гестации 26-34 недели с преждевременным разрывом околоплодных оболочек и излитием околоплодных вод. Группу контроля составили 38 беременных женщин в возрасте 24-36 лет с физиологически развивающейся беременностью на сроке гестации 20-27 недель.

Исследование   биоценоза влагалища выполняли   методом ПЦР в режиме реального времени с использованием реагентов «Фемофлор - 16» в детектирующем амплификаторе ДТ- 96 (НПО ДНК- Технология, г.Москва).   Набор выявляет 25 показателей, включая   23 группы микроорганизмов, контроль взятия материала и общую бактериальную массу. Для получения адекватных результатов   использовали только образцы с достаточным количеством клеток цервикального   канала, попавших в пробирку с анализируемой пробой и достаточной   общей бактериальной массой (ОБМ). С помощью программного обеспечения рассчитывали количество ОБМ, лактобацилл и различных групп условно-патогенных микроорганизмов. Учитывали пробы, в которых количество ДНК клеток человека   было больше 10^4 геном – эквивалентов (ГЭ) в образце, а величина ОБМ составляла от 10^6 до 10^9 ГЭ в образце. Количественную оценку влагалищной микрофлоры проводили как в абсолютных, так и в относительных показателях. Абсолютный показатель - количество ДНК искомого микроорганизма в образце, выраженное в ГЭ, представленное в виде десятичного логарифма – lg. Относительный количественный показатель микроорганизма (отношение количества искомого микроорганизма к количеству ОБМ) был представлен в двух форматах: разница десятичных логарифмов количества соответствующей группы микроорганизмов и ОБМ и в процентах по отношению к ОБМ.

Результаты оценивали в соответствии с критериями, предложенными [2,36] :

1. нормоценоз абсолютный – вариант биоценоза, при котором доля нормофлоры   составляет   80 до 100% относительно ОБМ, количество *Ureaplasma spp., Mycoplasma spp.* - менее 10^4 гэ/мл; а грибов рода *Candida* - менее 10^3 гэ/мл;

2. нормоценоз условный – доля нормофлоры составляет 80 - 100% относительно ОБМ, количество *Ureaplasma spp. , Mycoplasma spp.* - более 10^4 гэ/мл, а *Candida spp.* - более 10^3 гэ/мл;

3. дисбаланс умеренный (анаэробный, анаэробно- факультативный и смешанный) – доля лактобактерий снижена до 20–80% относительно ОБМ за счет увеличения количества анаэробов и/или аэробов;

4.   дисбаланс   выраженный   (анаэробный,   анаэробно-факультативный и смешанный) – доля лактобактерий снижается до 20% и менее, доля условно патогенных микроорганизмов достигает 80 - 100% относительно ОБМ;

Полученные результаты обработаны с помощью программы Statistika for Windows 6,0 (Statsoft Inc., США). Различия между группами считали достоверными при p < 0,05.

Результаты и обсуждение.

Сопоставление показателей биоценоза в сравниваемых группах показало, что частота выявления нормоценоза у женщин с преждевременным излитием околоплодных вод в 3,2 раза ниже, чем в контрольной группе (p<0,0000)(табл.1). Причем абсолютный нормоценоз определен только в 1-ом случае, в то время как в контрольной группе – в 12 раз чаще (p<0,0004). У 7 пациенток с условным нормоценозом группы наблюдения и у 18 женщин с условным нормоценозом группы контроля определены *Ureaplasma spp.* в титрах более 10^4 гэ/мл, а *Candida spp.* – в титрах более 10^3 гэ/мл;

Дисбиоз в группе беременных женщин с несвоевременным излитием околоплодных вод установлен в 72,4% случаев, что значительно (в 6,9 раза) чаще, чем у женщин с физиологически развивающейся беременностью (10,5%, p<0,0000). Умеренный и выраженный анаэробный облигатный дисбиоз у женщин с преждевременными родами установлен в 16 случаях (55,2%), при физиологической беременности – только в 4 случаях (10,5%, p<0,0001). Анаэробный облигатный дисбаланс в группе наблюдения (16 или 55,2%) выявлен в 3,2 раза чаще, чем в сумме факультативно – анаэробный и смешанный дисбаланс (5 или 17,2%, p <0,0009).

Таблица 1

Сравнение состояния биоценоза генитального тракта по виду и степени выраженности в обследуемых группах беременных женщин (абс/%)

Состояние биоценоза	Группы женщин		Достоверность различия P
	Преждевременный разрыв околоплодных оболочек n =29	Физиологически протекающая беременность n =38	
Нормоценоз	**8/27,6**	**34/89,5**	0,0000
-абсолютный	1/3,5	16/42,1	0,0004
- условный	7/24,1	18/47,3	0,0289
Дисбиоз	**21/72,4**	**4/10,5**	0,0000
умеренный	12/41,4	2/5,3	0,0005
-анаэробный	7/24,1	2/5,3	0,0131
- анаэробно факультативный	3/10,3	0	0,0252
- смешанный	2/6,9	0	0,0512
выраженный	9/31,0	2/5,3	0,0029
- анаэробный	9/31,0	2/5,3	0,0029

Умеренный анаэробный дисбаланс установлен у 7(24,1%) женщин группы наблюдения с преждевременным разрывом околоплодных оболочек. Были определены следующие микроорганизмы: *Eubacterium spp.* - 2; *Gardnerella vaginalis/Prevotella bivia/Porphyromonas spp.*+ грибы рода *Candida* -1; *Megasphaera spp./Veillonella spp./Dialister spp*+ *Sneathia spp./Leptotrihia spp./Fusobakterium spp.*-1; *Mobiluncus spp/Corynebacterium spp.* + *Ureaplasma (urealyticum + parvum)* – 1; *Megasphaera spp./Veillonella spp./Dialister spp.*+ *Ureaplasma (urealyticum+parvum)* + грибы рода *Candida* -1; *Gardnerella vaginalis/Prevotella bivia/Porphyromonas spp.*+ *Atopobium vaginae*+ грибы рода *Candida* -1;

В группе контроля - женщин с физиологически развивающейся беременностью установлено 2 случая умеренно выраженного анаэробного дисбиоза - *Gardnerella vaginalis/Prevotella bivia/Porphyromonas spp.*+*Megasphaera spp./Veillonella spp./Dialister spp* + *Atopobium vaginae*-1 *Mycoplasma hominis*+ *Ureaplasma (urealyticum + parvum)*-1;

Умеренный анаэробно - факультативный дисбиоз установлен только в группе наблюдения - 3 случая: *Streptococcus spp.* – 2 , *Staphylococcus spp* и *Enterobacteriaceae* -1

Смешанный умеренный дисбиоз тоже обнаружен только в группе наблюдения - 2 случая: *Streptococcus spp.* + *Gardnerella vaginalis/Prevotella bivia/Porphyromonas spp.*-1; *Streptococcus spp.* + *Gardnerella vaginalis/Prevotella bivia/Porphyromonas spp.*+ *Mobiluncus spp/Corynebacterium spp.* + *Ureaplasma (urealyticum + parvum)* – 1;

При выраженных степенях дисбиоза выявлен только анаэробный дисбаланс: в группе наблюдения – в 9 случаях (31,0%), в группе контроля – в 2 случаях (5,3%, p<0,0029).

Выраженный анаэробный дисбиоз в группе женщин с преждевременным разрывом плодных оболочек:

1.*Megasphaera spp./ Veillonella spp./Dialister spp.*+*Atopobium vaginae* +*Ureaplasma (urealyticum+ parvum)*

2.*Gardnerella vaginalis/Prevotella bivia/Porphyromonas spp.*+*Ureaplasma (urealyticum+parvum)*

3.*Gardnerella vaginalis/Prevotella bivia/Porphyromonas spp.*+*Sneathia spp./Leptotrichia spp./Fusobacterium spp.* +*Ureaplasma (urealyticum+parvum)*

4.*Gardnerella vaginalis/Prevotella bivia/Porphyromonas spp.*+ *Eubacterium spp.*+ *Megasphaera spp./ Veillonella spp./Dialister spp.*+ *Mobiluncus spp./ Corynebacterium spp.*

5.*Gardnerella vaginalis /Prevotella bivia/Porphyromonas spp.*+ *Eubacterium spp.* + *Peptostreptococcus spp.*

6.*Gardnerella vaginalis /Prevotella bivia /Porphyromonas spp.*+ *Sneathia spp./Leptotrichia spp./Fusobacterium spp.*

7.*Gardnerella vaginalis/Prevotella bivia/Porphyromonas spp.*

8.*Eubacterium spp.* + *Ureaplasma (urealyticum+ parvum)*

9. *Mobiluncus spp./ Corynebacterium spp. + Ureaplasma (urealyticum+ parvum)*

Выраженный анаэробный дисбиоз, выявленный у женщин с физиологически протекающей беременностью:

1.*Eubacterium spp. + Atopobium vaginae + Ureaplasma (urealyticum + parvum)*

2.*Gardnerella vaginalis/Prevotella bivia/Porphyromonas spp + Lachnobacterium spp. + Megasphaera spp./ Veillonella spp./Dialister spp.*

Известно, что среди микроорганизмов, с которыми ассоциируется бактериальный вагиноз, наиболее часто оказываются *Gardnerella vaginalis, Mobiluncus species, M.hominis* и *U.urealyticum*. С рецидивирующим течением бактериального вагиноза связывают *Atopobium vaginae* [2,7]. В нашем исследовании у женщин с преждевременными родами *Gardnerella vaginalis* определена в 34,5% случаев, *U.urealyticum* и дрожжевые грибы рода *Candida* в диагностически значимых титрах - в 27,6% и 10,3% случаев соответственно, *Mobiluncus species* – в 13,8% случаев, *Atopobium vaginae* – 6,9%. В 5 случаях (17,2%) определены облигатно-анаэробные микроорганизмы *Streptococcus spp., Staphylococcus spp* и *Enterobacteriaceae*, вызывающие гнойно- воспалительные процессы в послеродовом периоде у матери и ребенка. Всего из 29 женщин группы наблюдения микроорганизмы, специфичные для бактериального вагиноза, установлены у 21женщин (72,4%).

В тоже время из 38 женщин с физиологически протекающей беременностью *Gardnerella vaginalis, U.urealyticum, Atopobium vaginae* выявлены по-равну по 2 случая (2,6%). Всего микроорганизмы, ассоциированные с бактериальным вагинозом, обнаружены у 4 женщин (10,5%, $p < 0,0000$ с группой наблюдения).

Выводы.

Описан микробный пейзаж генитального тракта беременных женщин с преждевременным разрывом околоплодных оболочек в сопоставлении с микробиоценозом генитального тракта женщин с физиологически протекающей беременностью.

Дисбиоз в группе беременных женщин с преждевременным излитием околоплодных вод установлен в 72,4% случаев, что значительно (в 6,9 раза) чаще, чем у женщин с физиологически развивающейся беременностью (10,5%, $p<0,0000$). Анаэробный облигатный дисбаланс в группе наблюдения выявлен в отношении суммы факультативно – анаэробного и смешанного дисбаланса как 3:1.

Индикаторы бактериального вагиноза у женщин с преждевременными родами определены в следующих количествах: *Gardnerella vaginalis* - в 34,5% случаев, *U.urealyticum* и дрожжевые грибы рода *Candida* в диагностически значимых титрах - в 27,6% и 10,3% случаев соответственно, *Mobiluncus species* – в 13,8% случаев, *Atopobium vaginae* – 6,9%. В 5 случаях (17,2%) определены облигатно-анаэробные микроорганизмы *Streptococcus spp.*, *Staphylococcus spp* и *Enterobacteriaceae*, вызывающие гнойно- воспалительные процессы в послеродовом периоде у матери и ребенка.

Полученные нами данные свидетельствуют о высокой диагностических возможностях метода ПЦР в реальном времени для оценки микробиоценоза генитального тракта у женщин, о связи бактериального вагиноза с преждевременным прерыванием беременности и о необходимости выявления бактериального вагиноза в период прегравидарной подготовки и на ранних сроках беременности с последующим восстановлением нормальной микрофлоры и селективной деконтаминацией микроорганизмов, ассоциированных с вагинозом.

Литература

1. Плахова К.И., Гомберг М.А., Атрошкина М.Е., Ильина Е.Н., Говорун В.М. Роль *Atopobium vaginae* при рецидивировании бактериального вагиноза // Вестник дерматологии и венерологии.-2007.-№5.-С.10-13

2. Сухих Г.Т., Трофимов Д.Ю., Донников А.Е., Айламазян Э.К., Савичева А.М., Шипицына Е.В. Применение метода полимеразной цепной реакции в реальном времени для оценки микробиоценоза урогенитального тракта у женщин (тест Фемофлор) (медицинская технология) // Москва.- 2011.-36с.

Паньков В.С.

студент, Карагандинский Государственный Медицинский Университет

Казахстан, Карагандинская обл., г. Караганда

Сейілханов М.Т.

студент, Карагандинский Государственный Медицинский Университет

Казахстан, Карагандинская обл., г. Караганда

Волоконцев В.А.

ассистент кафедры, сертификат специалиста

Карагандинский Государственный Медицинский Университет

Казахстан, Карагандинская обл., г. Караганда

ИННОВАЦИОННЫЕ ТЕХНОЛОГИИ В ЛЕЧЕНИИ ГНОЙНЫХ ЗАБОЛЕВАНИЙ МЯГКИХ ТКАНЕЙ С ПРИМЕНЕНИЕМ НИЗКОЧАСТОТНОГО УЛЬТРАЗВУКА

Аннотация

Данная статья посвящена вопросам лечения гнойных заболеваний мягких тканей. Изложены основные аспекты применения низкочастотного ультразвука и дана характеристика использования данного метода в хирургической практике. Представлено подробное описание метода обработки раневой поверхности в комплексе с ультразвуковой кавитацией и механическим воздействием в зависимости от стадии раневого процесса.

Ключевые слова

Ультразвук, АУЗХ-100 – «ФОТЕК», гнойная рана, инфекция, хирургия, лечение.

Список сокращений

ИКМТ – инфекция кожи и мягких тканей

НЧУЗ – низкочастотный ультразвук

MRSA - мецитиллин-резистентный Staphylococcus auereus

Введение

В настоящее время ИКМТ занимает одно из ведущих мест среди хирургических заболеваний, около 30-45% [1,2]. Несмотря на всё разнообразие методов лечения в гнойной хирургии, раневая патология не имеет тенденции к уменьшению, так как имеет ряд недостатков таких, как высокая стоимость лечения и большой срок заживления гнойных ран [3]. Ежегодно в Республике Казахстан с ИКМТ наблюдаются около 100 тыс. пациентов, в РФ примерно 700 тыс. Важность данной проблемы заключается и в том, что летальность при таких заболевания в процентах составляет около 50% и более. [4,5]. На сегодняшний день ситуация осложнилась, тем что рост патогенных микроорганизмов устойчивых к антибиотикам и некоторым антисептикам вырос в большом количестве [6]. В стационарах РК частота MRSA в последние годы постепенно увеличивается и в среднем составляет около 60% всех инфекции. Хотя есть некоторые различия в величине этого показателя между медицинскими учреждениями, и эта цифра колеблется в районе от 5 до 90%. Инфекции, вызванные MRSA, имеют огромное значение, как в медицинском, так и в социальном плане, так как сопровождается высокой летальностью и требуют больших материальных затрат на лечение. Проблема профилактики и лечения ИКМТ по сей день не теряет свой актуальности, несмотря на все достижения в таких областях, как иммунологии, микробиологии, фармакологии и хирургии [7].

Актуальность использования метода низкочастотной обработки раневой поверхности

Многие специалисты утверждают, что хирургическая обработка ран не гарантирует полного иссечения некротических тканей и удаления всей патогенной микрофлоры в ране, что приводит к применению физических методов лечения [8,9,10]. К данным методам относятся: озонотерапия, лазерное излучение, вакуумная санация, гипербарическая оксигенация, фотодинамическая терапия [9,10]. Обладая выраженным бактериостатическим и бактерицидных действиями низкочастотный ультразвук (НЧУЗ) занимает особое место среди других методов. Он способен ускорить сроки очищения раны от некротических тканей и фибрина, а так же улучшает микроциркуляцию. Помимо этого НЧУЗ улучшает действие антибиотиков и антисептиков и тем самым увеличивает фагоцитарную активность лейкоцитов, что в дальнейшем ускоряет регенераторные процессы в ране. Данный метод соответствует условиям безопасности, как для врача, так и для пациента.

Цель метода

Внедрение современного, экономичного и безопасного метода лечения ИКМТ. Доказать, что ультразвук является перспективным направлением в развитии физической антисептики.

Формула метода

Ультразвуковой хирургический аппарат АУЗХ-100 - «ФОТЕК», с резонансной частотой 25 кГц, применяемый для лечения ИКМТ.

Показания и противопоказания для применения метода

Показания: гнойно - некротические заболевания мягких тканей, костей и органов брюшной полости, диабетическая стопа, гнойные заболевания плевры и легких, трофические язвы различного генеза; отморожения и ожоги, огнестрельные раны, гнойно - воспалительные заболевания лица и шеи, инфекции области хирургического вмешательства.

Противопоказания: зрелые грануляции, онкологический процесс, а так же отсутствие обученного персонала.

Принцип метода ультразвуковой обработки раневой поверхности

Основное лечебное действия аппарата АУЗХ-100 - «ФОТЕК» с резонансной частотой 25 кГц заключается в механическом очищении раны за счет разрушения некротических тканей. Также происходит быстрое отторжение ненужных тканей за счет кавитации. Принцип действия заключается в том, что образуются микропузырьки, которые наполнены паром и газом, разрыв этих пузырьков введет к удалению налета, разрушению бактерий (бактерицидное действие) и микромассажу близлежащих тканей. Проникая через ткани ультразвуковые волны, создают тепловой эффект, благодаря которому усиливаются обменные процессы и стимулируется иммунная система, тем самым улучшая течение раневого процесса. Малыми дозами антибиотиков и антисептиков в сочетание с НЧУЗ можно добиться усиленного бактерицидного действия, ведь чувствительность к действию лекарственных препаратов повышается, что подтверждают многие авторы [11,12]. Благодаря ультразвуковой обработке отмечаются следующие положительные эффекты: очищение раны от некротизированных тканей; уменьшение отека; происходит активация фагоцитоза; усиливаются процессы созревания эластиновых и коллагеновых волокон, что ведет к быстрому заживлению раны т.е. к ее регенерации; стимулируется быстрый рост капилляров и нервных волокон во вновь образовавшейся ткани; усиливается бактерицидный эффект который приводит к ускорению обменных процессов в ране [13,14].

Материально-техническое обеспечение

Для использования метода необходимо:

1) Специализированно помещение, где будет происходить обработка раневых поверхностей ультразвуком. Например, перевязочная.
2) Ультразвуковой аппарат АУЗХ-100 - «ФОТЕК» с резонансной частотой 25 кГц
3) Обученный персонал.

Описание метода:

1.Описание аппарата

Аппарат АУЗХ-100 - «ФОТЕК» с частотой 25 кГц предназначен для работы с раневыми поверхностями в различных областях хирургии. Считается довольно компактным и простым аппаратом. Состоит из блока управления, волновода (акустического узла) и насадок. Имеется два режима первый «СЕЛЕКТ» - дает более щадящий эффект с целью вымывания налета и бактерий и второй «ОСНОВ» - усиленное действие с целью фрагментации, деструкции и рассечения гнойно-некротической ткани. В комплекте так же идут специальные насадки в виде копыта, грейдера, двухстороннего крючка, шарика с ирригационным каналом. Данные инструменты предназначены для плоских раневых поверхностей. Так же имеется инструмент-шарик, без ирригационного отверстия предназначенный для полостей. Наличие антисептика обязательно. Расход должен составлять 1-2 капли в секунду. Лечение начинают в режиме

«СЕЛЕКТ» с малой мощностью. Акустический узел должен находиться в движении.

2. Подготовка к лечению

На начальном этапе необходим сбор анамнеза, общий осмотр и микробиологическое исследование раневой поверхности. После проводится беседа с пациентом, подробно раскрывают детали манипуляции, преимущества и возможные побочные эффекты данного метода. Берется информационное согласие.

3. Обезболивание процедуры

Данная процедура безболезненная, если же пациент испытывает боль, рекомендуется местное применение 10% спрея лидокаина. При более высокой чувствительности проводится местная инфильтративная анестезия 0,5 раствором новокаина или 2% раствором лидокаина.

4.Общие рекомендации

Не следует прилагать усилие при работе с волноводом, движения должны быть плавными и легкими. Избегать контакта с металлическими поверхностями, ударов и падений. В промежутке между процедурой следует выключать аппарат. После процедуры наконечники должны подвергаться автоклавированию.

5. Лечение ран

Лечение начинают в режиме «СЕЛЕКТ» с подачей раствора антисептика 1-2 капли в секунду. В зависимости от раны подбирают наконечник из стандартного набора. Плавными движениями обрабатывают рану от периферии к центру. Мощность и время подбирается строго индивидуально и зависит от таких факторов как: вид раны, стадия воспаления и общей переносимости лечения. Ультразвук способствует очищению и быстрой регенерации раны.

6. Результаты исследования метода ультразвукового воздействия

На базе Областного Медицинского Центра г.Караганды было проведено клиническое исследование по изучению эффективности обработки гнойных ран и инфицированных костных полостей с помощью ультразвукового хирургического аппарата АУЗХ-100-«ФОТЕК». Данный метод был использован в сравнении с общепринятыми методами обработки ран с использованием растворов антисептиков. Исследование является открытым проспективным контролируемым, выполненным на двух группах больных. Основной группе, куда входили 73 пациента, при местном лечении гнойных ран и костных полостей, после проделанной хирургической обработки в условиях операционной, проводили 3-4 сеанса (по 10-15 минут) с применением аппарата АУХЗ-100-"ФОТЕК". Тогда как в контрольной группе, включавшая в себя 70 больных, после проделанной хирургической обработки ран и костных полостей, был использован 0,2 % водный раствор хлоргексидина биглюконата. В зависимости от анатомической локализации и размеров раневых дефектов, не было достоверных отличий между основной и контрольной группами. По результатам исследования раневого экссудата у 58,3% пациентов обеих групп были выявлены микробные ассоциации. У остальных пациентов микрофлора была представлена монокультурой: S Staphylococcus aureus (52%), Enterococcus faecalis (18%), Proteus mirabilis (17%), Pseudomonas aeruginosa (5%). Условно-патогенная флора присутствовала в 10% случаев. При этом у 25 (34,2%) больных относившихся к основной, и у 20 (28,5%) пациентов контрольной группы общее количество микробных тел в 1 г. ткани после проведенной хирургической обработки значительно превышало допустимый критический уровень - более 106 КОЕ/мл. Эффективность лечения оценивали по следующим клиническим параметрам: изменение выраженности болевого синдрома, сроки очищения ран, появления грануляций, наличия или отсутствия побочных эффектов от лечения и на основании результатов бактериологического исследования.

7. Результаты и их обсуждение

Все пациенты, относящиеся основной группе, независимо от происхождения гнойных ран, гнойных полостей, хорошо перенесли процедуры ультразвука. Побочных эффектов в ходе наблюдения после процедур не было обнаружено. В основной группе очищение раны и наступление грануляционной фазы раневого процесса происходило быстрее, нежели в контрольной группе по всех изученным показателям. Одним из важных показателей для сравнительной оценки местного лечения была степень снижения интенсивности болевого синдрома на 5-7 сутки лечения. У пациентов основной группы, в этом временном интервале, сильный болевой синдром сохранялся лишь у 5 пациентов (6,8%). У 10 (13,7%) больных наблюдался болевой синдром умеренной степени выраженности, при котором не требовалось дополнительное назначение обезболивающих препаратов. У 54 (79,4%) пациентов болевой синдром практически отсутствовал, либо возникал периодически. Результаты в контрольной группе были следующими: сильные боли сохранялись у 10 (14,3%) пациентов, умеренно выраженные – у 14 (20%) больных. В результате использования УЗ обработки ран при помощи аппарата АУЗХ-100-«ФОТЕК» регрессирование симптомов воспаления в ранах подтверждено результатами количественного бактериологического исследования. При повторном бактериологическом исследовании, после окончания местного лечения, выявлено снижение степени бактериальной обсемененности ран с 106 до 103 КОЕ/мл у 45 (61,4%) больных основной, и у 35 (50%) пациентов контрольной групп. Отсутствие роста микрофлоры наблюдали у 19 (26%) пациентов основной, и у 12 (17,3%) пациентов контрольной групп. Также у 3 (4,1%) больных основной группы, и 15 (21,4%) - контрольной группы, произошли изменения качественного состава микрофлоры (со сменой на условно-патогенную и сапрофитную).

С целью достижения полного очищения гнойных ран в основной группе потребовалось 5±1,2 перевязок, в контрольной – 8±1,3.

8. Выводы

1. Исходя из проведенного исследования, делаем вывод, что ультразвук способствует ускоренному очищению раны от некротизированных тканей; уменьшает отека; усиливает процессы созревания эластиновых и коллагеновых волокон, что ведет к быстрому заживлению раны, а так же уменьшает болевой синдром.

2. Ультразвуковое воздействие помимо своего бактерицидного эффекта, способствует нормализации микроциркуляции, хорошо влияет на процессы формирования и созревания грануляционной ткани.

3. При использовании ультразвука во время перевязок быстро купируются воспалительные явления, болевой синдром, уменьшается количество микроорганизмов в ране, стимулируются регенеративные процессы.

4. После проведения бактериологического исследования содержимого раны наблюдалось снижение количества микроорганизмов и очищение раны.

5. Отсутствие побочных эффектов при обработке ультразвуком.

6. Данный метод является перспективным направлением в развитии физической антисептики, а так же абсолютно безопасным методом лечения гнойных заболеваний мягких тканей.

Практические рекомендации

1. Исходя из результатов данных исследований, можно рекомендовать использование ультразвука в лечении ИКМТ.

2. Рекомендуется сочетанное применение ультразвука с первичной хирургической обработкой ран, что является эффективным методом профилактики нагноения инфицированных ран.

Список литературы:

1. Бубнова Н. А. Инфекции кожи и подкожной клетчатки / Н.А. Бубнова, С.А. Шляпников // Хирургические инфекции: руководство / под ред. И.А. Ерюхина, Б.Р. Гельфанда, С. А. Шляпникова. – СПб: Питер, 2003. – С. 379 – 409.

2. Ерюхин И.А. Хирургические инфекции: Новый уровень познания и новые проблемы // Инфекции в хирургии.– 2003.– Т. 1, № 1. – С. 2 – 7.

3. Влияние комбинированного лазерного излучения на течение фаз раневого процесса / В.П. Лапшин, Ю.М. Максимов, Г.А. Панченко [и др.]. – Витебск, 1996. – 232 с.

4. Гостищев В.К. Гнойная хирургия таза / В.К. Гостищев, Л.П. Шалчкова. – М.: Медицина, 2000.– 288 с.

5. Nichols R. L Clinical presentations of soft-tissue infections and surgical site infections / R. L. Nichols, S. Florman // Clin. Infect. Dis.- 2001.- Vol. 33, №2.- P. 84.

6. Насер Н.Р. Хирургические инфекции мягких тканей. Подходы к диагностике и принципы терапии [Электронный ресурс] / Н.Р. Несер, С.А. Шляпников // Русский медицинский журнал.- 2006.-Т.

7. Шляпников С. А. Хирургические инфекции мягких тканей – проблема адекватной антибиотикотерапии / С. А. Шляпников, Н. Р. Насер // Антибиотики и химиотерапия. – 2003. – Т. 48, № 7. – С. 44 – 48.

8. Власова О.С. Комплексное лечение фурункулов лица в условиях поликлиники с помощью ультразвука и перфторана. / О.С. Власова // Сборник материалов V Всероссийской университетской научно-практической конференции молодых ученых и студентов. – Тула, 2006. – С. 60 – 61.

9. Использование газового потока, содержащего оксид азота (NO-терапия) в комплексном лечении гнойных ран / К.В. Липатов, М.А. Сопромадзе, А.Б. Шехтер [и др.] // Хирургия. – 2002.– №2. – С.41-43.

10. Киршина О.В. Особенности заживления гнойных ран при комбинированном использовании NO терапии и низкочастотного ультразвука / О.В. Киршина, И.Г. Клименко, Н.Н. Григорьев, А.Г. Горынин // Вестник уральской медицинской академической науки.-2009.-№3 (26).- С. 77-79.

11. Применение ультразвуковой кавитации при хирургических инфекциях. Зайнутдинов А.М// Казанский медицинский журнал// 2009 г/ № 3. С. 414-420

12. Улащик В. С, Чиркии А. А. //Ультразвуковая терапия. Минск, 1983.

13. Лощилов В.И. //Ультразвуковая технология в медицине. М, 1980.

14. Николаев Г. А., Лощилов В. И. //Ультразвуковая технология в хирургии. М, 1990.

Фоменко И.В.,
заведующая кафедрой стоматологии детского возраста, д.м.н., доцент
Филимонова Е.В.,
ассистент кафедры стоматологии детского возраста, к.м.н.,
Краевская Н.С.
аспирант кафедры стоматологии детского возраста
Волгоградский государственный медицинский университет. Кафедра
стоматологии детского возраста

РЕЗУЛЬТАТЫ ОЦЕНКИ КАЧЕСТВА ЖИЗНИ ДЕТЕЙ С ВРОЖДЕННОЙ ОДНОСТОРОННЕЙ РАСЩЕЛИНОЙ ВЕРХНЕЙ ГУБЫ И НЕБА ПОСЛЕ ОДНО- И ДВУХЭТАПНОЙ УРАНОПЛАСТИКИ

Введение:

Оценка качества жизни, является объективным показателем, определяющим индивидуальную способность человека к функционированию в семье и коллективе с выполнением трудовой и общественной деятельности. Большинство исследователей [1,2]. Расценивают качество жизни как интегральную характеристику физического, психологического, эмоционального и социального функционирования человека, основанную на его субъективном восприятии.

Необходимость изучения качества жизни детей с врожденной односторонней расщелиной верхней губы и неба обусловлена социальной значимостью заболевания вследствие его большой распространенности, инвалидизации детей. У большинства детей с врожденной патологией лица, сохраняется риск возникновения эмоциональных и поведенческих нарушений, трудностей в обучении и адаптации. Эти факторы могут стать причиной психологических проблем, в частности сильного стресса и конфликтных ситуаций [3,4].

Цель исследования: Оценить качество жизни детей с врожденной односторонней расщелиной верхней губы и неба после одно- и двухэтапной уранопластики.

Материалы и методы исследования:
Было опрошено 51 пациент с врожденной односторонней расщелиной верхней губы и неба, которые находятся на учете в центре диспансеризации детей с врожденной патологией лица.
Пациенты были разделены на две группы. В первую группу вошли пациенты, которым проводилась закрытие дефекта неба в два этапа (27 человек), во вторую группу вошли пациенты, которым осуществлялась

пластика дефекта неба в один этап (24 человека). Пациентам были розданы анкеты, по результатам анализа которых делались выводы о качестве их жизни.

Результаты исследования:

Не удовлетворены состоянием своих зубов и прикусом в первой группе были 33,33$\pm$ 9,62% детей, во второй группе 62,5$\pm$ 9,88% детей.

При анализе качества жизни, методом анкетирования детей с врожденной односторонней расщелиной верхней губы и неба были выявлены достоверные отличия между качеством жизни пациентов первой и второй групп. Было установлено, что пациенты второй группы чаще не удовлетворены состоянием своих зубов и прикусом по сравнению с детьми первой группы (33,33$\pm$ 9,62% и 62,5$\pm$ 9,88% соответственно). Также было достоверно установлено, что пациенты оперированные двухэтапным методом уранопластики считают что наличие врожденной патологии никак не повлияло на качество их жизни, по сравнению с детьми которым была осуществлена пластика дефекта неба в один этап (55,5$\pm$10,1% и 12,5$\pm$ 6,75% соответственно).

Выводы:

Полученные данные свидетельствуют о более низком качестве жизни детей с врожденной односторонней расщелиной верхней губы и неба оперированных методом одноэтапной уранопластики. Таким образом, двухэтапная уранопластика, проведённая в ранние сроки, в комплексной реабилитации детей с врожденной расщелиной верхней губы и неба способствует улучшению качества жизни детей, и их своевременной социальной адаптации.

Литература:

1.Качество жизни медицинских работников / В.Ю. Альбицкий, М.Э. Гурылева, М.Л. Добровольская, Л.В. Хузиева // Здра- воохранение РФ. — 2003. — № 3. — С.35—38.

2. Новик, А.А. Исследование качества жизни в медицине / А.А. Новик, Т.И. Ионова. — М.: ГЕОТАР-МЕД, 2004. — 304 с.

3. Новик, А.А. Концепция исследования качества жизни в ме- дицине / А.А. Новик, Т.И. Ионова, П. Кайнд. — СПб.: Элби, 1999. — 140 с.

4. Чучалин, А.Г. Качество жизни больных: влияние бронхи- альной астмы и аллергического ринита / А.Г. Чучалин, Н.Ю. Сенкевич // Терапевтический архив. — 1998. — № 9. —С.53-57.

Каюкова Г.П.

доктор химических наук, Институт органической и физической химии им. А. Е. Арбузова Казанского научного центра РАН

E-mail:kayukova@iopc.ru

Феоктистов Д.А.

аспирант, Институт органической и физической химии им. А. Е. Арбузова Казанского научного центра РАН

briorius@inbox.ru

Михайлова А.Н.

аспирант, Институт органической и физической химии им. А. Е. Арбузова Казанского научного центра РАН

Вахин А.В.

кандидат технических наук, старший научный сотрудник, Казанский (Приволжский) федеральный университет

vahin-a_v@mail.ru

СОСТАВ УГЛЕВОДОРОДНЫХ ФЛЮИДОВ В ПЕРМСКИХ ОТЛОЖЕНИЯХ ТАТАРСТАНА В ЗАВИСИМОСТИ ОТ ЛИТОЛОГИИ ВМЕЩАЮЩИХ ИХ ПОРОД

В настоящее время в связи с истощением запасов традиционной нефти и изменением ситуации на нефтяном рынке, во всем мире уделяется повышенное внимание альтернативным источникам углеводородного сырья, и в частности высоковязким нефтям и природным битумам [1,26; 2,31; 3,13]. Рациональное использование этого сырья является важнейшей экономической и научной задачей. Однако существующие технологии не приспособлены для переработки подобного вида сырья и не могут решить ряд возникающих проблем, из-за его высокой вязкости, плотности и высокого содержания смолисто-асфальтеновых веществ, сернистых соединений и металлов [4,36; 5,71; 6,253]. Это обуславливает необходимость проведения исследовательских работ, направленных на создание новых технологий добычи, подготовки и переработки тяжелого углеводородного сырья с учетом особенностей его состава и свойств.

Цель данной работы – выявление закономерностей изменения вещественного состава нефте- и битумсодержащих пород по разрезу продуктивных толщ пермских отложений Ашальчинского месторождения в зависимости от их минерального состава.

Ашальчинское месторождение находится на землях Альметьевского района республики Татарстан Российской Федерации. В геологическом отношении относится к Волго-Уральской нефтегазоносной провинции. На месторождении установлены нефтебитумопроявления от казанского яруса верхней перми до кыновского горизонта верхнего девона в интервале глубин от 73 до 1854 м. В настоящее время объектом промышленного освоения тяжелой нефти является шешминский горизонт уфимского яруса Черемшано-Бастрыкской зоны. На месторождении ведется опытно-промышленная добыча тяжелой нефти с применением паротепловых методов [6,266; 7,47].

Объектами исследования служили образцы нефте- и битумсодержащих пород из отложений шешминского горизонта Ашальчинского месторождения, отобранные в интервале глубин от 117,5 до 188 м. Исследование вещественного состава пород выполнено с применением комплекса современных физико-химических методов. Анализ образцов пород на содержание органического вещества и наличие тепловых эффектов выполнен на приборе синхронного термического анализа STA 443 F3 Jupiter (Netzsch, Германия) с программным обеспечением Netzsch Proteus Thermal Analysis под управлением ОС «Windows XP», зарегистрированный в Государственном реестре средств измерений. Условия измерений: окислительная среда (воздух), скорость нагрева – 10°С/мин. Температурный диапазон – 20-1000°С. Обработка кривых ТГ-ДТА проведена на компьютере с использованием штатного программного обеспечения Netzsch Proteus Thermal Analysis. Содержание органического вещества в породе, характеризовали по потере массы на различных стадиях термоокислительной деструкции по термогравиметрической кривой (ТГ- кривой): 1 стадия - это область низкотемпературного окисления (200-400°С), где происходят реакции разложения органического вещества в основном с разрывом связей C = O, C = S и C = N в алифатической части молекулярной структуры; 2 стадия - область температур 400-600°С и выше, при которых протекают реакции высокотемпературного окисления с разложением тяжелых конденсированных компонентов и нерастворимого органического вещества - керогена пород. Показатель $F=m_1/m_2$, представляющий собой отношение потерь массы образца на различных стадиях термоокислительной деструкции [8,246], использовали для сравнительной характеристики фракционного состава и термической устойчивости органического вещества.

Методом рентгеноструктурного анализа исследован минеральный состав пород. Регистрация дифракционных спектров валовых проб проводилась на автоматическом порошковом дифрактометре Shimadzy XRD-7000S, на CuKα излучении с длинной волны α=1,54060нм, с использованием никелевого монохроматора на дифрагирующем пучке, шагом $0,0008A^{-1}$ и единичной экспозицией в точке - 3 сек; и D2 PHaser Bruker на CuKα излучении с длинной волны α=1,54060нм. Обработка дифракционных спектров и диагностика присутствующих кристаллических фаз осуществляется с помощью оригинальной интерактивной компьютерной системы EVA, версия 4.0, предназначенной для исследования осадочных горных пород и почв, и имеющей специализированные базы данных ICDD-2010. Термические и рентгеноструктурные исследования пород выполнены в Казанском (Приволжском) федеральном университете под руководством доктора геолого-минералогических наук Морозова В.П.

Для выделения углеводородов из кернового материала использовался метод экстракции смесью растворителей: хлороформ, бензол и спиртобензол, взятых в соотношении 1:1:1. Исходную нефть, экстракты из пород и продукты их гидротермально-каталитических преобразований разделяли согласно ГОСТ 32269–2013, являющегося аналогом широко используемого за рубежом «SARA» анализа [9], на четыре фракции: асфальтены, насыщенные углеводороды, ароматические соединения и полярные ароматические соединения - смолы. Асфальтены предварительно осаждали из исходных продуктов в 40-кратном количестве гексана. Мальтены разделяли жидкостно-адсорбционной хроматографией на оксиде алюминия, прокаленным при 425°С, на насыщенные углеводороды путем их элюирования с адсорбента гексаном, ароматические соединения, элюированием толуолом, и смолы вытесняли с адсорбента смесью растворителей: бензол и изопропиловый спирт, взятой в соотношении 1 : 1.

Исследование углеводородного состава экстрактов из пород выполнено на приборе «Кристалл 2000М» методом капиллярной газовой хроматографии в режиме программирования температуры от 100 до 300°С: в диапазоне температур от 100 до 150°С температура в термостате изменялась со скоростью -10°С в минуту, в диапазоне от 150 до 300°С – 3°С в минуту, соответственно. В качестве газа-носителя использовали водород. Температура испарителя – 310°С, температура детектора– 250°С.

Исследованные образцы нефте- и битумсодержащих пород по данным термического анализа, крайне не однородны по содержанию, как общего органического вещества, так и по его потерям в исследованных температурных интервалах (табл. 1), и, следовательно, неоднородны по своему нефтегенерационному потенциалу.

Таблица 1. Данные термического анализа кернового материала, отобранного по разрезу скважин Ашальчинского месторождения

№ образца	Интервал отбора, м	Потери массы ОВ (%) в интервалах температур от 50 до 1000 °С						
		20-300	200 – 400	400– 600	600– 800	800-1000	Σ потерь ОВ	*F=m_1/m_2
Скважина 24								
1	117,5-118,5	2,13	5,09	4,03	2,34	0,36	13,95	1,26
1**	То же	0,52	0,74	1,38	2,97	0,06	5,67	0,54
2	121,5-123,5	1,25	3,52	3,26	3,60	0,22	11,85	1,08
2**	То же	0,41	0,73	1,26	5,21	0,01	7,62	0,58
3	129-132	0,71	1,25	1,76	12,81	0,28	16,81	0,71
3**	То же	0,40	0,56	1,16	1,86	0,01	3,99	0,48
Скважина 106								
4	174,4-177,6	1,26	2,61	2,61	1,88	0,18	8,54	1,00
5	187-188,6	1,79	4,52	4,00	1,85	0,14	12,30	1,13
Скважина 107								
6	176,5-178	1,93	4,51	3,85	2,09	0,14	12,52	1,17
7	181-182,7	0,92	2,91	2,56	3,50	0,19	9,70	1,14
8	185,0-187,0	0,90	2,18	2,13	6,48	0,04	11,73	1,02

*F = m_1(200-400°C) /M_2 (400-600°C); ** Порода после экстракции битуминозных компонентов

Содержание органического вещества (ОВ) изменяется от 8,52 до 13,95%. Наблюдается снижение его содержания от верхней части разреза к его нижней части. Наиболее ярко это проявляется по потери массы в интервале 200-400°С и 400-600°С, что находит свое отражение в значениях показателя F, представляющего собой отношение потери массы ОВ в указанных выше интервалах температур.

После экстракции из породы битуминозных компонентов в ней остается достаточно высокое содержание органики. Это в основном не растворимая часть органики, которая частично подвергается деструкции при температурах выше 400°С, что следует из диаграмм приведенных на рис. 1 и 2.

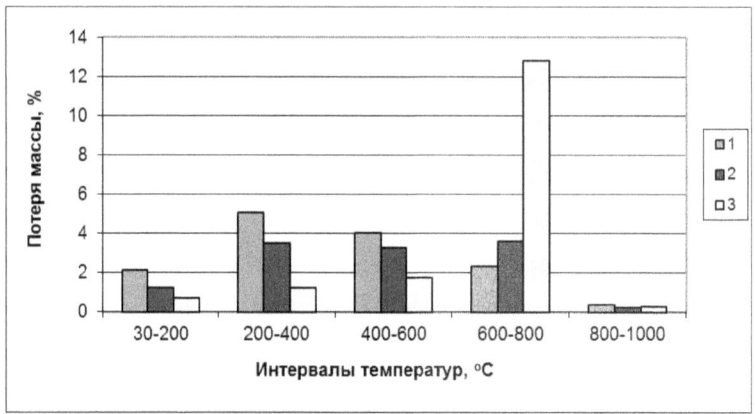

Рис. 1. Диаграмма потерь массы нефтесодержащей породы (скв. 24, обр. 1, 2, 3) по данным термического анализа.

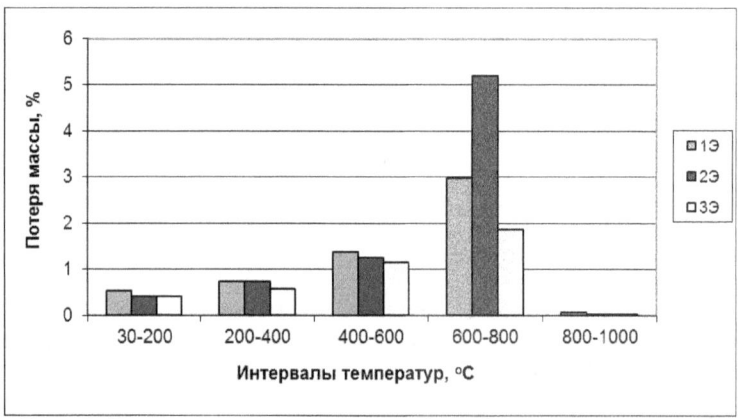

Рис. 2. Диаграмма потерь массы нефте- битумсодержащей породы (скв. 24, обр. 1, 2, 3) после ее экстракции, по данным термического анализа

Наиболее высокая потеря массы наблюдается для образца породы из нижней части разреза скв. 24 (129-132 м), в интервале температур 600-700°С, что может быть связано с разрушением карбонатных пород при температуре выше 700°С. Это подтверждается общей картиной хода ТГ и ДСК кривых битумсодержащих образцов пород из скв. 24 и их минеральным составом.

Для оценки влияния минерального состава глинистой или карбонатной компоненты пластов-коллекторов на изменения состава находящихся в них углеводородных флюидов, проведены исследования образцов пород методом рентгеноструктурного анализа (табл. 2).

Таблица 2. Минеральный состав пород по разрезу скважин Ашальчинского месторождения

Минеральный состав	*Номер образца исследования							
	1	2	3	4	5	6	7	8
Mica				2,86				
Chlorite	2,25	2,76	2,42	1,81	2,93	3,05	2,10	1,23
Kaolinite				0,70				
Albite	33,82	32,82	19,40	30,60	39,60	36,70	32,75	31,74
Quartz	39,7	30,99	27,08	38,00	32,31	37,80	27,85	33,26
Pyrite			3,34	0,60				
Microcline	4,31		8,80	5,90	5,63	3,13	8,10	7,47
Calcite	6,96	13,24	26,84	4,54	3,02	3,40	10,35	15,26
Analcime	6,24	11,96	4,86	10,12	7,72	6,22	12,53	7,36
Смешанно-слойный	6,75	8,27	7,25	5,43	8,79	9,16	6,31	3,68
Сумма, %	99,96	100	100,03	100,14	99,99	100,06	99,99	100

*1-8 номера образцов пород приведены в табл. 1

В исследованных образцах пород от 27 до 38% приходится на кварц и от 19,40 до 39,60% на альбит, который является одним из наиболее распространенных породообразующих минералов, представляющих собой белый натриевый полевой шпат магматического происхождения, класса силикатов. Концентрация в породах кальцита варьирует от 3,02 (скв. 106) до 26,84% (скв. 24). Наблюдается закономерность: увеличения содержания кальцита вниз по разрезу скважин при снижении содержания в породе кварца (рис. 3 и 4). В верхней части разреза (скв. 24) содержание кальцита в 4 раза меньше (6,96%), по сравнению с нижней частью, но высокое содержание кварца - 39,7%. Здесь наблюдается и высокая нефтенасыщенность среди исследованных образцов пород. Это подтверждает наблюдаемые ранее закономерности о том, что нижние части разреза месторождений пермских битумов обычно сложены крепко и средне сцементированными слабо пористыми (5-12%) песчаниками. В верхнем интервале битумонасыщенность, как правило, выше 50% к объему пор. Нижний интервал отличается резким спадом битумонасыщенности - до 20-30% [6,15].

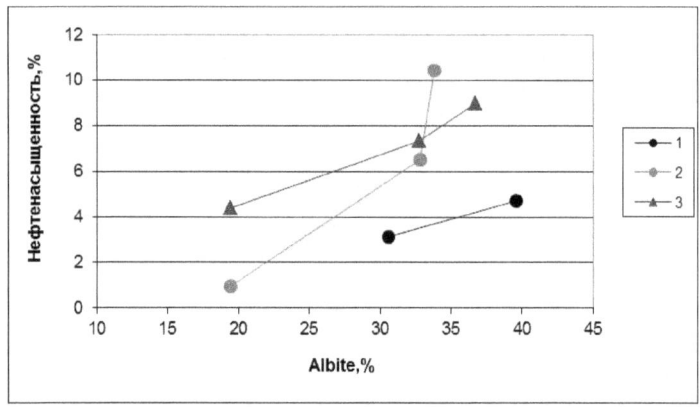

Рис. 3. Зависимости нефтенасыщенности от содержания в породе альбита:

1 – скв. 106 (обр. 4, 5);   2 – скв. 24 (обр. 1, 2, 3); 3 – скв. 107 (обр. 6, 7, 8)

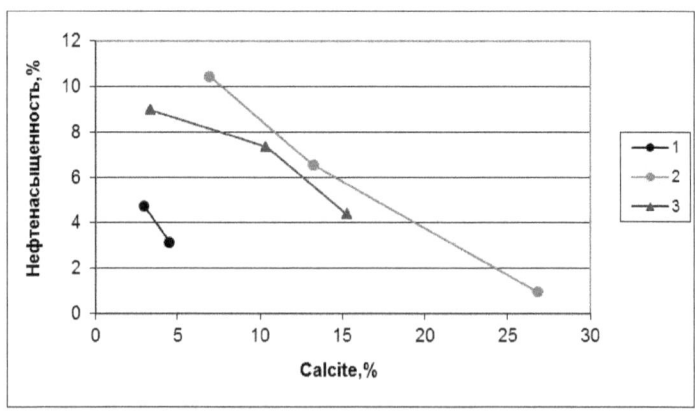

Рис. 4. Зависимости нефтенасыщенности от содержания в породе кальцита.

1 - скв. 106 (обр. 4, 5);   2 – скв. 24 (обр. 1, 2, 3); 3 – скв. 107 (обр. 6, 7, 8)

Наблюдаемые закономерности изменений минерального состава исследованных пород и, следовательно, их коллекторских свойств, а также нефтенасыщенности по разрезу песчаниковой пачки, могут быть следствием не только изменяющихся условий формирования осадков, но и результатом влияния, постседиментационных процессов. Кальцитизация или перераспределение карбонатного цемента в породе может быть результатом воздействия агрессивных продуктов разрушения (окисления, биодеградации) нефтяных залежей.

Сравнительное исследование группового состава экстрактов из пород по разрезу отдельных скважин Ашальчинского месторождения (табл. 3), а также индивидуального углеводородного состава насыщенных фракций (рис. 5-7) методом газовой хроматографии подтверждает точку зрения, что в отдельных зонах пласта протекают окислительные процессы, приводящие разрушению углеводородных залежей.

Таблица 3. Групповой состав экстрактов из нефте- и битумсодержащих пород Ашальчинского месторождения

№ п/п	Номер скважины	Интервал отбора, м	Выход экстракта мас. %	Групповой состав, мас. %				СП
				НУ	АС	Смолы	Асф.	
1	24	117,5-118,5	10,43	35,33	36,20	21,72	6,75	0,73
2	24	121,5-123,5	6,52	30,35	34,74	20,44	14,27	0,81
3	24	129,0-132,0	0,95	33,42	31,96	19,58	15,04	0,94
4	106	174,4-177,6	4,71	35,80	33,48	24,58	6,14	0,72
5	106	187,7-188,6	3,13	44,74	32,73	19,72	2,81	0,91
6	107	176,5-178,0	8,96	37,86	39,95	15,98	6,21	0,79
7	107	181,0-182,7	7,35	37,48	36,73	17,49	8,30	0,84
8	107	185,0-187,0	4,38	39,21	32,03	19,61	9,15	0,94

*СП = Насыщенные углеводороды+Асфальтены / ароматические соединения+Смолы

Во всех исследованных скважин вниз по разрезу снижается выход экстрактов, наблюдаются и заметные изменения в их групповом составе. В экстрактах из пород скважин 24 и 107 снижается содержание насыщенных углеводородов и увеличивается содержание асфальтенов. Для двух экстрактов из образцов пород скв. 106 (174,4 -177,7 м) наблюдается обратная закономерность: с увеличением глубины залегания увеличивается содержание насыщенных углеводородов и снижается более чем в два раза содержание асфальтенов. Изменения в содержании ароматических соединений и смол для исследованных образцов не столь существенны. Аналогичная закономерность, наблюдается и в экстрактах из пород по разрезу скв. 107. Изменения в составе экстрактов с увеличением глубины отбора образцов приводят к увеличению значений индекса стабильности, что указывает на наличие в поровом пространстве пласта асфальтено-смолистых отложений. Вниз по разрезу от нефтенасыщенных интервалов содержание органического вещества в породах по данным термического анализа снижается, снижается и выход экстрактов из пород. Низкое содержание углеводородов в нижней части разрезов скв. 24 и 107 указывает на их остаточный характер.

Анализ хроматограмм фракций насыщенных углеводородов (рис. 5-7) показал, что за исключением скв. 106, экстракты из образцов пород (скв. 24 и 107) представляют собой тяжелые нефти, находящиеся на различных стадиях биохимической деградации.

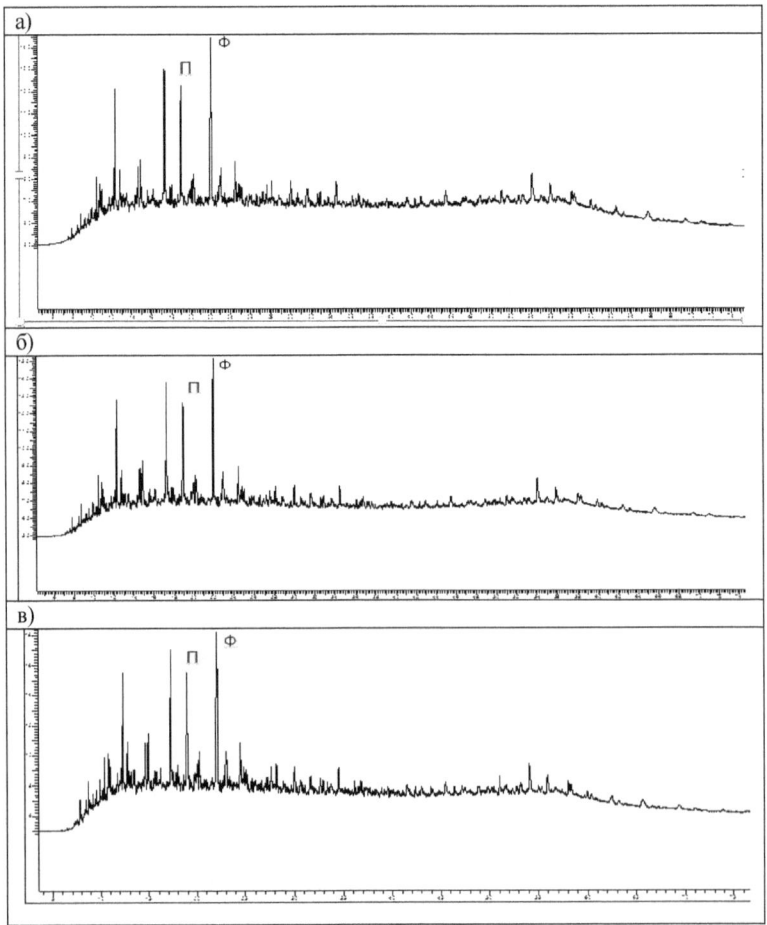

Рис. 5. Хроматограммы насыщенных углеводородов в породах (скв. 24) из интервалов глубин: а) – 117, 5-118,5 м; б) – 121,5-123,5 м; в) – 129-132 м

Нефти отличаются различным содержанием алканов нормального и изопреноидного строения и по химической классификации [5,71; 6,68; 10] относятся, к различным химическим типам: A^1 и $Б^2$. Так, в исследуемом интервале глубин по разрезу скв. 24 находится нефть типа $Б^2$, которая по типу не отличается от добываемой нефти на данном месторождении. Особых изменений в составе флюидов по разрезу пласта не наблюдается. В нем отсутствуют алканы нормального строения и, в основном, преобладают изопреноидные алканы, среди которых, наибольшая концентрация приходится на пристан (C_{19}) и фитан (C_{20}). На хроматограммах видны пики принадлежащие высокомолекулярным полициклическим биомаркерным углеводородам – адиантану (C_{29}) и гопану (C_{30}). Величина соотношения этих углеводородов не меняется по разрезу данной скважины, подтверждая тем самым, единый генетический тип флюидов.

Экстракты из пород скв. 106 относятся к типу A^1. Для их состава характерно присутствие гомологического ряда н-алканов состава C_{14}-C_{37} с преобладанием высокомолекулярных гомологов состава C_{20} и выше (рис. 6).

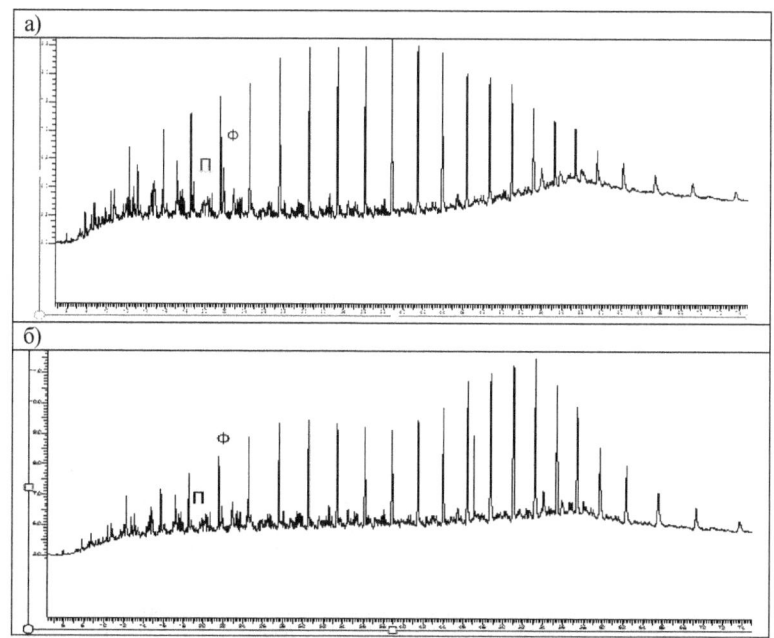

Рис. 6. Хроматограммы насыщенных углеводородов в породах (скв. 106) из интервалов глубин: а) – 174,4-177,6 м; б) – 187,0-188,6 м

Наличие в поверхностных пермских отложениях высокомолекулярных н-алканов является интересным фактом в плане изучения процессов формирования пермских залежей, так как парафинистый тип флюида характерен для нефтей нижележащих девонских и каменноугольных отложений. Н-алканы являются важным классификационным параметром, так как их содержание определяет не только геохимические условия формирования залежи, но их технологические качества и, следовательно, влияет на выбор методов добычи и переработки.

В экстракте из пород скв. 107 в интервалах глубин 176,5-182,7 м (рис. 7 а, б) еще присутствуют в заметных концентрациях н-алканы (тип A^2), но в нижней части разреза их содержание резко снижается. В интервале глубин 185-187 м находится в значительной степени деградированный битум (рис. 7в). В минеральном составе пород в данном интервале глубин присутствует не только кальцит, но и пирит, минералы которые указывают на возможные вторичные процессы деградации углеводородной залежи. Геохимические показатели исследованных объектов приведены в табл. 4.

Таблица 4. Значения геохимических показателей экстрактов из пород по данным газовой хроматографии

№обр.	\multicolumn{9}{c}{Геохимические показатели}								

№обр.	П/Ф	П/C_{17}	Ф/C_{18}	C_{27}/C_{17}	$(C_{27}$-$C_{31})/$ $(C_{15}$-$C_{19})$	$2нC_{29}/$ C_{28}+C_{30}	CPI	НЧ/Ч	$(П+Ф)/$ $(C_{17}$+$C_{18})$
\multicolumn{10}{c}{Скважина 24 (117,5-132 м)}									
1	0,74	8,71	16,67	0,47	0,24	1,53	0,99	1,66	12,00
2	0,76	8,72	14,71	0,56	0,19	1,39	0,96	1,40	11,34
3	0,78	6,46	9,04	0,58	0,28	1,73	1,02	1,66	7,70
\multicolumn{10}{c}{Скважина 106 (174,4-186,6 м)}									
4	0,75	0,36	0,42	1,26	0,99	1,08	0,99	1,01	0,39
5	0,53	0,22	0,34	2,34	2,31	1,01	0,98	1,02	0,29
\multicolumn{10}{c}{Скважина 107 (176,5- 187 м)}									
6	0,60	0,22	0,35	0,94	0,74	1,03	1,02	0,96	0,29
7	0,66	0,36	0,50	0,40	0,39	1,29	0,96	0,87	0,43
8	0,68	0,62	1,03	0,24	0,25	1,26	1,07	0,67	0,81

Для генетических суждений использовали общепринятые газохроматографические коэффициенты, представляющие собой отношение пристан/фитан (П/Ф), П/н-C_{17} и Ф/н-C_{18}, а также «нечетности», позволяющие оценить окислительно-восстановительную обстановку в раннем диагенезе и катагенетические и миграционные процессы на последующих стадиях формирования залежей.

По значения показателя П/Ф все образцы попадают в область восстановительных морских фациальных обстановок осадконакопления ОВ. Близки они и по значениям показателей нечетности. По показателям П/н-C_{17}, Ф/н-C_{18} и (П+Ф)/(C_{17}+С18), которые могут отражать уровень катагенетической преобразованности ОВ или влияние миграционных процессов, исследованные образцы пород существенно отличаются, вследствие различного содержания в них н-алканов. Важно отметить, что значения данных показателей для экстрактов из пород скв. 106 близки к значениям, характерным для нефтей девонских отложений на данной территории.

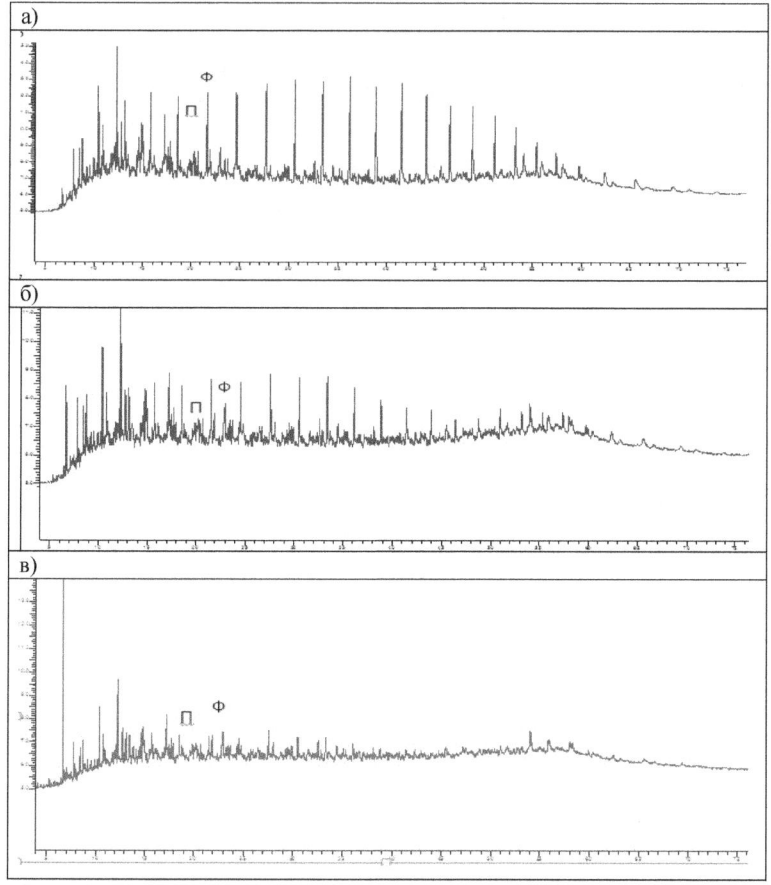

Рис. 7. Хроматограммы насыщенных УВ экстрактов из пород (скв.107) из интервалов глубин: а) – 176,5-178; б) – 181-182,7 м; в) – 185-187 м

Для остальных исследованных образцов (скв. 24 и 107) эти показатели в первую очередь отражают степень влияния на их состав биохимических процессов, которые имеют место в уже сформировавшихся залежах в поверхностных отложениях осадочной толщи.

Таким образом, выявлены отличительные особенности группового и углеводородного состава пермских флюидов от минерального состава вмещающих их пород. Установлена связь между содержанием извлекаемых из пород подвижных битуминозных компонентов и содержанием в породах кальцита и глинистых минералов. Показана неоднородность нефтегенерационного потенциала пород пермских отложений в пределах даже одного месторождения, что необходимо учитывать при разработке и адаптации применяемых технологий к конкретным геолого-геохимическим условиям залежи.

Работа выполнена при финансовой поддержке гранта РФФИ № 15-45-02689 р_поволжье_а

Литература

1. *Прищепа О., Халимов Э.* Трудноизвлекаемая нефть: потенциал, состояние и возможности освоения // Нефтегазовая вертикаль. 2011. № 5. С. 24-29.

2. *Бахтизина Н.В.* Состояние и перспективы развития добычи и производства нетрадиционных нефтей // Научно-технический Вестник ОАО «НК «Роснефть». 2011. № 24. С. 30-35.

3. *Муслимов, Р.Х.* Комплексное освоение тяжелых нефтей и природных битумов пермской системы республики Татарстан / Р.Х. Муслимов, Г.В. Романов, Г.П. Каюкова, Н.И. Искрицкая и др. – Казань: ФЭН АН РТ, 2012. – 396 с.

4. *Данилова Е.* Тяжелые нефти России // The Chemical Journal. 2008. Декабрь. С. 34-37.

5. *Каюкова Г.П.* Химия и геохимия пермских битумов Татарстана /Г.П.Каюкова, Г.В.Романов, Р.Х.Муслимов и др. М.: Наука, 1999. - 304 с.

6. *Каюкова Г.П., Петров С.М., Успенский Б.В.* Свойства тяжелых нефтей и битумов пермских отложений Татарстана в природных и техногенных процессах. – М.: ГЕОС, 2015. – 343.

7. *Сахабутдинов Р.З., Судыкин С.Н., Космачева Т.Ф., Исмагилов И.Х., Губайдулин Ф.Р.,* Подготовка сверхвязкой нефти Ашальчинского месторождения // Нефть и наука. 2009. № 3 . С. 43-45.

8. *Киямова А.М., Каюкова Г.П., Романов Г.В.* Состав высокомолекулярных компонентов нефте- и битумсодержащих пород и продуктов их гидротермальных превращений // Нефтехимия. 2011. № 4. С. 243-253.

9. ASTM D 4124–09. Standard Test Method for Separation of Asphalt into Four Fractions.

10. *Петров А.А.* Углеводороды нефти. - М.: Наука, 1984. - 263 с.

Rizaev I.G.
Lecturer, PhD, Kuban State University
Krivova M.A.
Postgraduate, Siberian State University of Geosystems and Technologies
Pogorelov A.V.
Professor, D.Sc., Kuban State University

MULTI-SCALE METHODOLOGY OF MODELING
OF FOREST COVER BASED ON LIDAR TECHNOLOGY AND GIS

Forest cover is the most important part of the biosphere of Earth which plays significant roles in social, economic and ecological fields. Ecological aspect is the most fundamental in so far as forest determines the quality of the environment and how it is suitable for human existence. The variety of existing of living organisms and ecosystems on our planet interlinks extremely with forest. For that reason the preservation of diversity of forest cover has the key value for preservation of whole biodiversity of Earth.

Carbon emissions are one of the major drivers of climate change. One of the numerous roles are played by forests of our planet is that they act as a repository of significant carbon stocks. Forests act as a repository circa 45% of terrestrial carbon stocks [1, 1444]. The interest of this study is due not only to the objectives of monitoring and the development of applied aspects but also related directly to the fundamental problem of quantifying carbon assessment in forests and a better comprehension of the carbon cycle on our planet. This work will also help to determine the effect of plant communities on the Earth's climate.

Leading value in the study of forest cover is occupied by remote sensing methods. Today, there are a great deal of methods based both on satellites and airplanes including Unmanned Aerial Vehicles (UAV). All remote sensing methods are divided according to the principle of work: passive (satellite and airborne imaging) and active (RADAR and LiDAR), well as the accuracy and type of information that is possible to obtain about forest cover (number of forest metrics and vegetation indices like as NDVI, LAI, EVI, FPAR). The apparent advantage of remote sensing is the spatial continuity of information (as opposed to discrete terrestrial observations), as well as the possibility of obtaining information of hard-to-reach areas. In the materials of remote sensing of Earth the vegetation is an object that attracts the attention the scientific community not only like an independent geographical object. It is well-known that vegetation is an indicator of interpretation of soil, landforms, underlying rocks or ground water, and is also seen as a factor influencing organisms [2, 444] and the distribution of snow cover [3, 106].

Among other methods of remote sensing the laser scanning (LiDAR) is a high accuracy technology that allows obtaining the highly accurate information about individual trees and even bushes in the form of large arrays of points. This method is a leading technology and a relatively new method for studying the vegetation and it has already sparked the interest in the scientific community. The reflected laser impulses are highly accurate three-dimensional model of vegetation (wood trees) which allows performing direct and indirect (biomass) measurements of parameters of forest inventory, the geographical interpretation of distribution of vegetation in the space. The first studies of forest cover using LiDAR technology began in the 1980s [4, 336]. In a lot of works the materials obtained on the basis of this technology were used for receiving the most important forest parameters: tree height, stand mean height, stem density, timber volume, canopy closure, LAI and above ground biomass [4, 347; 5, 99; 6, 323; 7, 185; 8, 162]. The main advantage of LiDAR technology is the high detailing which is a drawback at the same time. The fact is that large arrays of points require significant computing resources although by increasing the study area for data processing and analysis may require resources of supercomputer. Moreover, every upgrade of survey equipment the potential volumes of data increase significantly (for example, up to 150 points/m^2).

There are known examples of global vegetation studies: global vegetation map based on data of the remote sensing system (SPOT Vegetation) with a maximum spatial resolution of 1 km [9, 348]. In papers [10, 346; 11, 108] the potential possibility is investigated to determine the height of vegetation at regional and global levels, as well as the forest cover as a "noise component" of the DTM on the basis of satellite radar (SRTM). It is found that the SRTM data may be successfully used to extract information about the height of vegetation cover with minimum mapping unit of area about 1.8 ha [9, 339].

Even today, the active use of laser scanning systems in many countries allows accumulating a database of surveyed territories which in turn will lead to the creation of highly-detailed models of forest cover beginning from the regional with the gradual transition to the global level. And this is only the matter of time. This project may help to create new ways to integrate regional and national databases into a single global database. This will open new possibilities in the study of forest cover including the assessment of carbon stocks in forests on the high precision level. As an example, we note a very recent study [12, 216], where the first integration of regional and global maps of forest and forest statistics (FAO) is implemented into a single global hybrid forest cover map at a 1 km resolution. As the basis the data with a resolution of 30 m up to 1 km were used that deprives it of precision and detailing of laser scanning data.

As known, scale is the most important indicator in the Earth sciences and what is more, such parameters like spatial level, resolution, level of detailing and accuracy of the research depend considerably on it. Generalisation implies a process of selection, filtering and synthesis of the objects according to the scale of research [13, 8].

The term "multiscale" is talking about creating of a single model and the continuous change in its scale. However, in this project we use this term when referring to creation of many generalised models with different detailing and accuracy. Moreover, we interested in the further using of forest generalised models in a particular scale for calculation of forest parameters and analysis of forest cover distribution. Thus, the presence of multiple models with varying degrees of generalisation allows conducting selection of a certain scale for relevant applicable scope.

Historically, the concept of generalisation refers to the 60th years of XX century when researchers used it for mapping [14, 47; 15, 1]. There are other multiscale methods of representation of signals that are based, for example, on the use of pyramids where the original signal is represented as a group of smoothed signals, where the size of each successive signal decreases by a certain constant [16, 303; 17, 3]. Later, in the 80s, the scale-space theory was developed for image processing and digital signals [18, 1019]. A significant amount of image processing techniques are applicable to this theory, such as segmentation, smoothing and edge detection. Also, in the 80s, the concept of "fractal" was introduced by B. Mandelbrot [19] who presented it as a variety with a fractional dimension used to describe the twisting lines and non-smooth surfaces. A fractal is directly related to the scale because the same fragment repeats at each its reduction [20]. All mentioned concepts of generalisation, the losses of accuracy of the original model are inevitable passing from one scale to another. This is actual especially for models of forest cover based on LiDAR technology.

In this project a multidisciplinary approach based on current research in the mapping field and GIS modeling of geographic objects and studies of vegetation and landscapes, based on laser scanning technology will be used. Also, the theory of cartographic generalisation will be applied [15], well as scale-space theory [18], fractal theory [19] and techniques of mathematical morphology [21]. The general scheme of the methodology is shown in Figure 1.

The main motivation of this project is to develop a new method of generalisation, which would save the original accuracy of the vertical structure of forest models, regardless of scale of the generated models. With this method the detailing of model will change (the areal distribution of plant communities in the model) but vertical accuracy is saved in the specified tolerance. The method will allow performing further calculations (e.g., biomass) at local, regional and global levels not only with a known and controlled loss of accuracy, but also with a much lower expenditure of computing resources and processing time compared to using the entire array of laser measurements in general.

The main objective of the project is to develop a new multiscale approach to modeling of forest cover, in going from local to other scales (regional and global) based on LiDAR technology and GIS. Also the purpose of the project involves the development of a methodology of generalisation of CHMs and the creation of a multiscale database of area of interest.

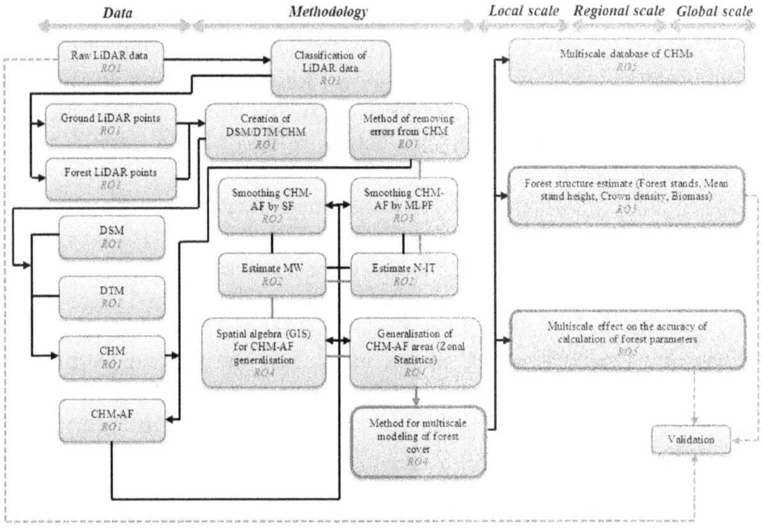

Fig. 1. Scheme of the methodology. Red boxes indicate the main outcomes

Overall, the results of this project will provide obtaining the structural forest parameters with the further application in the local, regional and global scales. Achieving this goal involves the following main specific research objectives (RO):

RO1: Improving the method of creation CHMs from laser scanning data (CHM-AF).

RO2: Analysis and empirical study of standard image filtering tools (SF) for CHM application: the median filtering, Gaussian filtering, and the mean filter with loss evaluation of accuracy. Determination of the optimal size of moving window (MW) and the quantity of processing iterations (N-IT).

RO3: Development of a new method of CHM filtering with controlling the level of accuracy based on low pass filter (MLPF). Comparing the results with the results of standard filtration methods.

RO4: Development of the method of generalisation of CHM for different scales of database. This will include analysis and adaptation of spatial algebra tools: generalisation (Majority Filter, Boundary Clean) for processing digital models of forests. The order for using and integration of smoothing tools (MLPF, Aggregate, Resample) for generalisation of CHM. The choice of criteria for the generalisation of the area, automated calculation of forest areas and calculation zonal statistic (Zonal Statistics tool). The integration of all tools and algorithms into a single automated method of multiscale modeling of forest cover (ArcGIS (Esri)).

RO5: The calculation of the structural forest parameters (forest stands, mean stand height, crown density, biomass) for different scales. Analysis of the effect of scale on calculation accuracy. Verification of results and evaluation of the processing time of the method.

This work was supported by the Russian Foundation for Basic Research (RFBR), research project No. 14-05-31206.

References:

1. Bonan, G.B. Forests and Climate Change: Forcings, Feedbacks, and the Climate Benefits of Forests. Science, v. 320 (5882), p. 1444–1449, 2008.
2. Bradbury, R.B., Hill, R.A., Mason, D.C., Hinsley, S.A., Wilson, J.D., Balzter, H., Anderson, G.Q.A., Whittingham, M.J., Davenport, I.J., Bellamy, P.E. Modelling relationships between birds and vegetation structure using airborne LiDAR data: a review with case studies from agricultural and woodland environments. Ibis. v. 147(3), p. 443–452, 2005.
3. Tinkhama, W.T., Smith, A.M.S., Marshall, H.-P., Link, T.E., Falkowski, M.J., Winstral, A.H. Quantifying spatial distribution of snow depth errors from LiDAR using Random Forest. Remote Sensing of Environment, v. 141, p. 105–115, 2014.
4. Shan, J., Toth, C.K. Topographic laser ranging and scanning: principles and processing. CRC Press, Taylor & Francis Group, 590 p., 2008.
5. Lim, K., Treitz, P., Wulder, M., St-Onge, B., Flood, M. LiDAR remote sensing of forest structure. Progress in Physical Geography, v. 27(1), p. 88–106, 2003.
6. Maltamo, M., Eerikainen, K., Pitkanen, J., Hyyppa, J., Vehmas, M. Estimation of timber volume and stem density based on scanning laser altimetry and expected tree size distribution functions. Remote Sensing of Environment, v. 90(3), p. 319–330, 2004.
7. Zhao, K., Popescu, S., Nelson, R. Lidar remote sensing of forest biomass: A scale-invariant estimation approach using airborne lasers. Remote Sensing of Environment, v. 113(1), p. 182–196, 2009.
8. Moeser, D., Roubinek, J., Schleppi, P., Morsdorf, F., Jonas, T. Canopy closure, LAI and radiation transfer from airborne LiDAR synthetic images. Agricultural and Forest Meteorology. v. 197, p. 158–168, 2014.
9. Tansey, K., GrÉgoire, J.-M., Binaghi, E., Boschetti, L., Brivio, P.A., Ershov, D., Flasse, S., Fraser, R., Graetz, D., Maggi, M., Peduzzi, P., Pereira, J., Silva, J., Sousa, A., Stroppiana, D. A Global Inventory of Burned Areas at 1 Km Resolution for the Year 2000 Derived from Spot Vegetation Data. Climatic Change, v. 67, p. 345–377, 2004.
10. Kellndorfer, J., Walker, W., Pierce, L., Dobson, C., Fites, J.A., Hunsaker, C., Vona, J., Clutter, M. Vegetation height estimation from Shuttle Radar

Topography Mission and National Elevation Datasets. Remote Sensing of Environment. v. 93(3), p. 339–358, 2004.

11. Becek, K. Investigation of elevation bias of the SRTM C- and X-band digital elevation models. The International Archives of the Photogrammetry, Remote Sensing and Spatial Information Sciences. v. XXXVII, Part B1, p. 105–110. 2008.

12. Schepaschenko D., See L., Lesiv M., McCallum I., Fritz S., Salk C., Moltchanova E., Perger C., Shchepashchenko M., Shvidenko A., Kovalevskyi S., Gilitukha D., Albrecht F., Kraxner F., Bun A., Maksyutov S., Sokolov A., Dürauer M., Obersteiner M., Karminov V., Ontikov P. Development of a global hybrid forest mask through the synergy of remote sensing, crowdsourcing and FAO statistics. Remote Sensing of Environment, v. 162, p. 208–220, 2015.

13. Li, Z. Algorithmic Foundation of multi-scale spatial representation. CRC Press, Taylor & Francis Group, 310 p., 2007.

14. Chorley, R.J., Haggett, P. Trend-Surface Mapping in Geographical Research, Transactions, Institute of British Geographers, v. 37, p. 47–67, 1965.

15. Tobler, W. Numerical map generalization: Michigan Inter-Univ. Community of Mathematical Geographers. Ann Arbor. Discussion Paper No8, p.1–24, 1966.

16. Klinger, A. Patterns and Search Statistics, Optimizing Methods in Statistics, Rustagi, J. ed., NY: Academic Press, p. 303–339, 1972.

17. Rosenfeld, A. Multiresolution Image Processing and Analysis. Berlin-Heidelberg-New York-Tokyo, Springer-Verlag, 385 p., 1984.

18. Witkin, A.P. Scale-Space Filtering, Proceedings of the 8:th International Joint Conference on Artificial Intelligence, Karlsruhe, West Germany, p. 1019–1022, 1983.

19. Mandelbrot, B. The fractal geometry of nature. New York: W.H. Freeman and Company, 457 p., 1982.

20. Lauwerier, H.A. Fractals – images of chaos. London: Penguin Books, 209 p., 1991.

21. Soille, P. Morphological image analysis: principles and applications. 2nd ed. Heidelberg: Springer-Verlag, 391 p., 2003.

Колпачева О.Ю., Фенев Д.Н.

ГБОУ ВО «Ставропольский государственный педагогический институт»
Fenev.denis@yandex.ru

ПРЕДСТАВЛЕНИЕ О ПЕДАГОГИЧЕСКОМ КОЛЛЕКТИВЕ В ТРУДАХ ОТЕЧЕСТВЕННЫХ ПЕДАГОГОВ

Представления о педагогическом коллективе как особой трудовой общности сложились в педагогической науке еще в 40–60-е годы XIX века.

Н.И. Пирогов и К.Д. Ушинский страстно защищали идею товарищеского содружества в работе педагогов. Отвергая единоначалие директора школы, которое в условиях монархического строя олицетворяло деспотичный бюрократизм и самовластие, Н.И. Пирогов защищал коллегиальность в руководстве учебно-воспитательной работой. По его мнению, директор и педагоги должны быть товарищами в общем деле. Заботу о создании сплоченного педагогического коллектива К.Д. Ушинский считал обязанностью директора школы. Основной формой руководства должны быть не приказы, а советы, беседы, совещания. Он говорил о том, что все важнейшие дела экспериментальной школы должны решаться на общем совете всех и воспитателей и наставников [5].

Не меньшее внимание этому вопросу уделяли и в первой трети XX века.

Разработка проблемы целей воспитания, формирования коллектива в отечественной педагогической науке инициировала поиск оптимальной модели педагогического коллектива, его саморазвития и самодвижения. Интеграция воспитательных усилий учителей была одной из важнейших задач педагогики и школы в 1920-1930-е гг. (Н.К. Крупская, С.Т. Шацкий, А.С. Макаренко и др.). «Должен быть коллектив воспитателей, - писал А. С. Макаренко, - и там, где воспитатели не соединены в коллектив и коллектив не имеет единого плана работы, единого тона, единого точного подхода к ребенку, там не может быть никакого воспитательного процесса» [4].

Н.К. Крупская и А.С. Макаренко в своих теоретических трудах придавали большое значение педагогическому коллективу, вместе с тем, обращали внимание на новизну и неразвитость вопроса о педагогическом коллективе. Актуальны и в настоящее время идеи Н.К. Крупской, уделявшей большое внимание повышению мастерства педагогов, о том, что высоких результатов и эффективной отдачи от самообразования педагогов можно добиться, только соблюдая принцип преемственности в обучении и коллективных усилий в решении данного вопроса.

Н.К. Крупская придавала большое значение именно коллективной работе педагогов, т.к. коллективная работа может сберечь время, кроме того, необходимо ввести разделение труда, делить работу, учитывая силы каждого члена: постоянный обмен мнениями помогает большинству уяснить себе все непонятное, не ясное [1].

Идею сплочения учителей в коллектив развивал в своих трудах С.Т. Шацкий [6]. В эти годы С.Т. Шацкий создал систему работы по повышению профессионального мастерства педагога. Он считал, что учитель должен сам прочувствовать вместе с коллегами те элементы, из которых складывается новая школа: дух коллективизма, привычку к физическому труду, к организации, к общественной работе; он должен понять и развивать в себе дух исследователя. Эти идеи были воплощены в процессе организации учительских курсов, где педагоги под его руководством приобретали навыки анализа собственной деятельности, коллективных и индивидуальных форм работы, на основе чего совершенствовали практику обучения и воспитания.

В 20–30 годах XX века исследование проблем эффективности труда педагогического коллектива с использованием методов педагогической диагностики в основном проводилось в рамках науки педологии. Этими проблемами занимались: П.П. Блонский, К.Н. Кузнецов, П.А. Рудик, А.Г. Калашников и другие. Как педагог, П.П. Блонский предлагал сосредоточить свое внимание на комплексном изучении ребенка, критически относился к методам самонаблюдения, считал, что больше внимания следует уделять наблюдению, математической обработке данных. Личность учителя как бы оставалась вне поля деятельности исследователей. Но уже в 1919 году П.П. Блонский возглавил Академию социального воспитания, главной задачей которой стала подготовка нового педагога. Придавая большое значение интеллектуальной деятельности учителя, П.П. Блонский писал о том, что настоящий учитель не энциклопедический словарь, но Сократ.

В 30-е годы вновь взгляды исследователей обращаются к личности учителя и к вопросам изучения педагогического коллектива. Именно в эти годы разворачивается деятельность А.С. Макаренко, которому удалось блестяще решить ряд важных проблем воспитания, прежде всего потому, что главным фактором воздействия на воспитанников, по его мнению, являлся хороший педагогический коллектив. С 1920 по 1935 г. А.С. Макаренко заведовал колонией имени А.М. Горького и коммуной имени Ф.Э. Дзержинского.

Идеи развития и сплочения педагогического коллектива нашли практическое воплощение в педагогической системе В. А. Сухомлинского. Опыт, изложенный в ряде работ В. А. Сухомлинского, подтвердил правомерность сформулированных им принципов коллективной организации деятельности учителей. В. А. Сухомлинский отмечал, что педагогический коллектив каждой конкретной школы имеет свои особенности. Обмен опытом должен приводить не к копированию работы той или иной школы, а к оценке идей и концепций ее деятельности.

Литература

1. Крупская Н. К. Педагогические сочинения: в 6 т. / Н. К. Крупская. - М., 1957. - Т. 3. - 564 с.
2. Макаренко А. С. Сочинения / А. С. Макаренко. - М, 1960. - Т. 7. - 342 с.
3. Макаренко, А. С. Выступления по вопросам семейного воспитания / А. С. Макаренко // Соч. - М, 1960. - Т. 4. - 490 с.
4. Макаренко А. С. Сочинения / А. С. Макаренко. - М., 1951. - Т. 5. - 471 с.
5. Ушинский К. Д. Собрание сочинений / К. Д. Ушинский. - М.: Изд-во АПН РСФСР, 1948. - Т. 2. - 633 с.
6. Шацкий С.Т. Педагогические сочинения / С.Т. Шацкий. - М.: Книга, 1964 - Т.2. - с.69

Купалов Г.С.,
кандидат педагогических наук. старший преподаватель ГАОУ ВО МГПУ
Купалова В.А.
кандидат социологических наук, преподаватель ГАОУ ВО МГПУ
колледж Арбат

РАЗВИТИЕ У СТУДЕНТОВ НАВЫКОВ ДЕЛОВОГО ОБЩЕНИЯ

Размышляя о перспективах развития российского образования, следует признать, что одной из наиболее современных и востребованных технологий организации занятий при профессиональной подготовке будущих учителей является коллективная форма учебной деятельности. Коллективная учебная деятельность как самостоятельная организационная форма обучения стала предметом исследования ученых и педагогов, которые определили основные ее черты (Ю.К. Бабанский, М.Д. Виноградова, В.В. Котов, И.Б. Первин, М.Н. Скаткин, И.М. Чередов). Практическая деятельность профессиональной подготовки будущих учителей дает основание говорить, что работа в группе позволяет формированию у студентов личностных, предметных и метапредметных компетенций, в том числе навыков делового общения, что является основой профессионального сотрудничества. Сотрудничество можно рассматривать как процесс взаимодействия субъектов, направленный на достижение определенного результата в том или ином виде деятельности.[3, с.4]

Стоит отметить, что в сфере образования, современному преподавателю для успешного сотрудничества с коллегами, обучающимися и их родителями необходимо обладать коммуникативной компетентностью. Коммуникативная компетентность - это владение сложными коммуникативными навыками и умениями, формирование адекватных умений в новых социальных структурах, знание культурных норм и ограничений в общении, знание обычаев, традиций, этикета в сфере общения, соблюдение приличий, воспитанность, ориентация в коммуникативных средствах, присущих национальному, сословному менталитету и выражающихся в рамках данной профессии.[4, с.211]

Анализ научной литературы (И. Атватер, М. Биркенбиль, М. Вудкокк, Д. Дункан, С. Паркинсон и др.) свидетельствует о том, что основы деловых качеств, учет индивидуальных особенностей, стимулирование творческой инициативы сотрудников развиваются на основе делового общения, ориентации на партнера. Деловое общение можно рассматривать как вид общения, цель которого лежит за пределами процесса общения и которое подчинено решению определенной задачи, исходя из общих интересов и целей коммуникантов. Разные аспекты и особенности овладения культурой делового общения изучались зарубежными учеными

(И. Атватер, М. Беркли-Ален, В. Зигерт, Л. Ланг, П. Мицич, Р. Теппер, Э. Торндайк, Б. Уотсон, Э. Фромм, Р. Фишер, У. Юри, Д.Ж. Ягер, Ли Якокка и др.).

Целью предмета менеджмент в сфере образования является формирование у студентов, будущих учителей, системного видения современной школы как управляемой образовательной системы и уяснение специфики образовательного учреждения как социально-педагогической системы. Одной из важных задач курса менеджмента в сфере образования является развитие коммуникативных навыков, в частности, навыков делового общения. Для этой цели, на практических занятиях данного курса проводятся деловые и ролевые игры. В процессе их проведения, студенты могут участвовать на добровольной основе в упражнениях, анализировать деятельность друг друга, обсуждать успехи и неудачи участников игры, искать оптимальные варианты решений различных задач. Педагог активно участвует во взаимодействии со студентами: выступает ведущим, задает вопросы, активно использует проблемно-поисковую деятельность студентов, включает их в дискуссию по проблеме.

Деловая игра включает процедуры, упражнения, метод имитации выработки управленческих решений по существующим правилам в различных производственных ситуациях. Целью деловой игры является поиск новых нестандартных решений, а также выработка новых правил.[1] Применение деловых игр дает возможность отработать профессиональные навыки будущих учителей. Кроме того, коллективная образовательная деятельность дает возможность оценить особенности мыслительных процессов, уровень коммуникативных навыков, личностных качеств участников деловой игры.

Приведем пример деловой игры на занятиях по менеджменту в сфере образования.

«Собеседование при приеме на работу»

Перед проведением данной игры, студентам дается лекционный материал о видах невербального общения (жесты, мимика, позы, походка, дистанция в общении и т.д.), об особенностях проведения собеседования, приводятся примеры вопросов, которые могут задавать менеджеры по подбору персонала. Целью игры является развитие навыков делового общения; знакомство студентов со спецификой проведения собеседования при приеме на работу; развитие навыков диалогической и монологической речи. Игра проводится в течение полутора часов. Процесс организации игры состоит из трех этапов: 1) инструктаж; 2) проведение игры - собеседование при приеме на работу; 3) дискуссия - обсуждение хода собеседования.

Преподаватель напоминает студентам, что собеседование при приеме на работу - это выяснение опыта претендента, а также его личностных качеств, т. е. знакомство с ним. Обращает внимание на тот факт, что собеседование - это беседа равных людей, у каждого из которого есть своя позиция, имеющая право на существование, и определенный круг интересов, который может стать общим. Затем, педагог приглашает поочередно студентов-добровольцев, которые будут «проходить собеседование». Задача «соискателя» сообщить «работодателю», на какую должность он хочет устроиться на работу и подготовить небольшое резюме о себе по тем примерным вопросам, которые были предложены преподавателем. Остальные студенты внимательно слушают и анализируют поведение «соискателя». Важно обратить внимание на речь, жесты, мимику «соискателя».

Деловое собеседование «соискателя» - студента и «работодателя» - преподавателя проходит по следующей схеме:

Примерные вопросы «работодателя»	Варианты ответов «соискателя»
Назовите ваши сильные и слабые стороны.	Представляйте свои слабые стороны как продолжение сильных, например, предлагается рассказать работодателю о том, как вы не можете бросить начатое дело, а уйти вовремя с работы - это просто выше ваших сил.
Как вы видите себя через 5 лет?	Вопрос об умении видеть перспективы, понимать, каким образом можно двигаться к намеченной цели, внутренних мотивах.
Расскажите немного о себе.	Следует подготовить и отработать такой рассказ о себе, который покажет наличие у Вас перечисленных искомых качеств, особенно важных с точки зрения работодателя.
Какие вопросы есть у вас?	Целесообразно заранее подготовить список вопросов, чтобы на собеседовании, учитывая контекст разговора, предложить их работодателю.
Почему вы выбрали эту работу (организацию)?	Приведите серьезные доводы: желание применить свою квалификацию, и опыт работы там, где они могут дать наибольшую отдачу, возможности роста, привлекательность работы в сильной команде и прочее.
Получали ли вы другие предложения работы?	Если получали, то прямо скажите об этом.
Проходили ли вы собеседование в других местах?	Как правило, можно честно говорить "да", но не торопиться говорить, где именно.

Каковы ваши сильные стороны?	Подчеркивайте в первую очередь те качества, которые полезны для данной работы.
На какую зарплату вы рассчитываете?	Отметьте свою готовность отдельно обсудить этот вопрос после подробного ознакомления с содержанием и условиями работы.
Что бы вы хотели узнать еще?	Никогда не говорите, что у Вас нет вопросов. Постарайтесь задать такой вопрос, который бы говорил в пользу Вашего найма.

После прохождения «собеседования» всеми студентами, происходит дискуссия и рефлексия. Студентам предлагается ответить на следующие вопросы:

- Были какие-либо сложности при ответе на заданные вопросы?

- Какие особенности в поведении «соискателя» вы заметили?

- Все ли вопросы вам были понятны?

- Какие специфические проявления в мимике и пантомимике вы заметили у участников?

- Что эти проявления, на ваш взгляд, могли означать?

- Какие затруднения были?[2]

В ходе дискуссии студенты высказывают свои суждения. Так же им сообщается рекомендуемые варианты ответов на вопросы. После чего, с помощью преподавателя, происходит попытка проговорить еще раз ответы на вопросы. В ходе дискуссии студенты предлагают другие возможные варианты ответов «соискателя». Важно, чтобы в процессе дискуссии преподаватель не допускал негативных отзывов студентов друг о друге. Анализ общения студентов с «работодателем», чаще всего показывает неуверенность в себе «соискателя», нервозность. Многие студенты не могут правильно сформулировать свои ответы. Иногда встречается иная модель поведения «соискателя»: излишняя самоуверенность, попытка доминировать в общении. При проведении данной деловой игры полезно использовать видеозаписи данного «собеседования», что позволяет студентам видеть себя, объективнее анализировать поведение участников игры.

Таким образом, практика проведения деловой игры способствует развитию навыков делового общения, что является профессиональной компетенцией работников образовательного учреждения. Видя себя со стороны, студенты более объективно могут проанализировать свое поведение в процессе формирования и развития коммуникативных навыков. В ходе деловой игры развивается умение будущих специалистов целенаправленно формировать нужное впечатление о себе, умение использовать метод активного слушания, аргументировано излагать свою точку зрения и минимизировать эмоциональное напряжение. Применение технологии организации деловых и ролевых игр на занятиях на основе теоретического лекционного материала способствует развитию навыков делового общения, что позволяет добиваться взаимопонимания в процессе выполнения профессиональных функций будущим учителям.

Список литературы:

1. *Балашов, А.П.* Основы менеджмента: Учебное пособие / А.П. Балашов. - М.: Вузовский учебник, ИНФРА-М, 2012. - 288 с.

2. *Коноваленко, В. А.* Управление персоналом: креативный менеджмент / В. А. Коноваленко, М. Ю. Коноваленко. - М.: ИТК "Дашков и К", 2008. - 224 с.

3. *Купалов Г.С.* Формирование готовности студентов педагогического колледжа к профессиональному сотрудничеству: автореферат дисс...канд. пед.наук.- М., 2012.

4. *Куницына В. Н., Казаринова Н. В., Погольша В. М.* Межличностное общение – «Питер», 2002. – 544 с.

Gorodetskaya E.Ya. , Rogovaya N.A.

Fare Eastern Federal University, Vladivostok

Rogovaya.na@dvfu.ru Gorodetskaya.eya@dvfu.ru

THEORETICAL AND METHODOLOGICAL MODEL OF INTENSIFICATION OF HIGHER SCHOOL STUDENTS' COGNITIVE ACTIVITY

It is common knowledge that improving the quality of instruction process in a higher school may be achieved only by means of scientifically grounded organization of students' cognitive activity. In pedagogical sense "knowledge" may be treated as understanding, storing in the human's memory and the ability to reproduce the main scientific facts, laws, results, concepts, assumptions and other theoretical generalizations [3]. It is common knowledge that any knowledge, to some extent, has practical aspect of application and may be made use of in various fields of production, social and spiritual activities. That is why knowledge acquisition is closely connected with the formation of practical skills and abilities which may be used in various life and professional situations. All these processes are accompanied by the development of students' thinking potential, memory, skills, creative abilities, their world insight and morale. The stimulus for creative activity may be a problematic situation which cannot be solved by the traditional ways. It is worth emphasizing that every person (learner) has some aptitudes to creative activity. A teacher should be able to reveal and develop them. For this purpose a teacher should suggest special pedagogical situations requiring creative solutions and involving students in the process of finding such solutions. Unfortunately, under the traditional forms of the instruction process the students are taught to develop creative skills and abilities under the conditions when the problems requiring creative solutions have been already solved and the ways of their solution are well known in the society.

Thus, creativity, as applied to the instruction process, may be defined as a form of human's activity aimed at forming qualitatively new values for a human which are socially significant both for a human and the society on the whole. Therefore a student (would-be specialist) should be trained at a higher school as a socially-oriented personality. To put it in other words, knowledge as it is may be a large developing stimulus producing a significant effect on student's intellect, his/her world insight and moral development [1].

Knowledge acquisition is a complicated process including a system of certain instruction and cognitive actions. Each of them makes it possible for the students to obtain a higher level of material perception and acquisition and to form practical skills and abilities. The correlation between cognitive actions and the level of knowledge acquisition is shown in Fig.1.

System of cognitive actions aimed at acquiring knowledge (material studied)	Level of knowledge acquisition
Perception	Forming ideas about outer features and signs of the objects, processes and phenomena studied
Thinking over	Understanding cause and effect relationships among objects and phenomena studied; forming notions.
Remembering (memorizing)	Storing in the memory and skills of reproducing the material studied
Exercises and assignments for knowledge acquisition in practice	The skill of applying the knowledge in practice, further in-depth awareness of the material studied
Further repetition and application of the acquired knowledge in practice	Enlarging, strengthening knowledge, skills and abilities and the development of world insight and morale

Figure 1.

Thus, one may admit that only a complete cycle of cognitive actions made by the students while learning at a higher school may ensure that the learners have acquired deep and comprehensive knowledge of the materials under study.

The next element in instruction process cognition is perception of the material studied. Perception is an empirical, sensitive stage in the process of cognition of the objects and phenomena under study which may be perceived with the help of feeling organs (eyesight, hearing), etc. Through the feeling organs students come to know only outer features of phenomena and objects such as colour, form, interactions with other objects and phenomena, etc. All this knowledge in the form of perception cannot reveal the essence, cause and effect relations of the phenomena studied. Therefore, the next step in students' cognitive activity is processing sensitive information obtained through sensitive organs and transforming it into scientific notions.

Though the result (product) of cognitive activity is understanding, it is not the only result obtained. The process of cognitive activity exercises an effect on the development of students' personal abilities and capabilities as well as their intellectual skills of analysis, comparison, generalization, classification, judgments, etc. But understanding and awareness of the material under study do not mean the knowledge acquired by the student. The material acquisition means that a learner may reproduce the studied material in its complete volume as well as to reveal its general and specific features that is to derive some conclusions or judgements. This presupposes that memorizing of the material under study is an indispensable part of students' instruction cognitive activity. The question arises what memorizing the studied material by the students' means. This means that the students should be able to understand factual material, to derive conclusions and to reproduce logic structure of the textual information; to single out its main points (issues, problems, ideas, etc.); to make up the plan; to match new knowledge (notions) and the previously studied knowledge (notions).

Cognitive actions related to memorizing and remembering the studied material include reading the appropriate informative texts in the textbook or in other sources of information and their further reproduction accompanied by the students' own conclusions, examples, commentaries, which support the author's conclusions or judgments and connect the previously studied material with the new one.

The next step according to the model suggested is the application of the knowledge obtained in practice and formation of the appropriate skills. The organization of this work brings about a lot of difficulties because the students who have acquired some professional knowledge and skills at higher schools cannot apply them effectively in new unknown situations. L.S.Vygotsky, a well known Russian psychologist, wrote that the most difficult is the transfer of sense and meaning of the formulated notion into new and concrete situation. The way from the abstract to the concrete is not easy and it requires further intellectual activity of both teachers and students aimed at repeating, deepening, systematizing the materials under study. In this conection one cannot help considering the role of self-control in the structure of instruction process. Self-control is an effective means of stipulating students' cognitive activity. Its impact on the person's cognitive activity has at least two aspects. Firstly, self-control helps the learners be assured that their knowledge is deep and they acquired relevant knowledge and skills, which makes a learners' be happy, enjoy their successes and progress [4].

The theoretical model described above was implemented in the process of studying the English language by the second-year students majoring in technical specialities. The assignments for students' independent cognitive activity were intended for preparing a special project chosen from a number of themes suggested for students' independent work. These themes included the following ones: new sources of energy; environment protection means; nanotechnologies and innovations, etc. The experimental group consisted of 18-20 students who chose the themes on their own and prepared the project chosen by a team of 3-5 students during 8 weeks. The level of the students in the experimental group was determined by the teacher as a pre-intermediate one according to the preliminary test results at the beginning of the project to be realized. Before the study was initiated, the students were informed that the course would proceed within a project-based learning context and that presentation of the project would be considered as the final stage of the studying process. Throughout the semester, the students were required to work in groups to develop the project related to the course content. The procedures that the student followed during the course are presented in Figure 2.

System of cognitive actions	Material acquisition
Perception	- form the project groups; - get a theme; - determine the tasks; - negotiate the role; - make a task schedule; - search for the necessary information.
Thinking over	- decide on the content of information to be included into the project; - write a weekly journal on the content of the theme in question; - receive reflection about the materials from the instructor of the group.
Remembering (memorizing)	- verbal information; - sound information; - visual information.
Exercises and assignments for knowledge acquisition in practice	- designing project; - evaluating project; - revising project.
Further representation and application of the acquired knowledge in practice	-presenting a project; -sharing the ideas with other groups; -answering the questions.

Figure 2.

At the beginning of the semester the students formed their project groups, each of them consisting of two to five students. So, five groups of students participated in the experimental study throughout the semester, the instructor avoided presenting the course content to the students didactically. Instead, the instructor suggested a constructive learning context in which he/she facilitated, coached, and guided the learning experiences of the students. The students investigated the sub-components of the project, and wrote weekly journals in which they reported the results of their investigation. Each week they received feedback from the instructor, and participated in the group discussion and learning activities held in the classroom. By the end of the semester the students finished their projects and submitted them for presentation to the whole group of students.

The majority of the students (18 persons) stated that, even though it was their first experience, writing weekly reflective journals and receiving weekly feedback from the instructor made a significant contribution both to their learning of the subject matter and to their efforts in determining the context of the project that they had developed. 10 students stated that the process of searching for the knowledge needed and transferring it into the content of the project required a detailed examination of the theme, which resulted in deeper understanding of the project content. At the same time, the students mentioned that the project work was a difficult and time-consuming process, since it involved examining the information found; focusing on the main theme; organizing the main sub-themes according to their priorities and writing the reports. Though it was a challenging process for the students, most of them found the journal writing process very beneficial for learning the English language.

All students (20 persons) stated that in order to present the content of the project they first had examined the content, searched for the information needed and thought over the content of the theme on their own.

All students (20 persons) indicated that the activities conducted by the instructor were effective for helping them learn the content of the project more effectively.

In this experimental instruction the students' independent cognitive activity was assessed by the level of their perception, which made up 15 %, thinking over the information - 10 %, remembering - 35%, participation in the classroom activities (that is exercises and assignments done for the knowledge acquisition) being 20 % , and presentation of the project made up 20% of the time.

The results of the experimental study reveal that the students found the model consisting of some stages of cognitive actions and the level of knowledge acquisition are very effective for educational process in the higher school. It is worth emphasizing that these results are in good agreement with the data obtained by Jonassen [2]. According to Jonassen, cognitive activity is "a heart of the learning process" [2, 222-223]

Another result of this study is that the majority of the students participating in the experiment benefited from the group's members joint work.

The results of using students' project-based activity while teaching and studying English confirmed the effectiveness of the theoretical model of intensifying students' independent cognitive activity.

The problems related to the system of students' cognitive activity dealt with in the present article make it possible, to our mind, to present the theoretical model of the instruction process cognitive activity. This process includes formation of motivation basis, stipulating students for studying; the organization of the complete cycle of cognitive actions resulting in deep knowledge acquisition, such as perception, awareness, remembering the material under study, the practical application of the knowledge obtained and skills formed; control and self-control of the knowledge acquisition level.

To conclude, one may state that only integrity of highly scientific content of instruction material, methodological mastership of the teaching staff and effective stipulating students' cognitive activity both in classroom studies and out-of- the classroom activity may promote effective training of highly skilled specialists.

References

1. Gorodetskaya E.Ya.,Rogovaya N.A. On the role of a teacher and the choice of teaching styles in forming and assessing higher school graduates' competences. Academic science- problems and Achievements V,vol.1 spc.Academic, North Charleston, USA.2014

2. Jonassen D.H. Computer as midtools for schools (2nd Ed) , New Jersey: Prentice- Hall. 2000 , p.560
3. Talyzina L.F. Theoretical problems of programmed instruction, Pedagogical psychology- Moscow. Academy. 1998, p 63-67.
4. Tsyganok N.A., Drozdov U.N. (2012) Raising effectiveness of students' in instruction by means of developing creative thinking. *Vestnik of Chita State University,*2012 - №7(86)-p.51-56

Мороз О.В.
кандидат педагогических наук, старший преподаватель кафедры информационных образовательных технологий Кубанского государственного университета, г. Краснодар
Бережная О.В.
преподаватель кафедры высшей математики Московского Государственного Открытого Университета, г. Кропоткин

МОДЕЛЬ ИНФОРМАЦИОННО-ПРОФЕССИОНАЛЬНОГО ПРОЕКТИРОВАНИЯ СТРУКТУРЫ ПРОЦЕССА ОБУЧЕНИЯ МАТЕМАТИКЕ СТУДЕНТОВ ГУМАНИТАРНЫХ СПЕЦИАЛЬНОСТЕЙ

Профессиональная деятельность выпускника гуманитарных специальностей направлена на освоение знаний из различных предметных областей, не делая особенного акцента на дисциплины из математического и естественнонаучного цикла. Основополагающей особенностью процесса подготовки специалистов гуманитарного профиля является интеграция дисциплин историко-географического, экономического, филологического и других циклов, необходимых для подготовки специалистов из гуманитарных областей. В связи с этим в данном процессе возрастает потребность овладения студентами знаний и умений о существующих способах сбора и обработки информации, возможностях современных средств коммуникации, методах и средствах применения математического аппарата, в том числе и для анализа и обработки статистических данных.

Основы такой подготовки для студентов гуманитарных специальностей закладываются при изучении курса «Математика». Однако, для сложившейся практики обучения студентов гуманитарных специальностей характерны традиционные подходы к содержанию и процессу математической подготовки. Преобладает объяснительно-иллюстративный характер обучения, слабая связь с будущей профессиональной деятельностью, отсутствие активной самостоятельной работы, слабая мотивация, отсутствие индивидуализации обучения. Кроме того, малый объем часов, отводимых на изучение этого курса и недостаточная исходная подготовка студентов, усугубляет ситуацию. Поэтому существующий процесс математической подготовки студентов-гуманитариев нуждается в модернизации как в плане проектирования самого курса и разработки соответствующего дидактического обеспечения, так и в плане организации его изучения. Таким образом, представляется эффективным, учитывая в основном интегративный характер специальностей, найти в процессе конструирования курса математики способы совмещения подходов характерных для различных профилей. В этом направлении в [7, 55; 4 ,43] предложена модель информационно-профессионального проектирования курса «Математика» для гуманитарных специальностей на примере специальности «Регионоведение». Суть предлагаемого подхода состоит в реализации в процессе проектирования методов педагогической интеграции курса математики в структуру гуманитарного образования [6, 71], модификации и развитии технологии профессиональной ориентации, предлагаемых в исследованиях, посвященных организации курса математики для естественно-научных и экономических специальностей [2, 68].

Указанная модель структурируется в следующих компонентах:
· моделирование содержательного теоретического ядра и профессионально-ориентированной оболочки;
· интеграция компонентов курса;
· проектирование специализированного учебно-информационного комплекса.

Кратко охарактеризуем указанные компоненты.

1. Первый компонент модели реализует процедуру выделения в структуре учебного курса фундаментального теоретического ядра и прикладных профильных оболочек, объем и содержание которых вариативны. Прикладные оболочки – это содержательно связанные с ядром вопросы из других дисциплин в виде приложений науки. Суть подхода для проектирования курса математики состоит в том, что на первом этапе выделяются системы основополагающих идей, законов, положений (инвариантов), сохраняющих свое значение и содержание во всех частных явлениях, фактах и в предметных областях. Эта инвариантная составляющая соответствует классическому базовому курсу математики и образует так называемое фундаментальное теоретическое ядро. На его основе конструируются предметные «профильные оболочки», ориентированные на отдельные профили обучения и включающие специфические вопросы учебного курса [1; 3]. Предлагаемый подход делает возможным проектирование математической подготовки студентов-гуманитариев при сохранении системы фундаментального учебного курса выявления и установления органических связей вопросов из смежных научных дисциплин, соответствующих профилю специальности, что позволяет эффективно моделировать и реализовывать в учебном курсе взаимосвязи инварианта или теоретико-содержательного ядра научной теории и профессионально-ориентированной оболочки научных дисциплин из различных циклов.

В этом плане при обучении специалистов необходимо подчеркнуть важность освоения систем специфических и логических приемов мыслительной деятельности. Следовательно, в процессе обучения особую роль приобретают инновационные задачные методики и технологии добывания и освоения знаний, отражающиеся в практических заданиях инновационных форм [5, 53; 3].

2. Современный подход к подготовке специалиста предполагает решение вопросов интеграции научного знания, что вызывает необходимость совмещать планирование содержания обучения математике и информатике с его ориентацией на конечные результаты, на многофункциональную деятельность специалистов. В системе подготовки специалистов-гуманитариев курс «Математика» обладает высоким интеграционным потенциалом. Это позволяет реализовать многоуровневую интеграцию через реализацию интеграционных связей на внутрипредметном и межпредметном уровнях [76, 48], а также синтез информационных и дидактических технологических компонентов, учебных и профессионально-ориентированных видов деятельности.

3. Следующий компонент – проектирование специализированного учебно-информационного комплекса, осуществляющего в формируемой методической системе изучения курса математики и информатики реализацию дидактических возможностей компьютеро-ориентированных средств обучения. Наряду с классическими, здесь присутствуют многообразные формы, привнесенные компьютерными и информационными технологиями. Их характерная черта – ориентированность на высокий уровень самостоятельной работы учащихся, их высокую познавательную активность, развитие исследовательских и творческих способностей.

Реализация предложенной модели обуславливает модификацию структуры учебного процесса. В процессе обучения необходимо формировать осознанное применение полученных знаний для успешного выполнения поставленных профессионально-ориентированных задач. Таким образом, в рамках вышеописанного процесса организации обучения математике студентов-гуманитариев следует создавать такие условия, чтобы будущие специалисты видели смысл в изучении данного курса, а значит необходимо организовать учебную деятельность таким образом, чтобы они, наряду с освоением программного минимума (стандарта) осознавали его необходимость и возможность применения этих знаний для выполнения профессионально-ориентированных задач.

Анализ реализации, описанной выше структуры процесса математической подготовки студентов гуманитарных специальностей посредством применения модели информационно-профессионального проектирования показывает повышение мотивации изучения курса, рост познавательной самостоятельной активности студентов, а также формирование профессионально значимых качеств, что подтверждает эффективность предложенного подхода.

Литература:

1. Бережная О.В., Огнева Р.С., Мороз О.В. Математика для экономических специальностей. Учеб. – метод. пособие. Учебное издание ГОУ ВПО «Московский Государственный открытый Университет» Кропоткин 2010.
2. Грушевский С.П. Засядко О.В., Мороз О.В. Формирование профессиональных компетенций студентов экономических направлений подготовки бакалавров в процессе изучения математики. Политематический сетевой электронный научный журнал Кубанского государственного аграрного университета (Научный журнал КубГАУ). Краснодар: КубГАУ, 2015 - №03(107).- IDA[article ID]: 1071503028
3. Грушевский С.П., Краснова Н.В., Мороз О.В. Математика в задачах и упражнениях для регионоведов. Учебно-методическое пособие. – Краснодар: Куанский гос. университет, 2006. – 165.
4. Грушевский С.П., Краснова Н.В., Мороз О.В. Модель информационно-профессионального проектирования курса «Математика и информатика» для специальности «Регионоведение» // Экологический вестник научных центров Черноморского Экономического Сотрудничества. Научно-образовательный и прикладной журнал. Приложение № 2. Краснодар, 2006. С. 41–44 (0,25 п.л.).
5. Грушевский С.П., Мороз О.В. Инновационные технологии обучения математике в профессионально ориентированном дидактическом комплексе для экономического направления подготовки бакалавров. Актуальные проблемы обучения математике и информатике в школе и вузе / Материалы II Международной научной конференции 2 – 4 октября 2014 г., ФГБОУ ВПО МПГУ, Москва 2014.
6. Грушевский С.П., Мороз О.В. Конструирование дидактического обеспечения курса математики для полипредметных специальностей (на примере специальности «Регионоведение»). Образовательные технологии №2, 2009.
7. Мороз О.В. Профессионально ориентированное конструирование дидактического обеспечения курса математики для специальности «Регионоведения». Диссертация на соискание ученой степени кандидата педагогических наук. Краснодар, 2007г.

Пырков В.Е.
доц., к.п.н., Южный федеральный университет

МОДЕЛЬ КОУЧИНГОВОЙ СЛУЖБЫ В ОБРАЗОВАТЕЛЬНОМ ПРОСТРАНСТВЕ СОВРЕМЕННОГО ВУЗА

Современная образовательная ситуация сфере высшего образования предъявляет повышенные требования не только к результативности, но и к организации процессов, протекающих в вузе. Это обстоятельство влечет необходимость реформирования и модернизации образовательных и управленческих процессов в современном вузе, применения инновационных технологий в организации научной и образовательной деятельности. К одному из инновационных и в тоже время, хорошо зарекомендовавших себя в бизнес-сфере, инструментов организации управления относится коучинг. Он представляет собой новый подход к процессу управления образовательным процессом в вузе, позволяет внести интерактивные элементы в процесс обучения, придать новый смысл всем участникам образовательного процесса, сформировать личностную вовлеченность, повысить мотивацию и ответственность за результат. Системное использование коучинга в образовательном пространстве вуза может обеспечить специально созданная коучинговая служба. В её работе могут принимать участие как внутренние коучи, находящиеся в штате организации, так и внешние коучи, работающие с администрацией и командой управления вуза.

Можно выделить две основные группы задач, на решение которых направлена деятельность коучинговой службы в вузе: общие задачи функционирования вуза и задачи, связанные с развитием его сотрудников. К первой группе задач относятся такие как: моделирование стратегии развития; повышение эффективности отдельных подразделений и сотрудников; организация эффективных коммуникаций; командообразование; формирование корпоративной культуры, корпоративных ценностей и бренда вуза; развитие делового и лидерского потенциала сотрудников и др. Примерами задач, относящихся к второй группе могут быть: повышение осознанности сотрудника; повышение уровня его внутренней мотивации; повышение и развитие профессиональных компетенций; развитие осознанной приверженности; повышение уровня самостоятельности и ответственности; раскрытие профессионального и личностного потенциала; согласование ценностей и личных задач сотрудника с ценностями и задачами вуза; планирование карьеры и др.

Основными пользователями услуг этой службы являются следующие участники образовательного процесса в вузе: администрация, профессорско-преподавательский состав, обучающиеся (магистранты, бакалавры), абитуриенты и внешние партнеры вуза. Опишем функциональные возможности работы коучинговой службы с каждой из этих групп.

Работа с администрацией. Для работы с топ-менеджерами вуза коуч проводит индивидуальные (по запросу) и групповые сессии с переодичностью 2-4 раза в месяц. Предметом их обсуждения могут быть моделирование стратегии развития вуза в целом, либо его подразделения; сопровождение в работе над проектами; работа, направленная на командообразование, либо персональный коучинг по личным запросам (т.к. эффективный руководитель, это прежде всего успешная и эффективная личность).

Работа с профессорско-преподавательским составом предполагает планирование саморазвития и выстраивания карьеры в вузе, проведение тренингов и курсов повышения квалификации по овладению методологией коучинга и овладению практическими приемами его применения в работе с обучающимися; персональный коучинг по запросам, связанным с перечисленными выше задачами второй группы.

Работа с магистрантами и аспирантами включает в себя решение задач, направленных на эффективную работу над научными проектами (диссертация), на осознанное моделирование карьеры; проведение спецкурсов по коучингу, входящие в систему бизнес-образования МВА, повышающие их конкурентоспособность на рынке труда, и чтение спецкурса «Коучинг в образовании» для студентов педагогических специальностей; персональный коучинг по личностно-значимым запросам.

Работа с бакалаврами предполагает проведение коуч-сессий направленных на формирование мотивации для успешности обучения; сопровождение в эффективной работе над учебными, научными и социально-значимыми проектами; моделирование индивидуальной траектории обучения, саморазвития и планирование карьеры; спецкурс «Введение в коучинг»; персональный коучинг по личностно-значимым запросам.

Работа с абитуриентами во время кампании по новому набору предполагает проведение индивидуальных коуч-сессий по запросам абитуриентов, связанных с осознанным выбором программы обучения и построением индивидуальной траектории развития, моделирование ответственного подхода к овладению профессией и др.

Важным аспектом является сотрудничество и координированные действия коучинговой службы вуза с другими внутренними службами и подразделениями, непосредственно занимающимися с перечисленными выше участниками образовательного процесса.

В рамках внешнего сотрудничества могут быть предложены тренинги и курсы повышения квалификации в области коучинга для внешних слушателей; совместные научные, образовательные и социальные проекты и др.

Применение коучинга в образовательном пространстве современного вуза, это новое направление деятельности, обогащающее учебный процесс и повышающее его эффективность. Это мощный инструмент развития профессиональных и личностных навыков сотрудников и обучающихся, стимулирующий их внутреннюю мотивацию и ответственность. Для максимального результата, важно именно систематическое внедрение коучинга в деятельность образовательной организации и его использование не только в качестве стиля управления и обучения, но и как способа межличностного взаимодействия в вузе, находясь в основе его корпоративной культуры. Это позволит по-новому взглянуть на суть самих процессов, протекающих в вузе и открыть новые возможности для повышения их эффективности.

Литература

1. Антонова Н.В., Иванова Н.Л. Консультирование и коучинг персонала в организации. Учебник и практикум. – М.: Юрайт, 2015.
2. Голованова И.И. Понятие коучинга в контексте деятельности вузовского преподавателя // Образование и саморазвитие. – 2012, №1(29). – С. 65-69.
3. Пырков В.Е. Диагностика отношения учителей математики к использованию коучингового подхода в обучении // Труды XII Международных Колмогоровских чтений: сборник статей. - Ярославль: Изд-во ЯГПУ, 2014. – С. 438-447.
4. Пырков В.Е. Коучинговый подход в обучении старшеклассников как технология реализации современного математического образования // Труды XI Международных Колмогоровских чтений: сборник статей. - Ярославль: Изд-во ЯГПУ, 2013. – С.197-202.
5. Рыбина О.С. Образовательный коучинг для личной эффективности и профессиональной компетентности студентов // Актуальные вопросы современной педагогики: материалы междунар. науч. конф. (г. Уфа, июнь 2011 г.). – Уфа: Лето, 2011. – С. 112-114.
6. Трушевская А.А. Развитие технологий коучинга в образовательном пространстве вуза // Проблемы современной экономики. – 2013, №1(45) – С. 227-231.
7. Coaching in Education. Getting better results for students, educators, and parents / Edited by Christian van Nieuwerburgh. – London: Karnac Books Ltd, 2012.

Сыдыкова Ж.К.
кандидат педагогических наук,
доцент кафедры физики
Абдрахманова Р.Р.
доцент кафедры физики
arr0825@list.ru
Государственный университет имени Шакарима города Семей
Республика Казахстан
Дюсюпова Н.А.
учитель физики высшей категории
КГУ «Средняя общеобразовательная школа-лицей №7» г.Семей
Республика Казахстан

МЕТОДЫ РАЗВИТИЯ ТВОРЧЕСКИХ СПОСОБНОСТЕЙ ОБУЧАЮЩИХСЯ

Одной из задач современной системы образования, требующих своего решения, является развитие творческих способностей учащихся. Поэтому педагог должен построить свою работу так, чтобы стимулировать творческую деятельность обучающихся, формировать их познавательные интересы. В связи с этим целесообразно использовать элементы развивающего обучения, а именно, проблемные ситуации, творческие задания, привлекать учащихся к выполнению элементов самостоятельной научно-исследовательской деятельности [1,226]. Необходимо научить умению самостоятельно находить противоречия и аналогии в изучаемом явлении, наблюдаемом процессе, формулировать проблему и предлагать способы её решения, планировать и выполнять эксперимент, уметь обрабатывать полученные результаты, обобщать и сравнивать с ранее полученными выводами. Необходимо привить способность самостоятельно добывать знания об окружающем мире. При этом важным является не просто накопление теоретических знаний, но постоянное их закрепление через творческую деятельность, самостоятельно проведенный эксперимент, наблюдение физического явления, измерение характеристик изучаемого физического процесса. Лишь в этом случае сформируется увлечение обучающегося делом, которому он готов посвятить свое время. Начав с простейших опытов и решения экспериментальных, творческих задач, в последующем возможно воспитать творческое отношение к труду, увлеченность начатым делом, стремление к поиску нового, ранее неизвестного. Разумное взаимное сочетание теоретических знаний с практикой позволит добиться необходимого образовательного результата, обеспечивающего выполнение задач, стоящих перед образовательным учреждением.

В то же время организация творческой, исследовательской деятельности обучающихся требует от педагога определенных знаний и умений [2,102]. Он должен владеть методикой организации самостоятельной творческой работы обучающихся. В связи с этим кафедра физики совместно с учителем физики средней школы-лицея №7 г.Семей разработала элективный курс «Методика подготовки школьников к исследовательской работе», который включает как теоретическую, так и практическую часть (лабораторно-практические занятия). Творческий подход, проектно-исследовательская работа учащихся школы под руководством учителя в течение ряда лет обеспечивают признание на конкурсах разного уровня.

Будущий учитель должен научиться использованию исследовательской деятельности в учебном процессе. Поэтому при изучении названного курса на лабораторно-практических занятиях обсуждаются вопросы, связанные с выбором темы исследования, оценкой ее актуальности, формулирования цели, задачи, гипотезы исследования, разработки основных направлений работы. Не менее важным является обсуждение вопросов, связанных с отбором оборудования, материалов для проведения эксперимента [3,72]. В качестве лабораторного исследования обучающимся предлагались задания: «Исследование зависимости коэффициента поверхностного натяжения растворов от их концентрации», «Исследование теплопроводности различных материалов», «Исследование зависимости сопротивления полупроводников от температуры. Расчет энергии активации», «Исследование распределения молекул компонент воздуха в атмосфере (с использованием прикладных компьютерных программ)» и др. Результаты эксперимента рекомендовалось математически обработать, оценить их погрешность, точность, достоверность, границы применимости. В последующем материалы исследования оформлялись в виде тезисов, докладов, тематических презентаций и представлялись к публичной защите во время проведения школьных и вузовских научно-практических конференций, семинаров.

Студенты - физики отрабатывают навыки планирования, постановки, проведения эксперимента также в процессе изучения дисциплины «Техника школьного эксперимента». Одним из используемых нами направлений работы стала подготовка видеодемонстраций к творческим, экспериментальным заданиям. При этом обучающиеся, многократно повторяя, отрабатывают методику проведения эксперимента согласно условию задания, создают минисценарий видеоклипа, соответствующим образом обрабатывают и представляют для просмотра, обсуждения и оценки подготовленный материал. В последующем при необходимости имеют возможность повторного просмотра отдельных фрагментов. Таким образом со временем создается систематизированный банк видеоматериалов для последующего использования как при проведении уроков, так и во внеурочной работе.

Литература:

1. Разумовский В.Г., Майер В.В. Физика в школе. Научный метод познания и обучениею-М.,2004.- 463с.
2. Блинова Т.В. «Школа исследователей» как форма подготовки старшеклассников к научно-исследовательской деятельности //Исследовательская работа школьников.– 2003.– №1. С.100-104
3. Савенков А.И. Обучение детей умению оценивать идеи, формулировать суждения и умозаключения //Одаренный ребенок. – 2003.– №4.– С.72-77

Николаев Н.А.
магистрант, Института зарубежной филологии и регионоведения
Северо-Восточный федеральный университет, г. Якутск
nikolaibs1993@mail.ru

ПРИОРИТЕТЫ И НАПРАВЛЕНИЯ ВНЕШНЕЙ ПОЛИТИКИ ИСЛАНДИИ В АРКТИКЕ

Исландия со скандинавской моделью экономики, сравнительно небольшим населением, член Североатлантического договора и сильно зависящаяся экспорта рыбопродуктов.

По прогнозам экспертов U.S. Geological Survey, в совокупности 33 районах Арктики, залегает около 1,669 триллион кубических футов газа. Что составляет примерно 30% мирового запаса природного газа. В соотношении углеводородных ресурсов Арктики превалируют запасы газа (78 %)[1].

Исландия располагает на данный момент несколькими шельфами со значительными минеральными запасами. Правительство Исландии объявило, что принимает заявки на совместную разведку и разработку двух шельфовых месторождений газа и нефти – Дреке (юг микроконтинента Ян-Майен) и Гаммуре (север о. Исландия). Ранее возникавшее территориальное противоречие между Исландией и Норвегией по поводу принадлежности континентальных шельфов Ян-Майена был разрешен решением Международного арбитражного суда ООН (28 мая 1980 г.). Согласно этому решению были четко определены 200-мильные экономические зоны и государственные границы обеих стран. Стоит, отметить, что недавно также были достигнуты дополнительные к ней соглашения между обеими странами, которые регулируют нормативно-правовую базу разработки вышеуказанных месторождений нефти и газа (в особенности на южных исландских территориях микроконтинента Ян-Майен)[2].

Дипломатические отношения между Китаем и Исландией были установлены в 1971 г. условиях смены биполярной военно-политической блоковой конфронтрации Запада и КНР.

С 2007 г. китайско-исландские отношения начинают постепенно развиваются. Исландия летом 2009 г. подает заявление на вступление в Европейский Союз. Однако начавшиеся переговоры (2010) вывели сильные противоречия позиций обеих сторон. Руководство ЕС выдвинуло жесткие социально-экономические и политические требования к стране-кандидату. Достаточно проблематичным стали требования к рыболовным стандартам ЕС, которые практически должны были ограничить возможности этой основной отрасли экономики в Исландии. Это и станет причиной отзыва 13 марта 2014 г. заявления на вступление страны в

Евросоюз. На фоне дистанциирования Исландии от европейской интеграции, интенсивными темпами развиваются китайско-исландские взаимоотношения на высшем уровне.

Тем не менее, стоит отметить, что вопрос об отказе вступления в ЕС не является окончательным решенным. Как говорится, из сообщения Министерства иностранных дел вопрос об евроинтеграции находится на следующих переговорных позициях[3]: 1. Статус переговоров о вступлении между Исландией и ЕС; 2. Правовые и институциональные изменения в ЕС; 3. Ситуация и перспективы для экономики страны в случае вхождения в ЕС.

Кроме того, Рейкьявику стало ясно, что их страна упустила возможность стать одним из двигателей проектируемого арктического измерения Европейского Союза. Фактически такую роль в ЕС уже заняла Дания. Попытки руководства министерства иностранных дел Дании закрепить формат пятистороннего регионального диалога в Арктике без Исландии, вызвали ответные меры исландского правительства.

Президента страны Оулавюр Гримссон, станет более активнее очерчивать свой арктический внешнеполитический курс Исландии. Её можно определить следующими направлениями. Во-первых, Рейкьявик позиционирует себя путем образования альтернативных региональных площадок международного взаимодействия и диалога в Арктике в противовес той же датской инициативе и даже самому Арктическому Совету.

Во-вторых, Исландия, ориентируется на широкое открытое взаимодействие с неарктическими странами, в особенности, с экономически быстроразвивающимся Китаем реализуя свои долгосрочные национальные интересы. В правительстве страны делают ставку на то, что Китай и другие, неарктические страны официально позиционируют свою политику в регионе на учете интересов арктических партнеров.

В-третьих, правительство Исландии осознает, что для экономики страны необходимы крупные инвестиционные и финансовые вливания на весьма не однородную исландскую экономику и в освоении шельфовых минеральных месторождений.

В-четвертых, Рейкьявик стремиться к расширению полярных морских коммуникаций со странами Азиатско-Тихоокеанского региона. Сотрудничество в этой области имеет долгосрочную основу предполагающую развитие морской инфраструктуры Северного морского пути. Это предполагает комплексное взаимодействие в области науки, полярной навигации, выработке специальных технологий (функционирующих резких климатических условиях) и др. Активная инициатива со стороны Исландии в этом вопросе позволит ей занять свою нишу в таком стратегическом важном логистическом проекте. В лучшем случае порты Исландии могли бы стать центрами перевалочных пунктов из развивающегося АТР в Северо-Атлантический регион[4].

Таким образом, правительство Исландии сформулировала свою внешнеполитическую линию на попытку игнорировать её национальные интересы в Арктике со стороны ЕС (особенно со стороны Дании). Запущенный формат диалога в «Арктическом круге» представляет собой альтернативу Арктическому Совету, где традиционно арктические страны имели приоритет в принятии решения круга проблем Арктики.

Список литературы

1. Circum-Arctic Resource Appraisal: Estimates of Undiscovered Oil and Gas North of the Arctic Circle [Electronic resources] – access mode: http://pubs.usgs.gov/fs/2008/3049/fs2008-3049.pdf
2. Agreement between Iceland and Norway concerning transboundary hydrocarbon deposits of November 3 2008.
3. Status of the accession negotiation between Iceland and the EU [Electronic resources] – access mode: http://www.mfa.is/status-of-the-accession-negotiations-between-iceland-and-the-eu/
4. North Meets North. Navigation and the Future of the Arctic [Electronic resources] – access mode: http://www.mfa.is/media/Utgafa/North_Meets_North_netutg.pdf

Романова О.В.
доцент, кандидат психологических наук,
доцент кафедры общей и когнитивной психологии
Астраханского государственного университета

ХАРАКТЕРОЛОГИЧЕСКИЕ ОСНОВАНИЯ ВЫБОРА ПРОФЕССИИ В ПОДРОСТКОВОМ ВОЗРАСТЕ

Выбор профессиональной деятельности – сложный и ответственный шаг для каждого человека, от него зачастую зависит вся его дальнейшая жизнь. Профессия и характер неразрывно связаны между собой. Если человек любит свое дело, то в этом взаимном проникновении уже довольно трудно разобраться и определить, что послужило толчком к выбору профессии, а что выработалось как следствие принадлежности к определенной профессиональной сфере. В этой связи подростковый возраст является благодатной почвой для исследований характерологических оснований выбора профессии, поскольку профессиональный выбор еще не сделан, но можно проследить как характер влияет на выбор дальнейшей профессиональной деятельности. Закономерно предположить, что акцентуации характера - важный фактор профессионального самоопределения и, в частности, выбора профессии [2,170]

Характерологические особенности личности достаточно широко освещены в психологии. В данной области особо значимы труды таких авторов как Ковалев А.Г., Левитов Н.Д., Рубинштейн С.Л. и других. Связь профессионального самоопределения и характерологических особенностей подростков остается изученной фрагментарно. Исследования такого характера были обнаружены у Мыхлюк Э.И., Резапкиной Г.В., Труновой Н.А. и других авторов.

Огромный вклад в изучение характера внес советский психолог Рубинштейн С.Л. В своих трудах он высказывал мнение о том, что характер представляет собой своего рода определенность в той или иной деятельности, где люди отличаются между собой различной совокупностью черт характера. Под чертами характера С.Л. Рубинштейн понимает следующее: «это те существенные свойства человека, из которых с определенной логикой и внутренней последовательностью вытекает одна линия поведения, одни поступки и которыми исключаются как несовместимые с ними, им противоречащие другие» [3, 220]

Характер влияет на профессиональный выбор, поскольку каждая профессия предполагает наличие у человека характерных свойств, без присутствия которых успешность в деле невозможна. Левитов Н.Д. определял черты характера, как сложные индивидуальные особенности, достаточно показательные для человека и позволяющие с известной вероятностью предугадать его поведение в том или ином конкретном случае [1, 11]. Тогда, зная черты какого-нибудь человека, можно с большой долей вероятности определить его выбор в различных ситуациях.

В исследовании, проведенном под нашим руководством Донской Е.А., принимали участие 60 подростков старшего школьного возраста (14-15 лет), являющихся учениками 8 класса МБОУ г. Астрахани «Средняя общеобразовательная школа №27». С помощью критерия Краскела-Уоллеса была доказана связь акцентуации характера (тест – опросник Г. Шмишека) и профессиональной ориентации (ДДО Климова Е.А.)

Проведенное исследование позволило установить, что существует взаимосвязь между характерологическими особенностями подростков и их профессиональной направленностью. Было установлено, что такие черты характера как демонстративность, импульсивность, экзальтированность, эмотивность объединяют подростков, выбирающих социономический тип профессии. Демонстративность, экзальтированность, эмотивность, педантичность выражены у подростков, отдающих предпочтение биономическому типу профессий. Подростков исследуемой группы, которые склонны к выбору технономических профессий, объединяют такие акцентуации характера как импульсивность и тревожность. Импульсивность, дистимичность свойственны подросткам, ориентирующимся на выбор сигнономического типа профессий. У подростков, предпочитающих артономический тип профессии, выражены такие черты характера как демонстративность, экзальтированность, эмотивность, дистимичность, педантичность, тревожность. Так как р-уровень ≤0,05 во всех обозначенных взаимосвязях, то мы можем утверждать, что существует зависимость между особенностями характера и профессиональным выбором подростков.

Литература:

1.Левитов Н.Д. Психология характера / Н.Д. Левитов. – М.: Книга по требованию, 2013. – 424 с.

2. Резапкина Г.В. Акцентуация и выбор профессии / Г.В. Резапкина // Школьные технологии. 2011. - № 1. - С.170-179.

3. Рубинштейн С.Л. Основы общей психологии / С.Л. Рубинштейн. – СПб.: Питер, 2013. – 720 с.

Миназова В.М.
старший преподаватель кафедры педагогики и психологии
ФГБОУ ВО «Чеченский государственный университет»
veneraminazova@mail.ru

О НЕКОТОРЫХ ФАКТОРАХ ПСИХОЛОГИЧЕСКИХ ПРОБЛЕМ ДЕТЕЙ И МОЛОДЕЖИ ЧЕЧЕНСКОЙ РЕСПУБЛИКИ

Политические и социально-экономические условия, сложившиеся в стране после переворота начала 90-х годов, в корне изменили характер жизни миллионов людей. Особенно тяжким испытаниям были подвергнуты люди, попавшие в чрезвычайную жизненную ситуацию. В первую очередь речь идет о военных событиях.

Население Чеченской Республики пережило и прочувствовало на себе ужасы двух жестоких войн с их тяжелыми последствиями и травмами. Жители Чечни долгое время находились в ситуации социально-психологического стресса: артобстрелы, ракетно-бомбовые удары, насилие во время военных операций и так называемых «зачисток». Многие потеряли родных и близких, становились свидетелями смерти ни в чем не повинных людей. Самое противоестественное – убийство уязвимых, незащищенных членов общества – детей, женщин, стариков. Город Грозный и некоторые населенные пункты превратились в развалины. Люди лишились жилья, имущества, ценностей культуры; они не имели возможности реализовать свои профессиональные функции, лишились рабочих мест; дети не могли учиться в школах и учебных заведениях среднего специального и высшего образования. Нанесенные войной физические и психологические увечья будут беспокоить в течение многих лет.

Начиная с середины 90-х годов, после первого «витка» войны, в Чечне развернули свою деятельность неправительственные общественные организации. В рамках их программ оказывалась гуманитарная помощь на разных уровнях. Психологическая поддержка являлась не менее важной, чем выдача продуктов питания и предметов первой необходимости. Одними из первых разработали программу социально-психологической реабилитации детей, пострадавших в ходе военных действий, сотрудники Центра Миротворчества и Общественного Развития (ЦМОР). История реализации этого проекта («Звездочка») содержательна, насыщена поиском оптимальных путей и методов оказания психологической помощи детям, подросткам, молодежи.

В ситуации дефицита специалистов, способных оказать грамотную психологическую помощь, психологи-консультанты «Звездочки» постоянно повышали квалификацию в направлении психотерапии и психореабилитации, проходя профессиональную переподготовку и ряд семинаров и тренингов.

Анализ существующих в настоящее время психологических проблем детей и молодежи Чеченской Республики, проводимый исследователями в области медицины, клинической психологии, педагогики и психологии, показывает, что «родом они из войны». [1; 2; 3; 4; 5; 6]

Несмотря на усилия специалистов, призванных помогать, поддержать, лечить, реабилитировать и т.д., и некоторые позитивные сдвиги в восстановлении инфраструктуры городов и сел, что, безусловно, очень радует жителей республики, а также нормализацию ситуации в функционировании социальных учреждений, школ, вузов, отголоски недавних событий сказываются на физическом и психическом здоровье детей и молодежи. Кроме того, глобальная проблема межэтнической и межрелигиозной напряженности, актуальная в России и в мире в целом, усугубляет состояние фрустрации чеченского общества. Негативный образ чеченца, целенаправленно созданный в общественном сознании, препятствует налаживанию конструктивных межэтнических и межрелигиозных взаимоотношений. Следует отметить, что проблема толерантного поведения успешно решается в ходе психологических занятий «Звездочки». Однако, это только лишь скромный вклад в решение задач поликультурного образования.

Общение с детьми и молодежью на профессиональном, бытовом и межличностном уровне позволяют выявить психологические проблемы, причиной которых является неблагополучие среды – семейной, образовательной, общественной. К сожалению, реалии складываются таким образом, что большинство детей не чувствуют себя защищенными, а потребность в безопасности, как известно, является базовой человеческой потребностью.

Семья – самая родная, эмоционально значимая группа – призвана обеспечить надежные условия жизни, развития и самоактуализации ребенка. В этническом менталитете чеченцев семья представлена как особая ценность. Специфичны семейно-родственные отношения, возведенные в некий культ. События последних десятилетий стали причиной кризиса семьи. Резко увеличилось количество неполных семей (во время войны погибли один или оба родителя); участились разводы на почве непонимания, нетерпимости, агрессивного поведения супругов; безработица и ухудшение материального благосостояния отражаются на психологическом климате семьи, т.к. конфликтные ситуации, вызванные этим фактом, порой носят ярко выраженный насильственный характер; распространилось явление, называемое «социальным сиротством» - при живых родителях дети остаются без их помощи и заботы. Особо хочется отметить «омоложение» браков, что чревато незрелыми, инфантильными отношениями супругов и их несерьезным отношением к институту семьи и, что страшно, к родительским обязанностям. Напомним, что нынешние молодые люди, вступающие в брак, - это дети войны, многие из которых обременены проблемами ПТСР.

Школа и любое другое образовательное учреждение также могут рассматриваться как источник насилия. Многие эмоциональные переживания и личностные проблемы детей связаны с отсутствием безопасности образовательной среды. Не секрет, что прошедшие войны разрушили условия нормального процесса обучения, что, безусловно, сказалось на уровне образования. Интенсивные меры по исправлению этой ситуации приводят к позитивным результатам, однако, объем и глубина этих проблем требуют длительной реабилитации. Образовательное пространство насыщено различного рода переживаниями обучающихся и обучаемых, связанных с необходимостью справиться с требованиями учебных программ. Немаловажно овладеть умениями наладить отношения с одноклассниками, однокурсниками, педагогами. Причиной насилия становятся непосильные требования современных образовательных программ. Увеличение учебных нагрузок порой не под силу учащимся благополучных регионов, не говоря о детях и молодых людях региона, пережившего экстремальную ситуацию. Большое число учащихся испытывает затруднения в усвоении базовой школьной программы обучения, которое ведется на неродном языке. Языковой барьер является одной из основных причин неуспеваемости. Неуспех в обучении приводит к низкой самооценке, неуверенности, нерешительности, замкнутости и, как следствие, агрессивности в различных формах проявления.

Слабость законов, отсутствие целостной и действенной системы защиты детей, а также особенности установок общества с точки зрения терпимости к насилию по отношению к детям, убеждение, что физические наказания являются эффективным способом воспитания, ложное понимание культа старшего, родителя – основные факторы, приводящие к насилию.

Одним из наиболее влиятельных источников насилия являются средства массовой информации. Программы новостей, фильмы, передачи реалистического содержания, трансляции массовых мероприятий, криминальные хроники насыщены разрушительным содержанием. Уязвимое сознание детей и подростков готово заполниться агрессивными установками.

Духовно-нравственное возрождение населения, воспитание детей и молодежи в духе преданности религиозной и национальной культуре, ценностям – приоритетная задача, поставленная руководством республики перед педагогами и воспитателями, духовными лидерами и всеми, кто вносит вклад в процесс формирования здорового общества. Этот процесс трудоемок, тернист. Не приходится ждать сиюминутных результатов даже при огромном желании и усилиях. Личность ребенка формируется на пересечении влияний разнообразных макро- и микрогрупп, в которые он включен. Не всегда воздействие идеологии этих групп на психику и поведение желательно. Подросток, утверждающийся в обществе, ищущий свое место в социуме, вырабатывающий свою систему взглядов на мир, находится в сложной ситуации выбора. Ценности значимых групп, их идеалы, требования к личностным качествам, поведению в некоторых случаях противоречивы. Помощь квалифицированных специалистов (педагогов, психологов, социальных работников и др.) в ситуации «борьбы мотивов» подростков и молодежи неоценима.

Использованная литература

1. Идрисов К.А. ПТСР в условиях длительной чрезвычайной ситуации: клинико-эпидемиологические и динамические аспекты //Вестник психиатрии Чувашии. 2011. 7. С.21-34.
2. Мусханова И.В. К вопросу о трансформации этнопсихологии чеченцев в современном мире. Сборник материалов V Всероссийской научно-практической конференции «Практическая этнопсихология: актуальные проблемы и перспективы развития». – М., 2015. – С. 83-88.
3. Павлова О.С. Чеченский этнос сегодня: черты социально-психологического портрета. – М.: ООО «Сам Полиграфист», 2013. – 558 с.
4. Сердюкова Е.Ф. Гендерные особенности проблемы посттравматического стрессового расстройства в Чеченской Республике. В сборнике: Фундаментальная наука и технологии – перспективные разработки. Материалы IV международной научно-практической конференции. н.-и.ц. «Академический». 2014. С.115-118.
5. Сердюкова Е.Ф. Психологическая готовность молодых людей к вступлению в брак на примере студенческой молодежи Чеченской Республики. Ученые записки университета им. П.Ф. Лесгафта. 2014. №8(114). С.164-168.
6. Тарабрина Н.В., Хажуев И.С. Посттравматический стресс и защитно-совладающее поведение у населения. Проживающего в условиях длительной чрезвычайной ситуации// Экспериментальная психология. 2015. Т.8. 3. С.215-226.

Миназова З.М.
старший преподаватель кафедры педагогики и психологии
ФГБОУ ВО «Чеченский государственный университет»
taxa-6471@mail.ru

ОСНОВНЫЕ НАПРАВЛЕНИЯ ПРОГРАММЫ ПСИХОЛОГИЧЕСКОГО СОПРОВОЖДЕНИЯ СОЦИАЛИЗАЦИИ ДЕВУШЕК

Небольшая группа мыслящих людей может изменить мир. Действительно, это единственное, что действительно меняло его.

Маргарет Мид, американский культурный антрополог.

В рамках оказания квалифицированной социально-психологической помощи детскому населению и молодежи Чеченской Республики реализуется ряд инициатив и проектов не только на уровне государственных учреждений, но и негосударственных общественных организаций.

С сентября 2012 г. проводится работа по проекту «Группа развития молодых девушек» (ГРМД). Основная идея данного проекта – мобилизовать ресурсы различных НКО, работающих в Чечне, во благо социально-психологического развития детей и молодежи республики, а именно, для поддержки девушек в процессе их социализации, образования, самоактуализации. Как известно, в силу специфики социальной роли девушки в чеченском обществе, необходим особый подход в создании условий для их духовного и физического развития. [1;2;3;4]

Над программой проекта работали опытные учителя, психологи, социальные работники, юристы, что дало возможность учесть уязвимые моменты в социализации девушек. Исходя из этого, разработана тематика занятий и подобраны адекватные методы и техники проведения сессий.

При разработке методического инструментария и тематики занятий учтен передовой международный опыт работы с молодежью, знания региональных экспертов, работающих с молодежью. Неоценимый вклад внесли участники семинара, специально организованного для местных НКО, партнеров ГРМД, с целью сбора информации о проблемах девушек и действенных методах их решения. В результате сочетания вышеназванных подходов был разработан учебный план для проведения групповых сессий и определены ресурсы для его реализации. Семинар позволил адаптировать предложенные сценарии к контексту Северного Кавказа и Чечни.

Учебный план ГРМД включает в себя 8 основных тем:

1. *Самовыражение и идентичность (личность)* – занятия по этой теме позволяют девушкам обнаружить и развить свои способности и талант и понять их значимость для самосовершенствования и самоактуализации.
2. *Самоопределение в отношении своего тела и благополучие* – цель данной темы – научить девушек принимать свое тело таким, какое оно есть, как индивидуальный и уникальный дар для сохранения своего здоровья.
3. *Образование и независимое мышление* – девушки должны осознать, что образование – главный путь к благополучию и независимому мышлению, и только образование может способствовать созданию здорового и сознательного общества.
4. *Знание своих прав и гражданства* – эта тема учит девочек использовать свои права и проявлять активную гражданскую позицию.
5. *Лидерство и внесение позитивного вклада в общество* – развивает желание и возможность играть активную роль в жизни сообщества.
6. *Карьера и стремления* – в результате сессий на данную тему осознается, что карьера – результат упорного труда, а также развиваются здоровые амбиции.
7. *Финансовая и экономическая независимость* – дать возможность девушкам понять, что образование поможет им получить высокооплачиваемую работу, открыть собственный бизнес.
8. *Свобода/контроль в отношении своей жизни и выбора* – помочь девушкам стать свободными личностями с высоким уровнем притязаний и возможностями их реализации.

Координаторами проекта предложен режим работы с девушками.

Также были определены «точки», где социальный работник и его ассистент будут проводить мероприятия по программе – школы, некоторые учреждения среднего специального и высшего образования, ПВР (пункты временного размещения).

В течение одного семестра (полгода) специально обученными на семинарах и тренингах социальными работниками проводится работа с группами девушек, включающая в себя образовательный и культурный компоненты. Девушкам предлагается широкий спектр сессий, в ходе которых обсуждаются серьезные, жизненно важные темы образования, выбора профессии, развития своих способностей. Девушки вместе с социальными работниками обсуждают важные вопросы: «Как стать достойными членами своего сообщества? Как налаживать дружественные отношения с окружающими людьми? Как научиться добиваться своих целей и быть полезным обществу?» и т.п. Участники групп получают много знаний об окружающем мире и важных сферах жизни через занятия, на которые приглашаются эксперты – врачи, журналисты, актеры, писатели, психологи. На таких занятиях девушки раскрывают способности, талант, говорят о своих целях, мечтах и тех препятствиях, которые, на их взгляд, могут им помешать в их реализации. Истории жизни успешных женщин вдохновляют девушек.

В ходе работы девушкам предлагаются ролевые игры, театр, рисование, музыкальные упражнения, оздоровительные упражнения и активные игры. Особое значение имеют организованные походы в театр, музеи, экскурсии по городу.

В процессе обратной связи после проведенных занятий девушки высказывают много впечатлений о жизни группы – что им запомнилось больше, какой смысл имело посещение занятий для них самих, их семьи, чему они научились. Девушки высказывают сожаление по поводу завершения занятий.

Отрадно, что многие руководители школ, учителя и родители, подчеркивают необходимость и значимость нашего проекта. В отчетах зафиксированы их слова благодарности и пожелания.

Использованная литература

1. Арсалиев Ш.М.-Х. Этнопедагогика чеченцев. - М.: Гелиос АРВ, 2007 – 387с.
2. Булуева Ш.И., Цамаева А.А. Формирование полоролевого поведения в традиционной чеченской культуре (теоретико-методологические аспекты). - Изд. ЧГУ, 2015. – 172 с.
3. Мусханова И.В. Этнопсихологические особенности системы воспитания чеченцев. Материалы Международной научно-практической конференции «Современный научный потенциал». 2015 г. www.rusnauka.com. С. 119-124.
4. Сердюкова Е.Ф. Профилактика проявления гендерного неравенства в молодежной среде при помощи технологии «Форум-театр»./ Вестник Чеченского государственного университета. 2014.№2. С.198-201.

Автандилян Е.А.
кандидат социологических наук, доцент,
Московский государственный университет им. М.В. Ломоносова

СПОСОБ ПОЗНАНИЯ МИРА В ВОСТОЧНЫХ УЧЕНИЯХ (НА ПРИМЕРЕ ИНДУИЗМА И ДЖНЯНА - ЙОГИ)

Ключевые слова:

Интеллектуальная интуиция, индуизм, джняна – йога, самадхи. майя, мокша, сансара

Человечеством за всю его непродолжительную историю накоплено большое разнообразие моделей объяснения и методов познания мира и места самого человека в этом мире. Одна из предлагаемых ниже к рассмотрению когнитивных моделей ведет свое начало из древних Вед – священных текстов индуизма и йоги – практической методологии, выходящей за рамки обычного рационального восприятия и апеллирующей непосредственно к живому опыту индивида.

Для традиционного «западного» рационального ума подобный стиль «обучения» может показаться странным, однако даже простое знакомство с тем, что существует совсем другая парадигма познания и способа восприятия мира, может оказаться полезным. Западный классический путь познания – это преимущественно интеллектуальное, рассудочное знание, основанное на таких методах как наблюдение и эксперимент.

Джняна-йога (или йога познания) является одним из классических индийских направлений йоги как методологии духовного саморазвития. Под познанием здесь имеется в виду отнюдь не интеллектуальное или рассудочное знание, а своеобразный трансперсональный, интуитивный гносис (слова "джняна", в бенгальском чтении "гняна", и "гносис" родственные), в котором исчезает различие между познающим, познаваемым и познанием [9].

Один из ярчайших мыслителей западного мира Иммануил Кант в "Критике чистого разума", говорил, о вероятности, пусть и гипотетической, познания «вещей в себе» (т.е. истинной реальности). При этом он полагал, что первым шагом к этому было бы освобождение от априорных форм чувственного созерцания присущих самому объекту, - т.е. пространства и времени, а также и от самих категорий рассудка. Следующим шагом было бы задействование совершенно нового вида не- чувственного созерцания, или интуиции. Впоследствии еще один великий немецкий философ Шеллинг согласился с Кантом и назвал подобное созерцание "интеллектуальной интуицией". Не менее известный соотечественник Канта и Шеллинга – Шопенгауэр, несмотря на ироничное отношение к "интеллектуальной интуиции" Шеллинга, на деле допускал способность особого рода – постижение "вещи в себе" как некоего мистического откровения. Эти примеры говорят о том, что и среди западных мыслителей обсуждалась, по крайней мере, возможность иного, «нерационального» способа восприятия и познания.

Согласно джняна-йоге, познание, которое является главным средством достижения освобождения, есть своего рода "интеллектуальная интуиция" познающего. Проблема описания подобных методов заключается в сложности вербализации феноменов познания на языке рационального ума, поэтому можно проиллюстрировать суть джняна йоги на примере известной индийской притчи:

Попросил человек мудреца – научи меня отличать истинное от ложного, красоту от безобразия. Подумал мудрец, и научил человека.. танцевать…

В этом примере Джняна йогу можно сравнить с «танцем ума» . Такое описание чаще встречается в искусстве, говорящем на языке символов, чем в науке, хотя и в последней можно найти нечто похожее - например, в квантовой физике (например, **ОЧАРОВАНИЕ** — (шарм), аддитивное квант. число, характеризующее адроны или кварки).

Джняна йога упоминается в знаменитой «Бхагавад Гите» («Гита», в переводе «песнь», относится к разряду Упанишад, которые можно назвать философским обоснованием Вед):

«…Как огонь, разгоревшись, в пепел

Превращает дрова, о Арджуна,

Так и знанья огонь все действия

Без остатка испепеляет

Ведь ничто не сравнится в мире

С очищающей силой знанья;

Его тот лишь в себе обретает,

Кто пришел к совершенству в йоге…» [1]

Джняна-йога в ее классическом варианте тесно связана с Адвайта-Ведантой (недвойственной ведантой) Шанкары (Шанкарачарья, примерная традиционная датировка – 788-820 гг. н.э.).

Основной тезис Адвайта-Веданты предельно прост: "джаган митхьям, брахмо сатьям, дживо брахмайва напарах", то есть: "мир ложен, Брахман (Абсолют) истинен, душа (джива) ничем не отличается от Брахмана".

"Смерть за смертью наступают для обманутого майей (иллюзией этого мира), кто здесь множественность видит", "Там, где множественность видят, там все видится отличным, там, где Атманом все видят, даже атом не отличен", – говорит Шанкара. Это означает, что возможность приобретения истинного знания, соприкосновение с Реальностью (читай – «вещи в себе» по Канту) заключается в познании всего сущего в его целостности; а если и разделять мир (анализ как ключевой метод западного пути познания), то сохраняя видение его частей как частей Единого целого. При этом возникает закономерный вопрос, - как достичь такого способа восприятия, который в индуизме и называется **мокшей**? Мокша, или Мукти,- это освобождением от иллюзорного (майя - иллюзия) видения **сансары**, т.е. обычного восприятия мира как раздробленной на независимые друг от друга части вселенной. Для реализации такого вида познания и необходима джняна – йога.

Во-первых, освобождение (мокша), согласно Адвайта-Веданте, достигается только благодаря знанию (джняна), так как изначальной причиной сансары является не что иное, как заблуждение, неведение (авидья), а неведение может быть уничтожено только познанием. Однако *неведение само по себе иллюзорно и относительно*, т.е. является плодом майи. Атман (истинное Я индивидуума, его божественная сущность) всегда свободен, тогда как сансара и ее порабощение – не более чем плод майи, т.е.иллюзии.

Во – вторых, согласно Шанкаре, познание тождества Атмана и Брахмана (Творца Вселенной) уничтожает неведение. Таким образом, в человеке уже априори, согласно Адвайта –Веданте, заложена возможность слияния с Целым (Богом, Универсумом, Вселенной), благодаря существованию Атмана, или индивидуальной божественной части Целого (Брахмана). Это слияние осуществляется благодаря познанию. Иными словами, в человеке изначально заложена потенциальная способность к освобождению (мокше) и достигается она через познание Истины (Реальности, Атмана, Брахмана – в данном случае это синонимы).

Однако после реализации такого тождества Атмана и Брахмана вслед за уничтожением неведения уничтожается и само познание, подобно тому, как при пожаре в лесу при сгорании последнего дерева, прекращается и сам пожар. Поскольку джняна, или знание, все еще предполагает некую двойственность (субъект и объект познания) и существует относительно авидьи (незнания) как точки отсчета. При этом, один из тезисов Адвайты гласит: познание – суть Брахмана , т.е. весь мир существует только благодаря способности познавать, причем способности, видимо, свойственной не только человеку. Каким образом разрешается данное противоречие?

Для этого необходимо рассмотреть первоисточники Адвайта-Веданты – Упанишады. Одна из древнейших - "Брихадараньяка-Упанишада". Основное повествование в ней ведется от лица мудреца Яджнявалкьи, который говорит, что сознание (знание) неизбежно предполагает двойственность, т.е. субъект-объектные отношения: "Ибо, где есть [что-либо] подобное двойственности, там один видит другого, там один обоняет другого... там один познает другого"[4]..

Когда двойственность растворяется в процессе слияния индивидуального сознания с сокровенной сущностью самого бытия – Атманом в индивидуальном аспекте равном Брахману в аспекте Вселенском, тогда исчезает и чувственное восприятие, и само познание как таковое: "Но когда все для него стало Атманом, то как и кого сможет он познавать? Как сможет он познать того, благодаря кому он познает все это? Он, этот Атман, [определяется так:] "Не [это], не [это]"... Как сможет [человек], … познать познающего?"[4].

Т.е., несмотря на то, что Атман, который является в то же время также и Брахманом, есть Сознание, однако этот Атман = Брахман является особым, безобъектным и беспредметным Сознанием, иными словами, - Сознанием как абсолютной формой любого потенциального знания, самой сокровенной сутью этого знания. Именно в силу его безобъектности и безсубъектности Атман и определяется как «нети-нети» - "Не [это], не [это]. Достижение подобного состояния и является результирующим процессом джняна йоги, т.е. самадхи (т.н. «нирвикальпа самадхи» без различающего сознания) , - когда достигается полное переживание тождества Я и Абсолюта, сознание расширяется до беспредельности, и йогин осознает себя как вечного, бесконечного, бескачественного, недвойственного и лишенного каких-либо ограничений Абсолюта, а весь видимый мир исчезает в этом сверх-персональном переживании [9].

Именно так реализуется состояние «дживанмукты» (освобожденного при жизни), которое, однако все еще является частичным освобождением, но становится полным после физической смерти, когда душа более не скована, согласно Адвайта – Веданте, клеткой тела, и может окончательно слиться с Абсолютом.

Американский философ У. Джеймс так сказал о джняна йоге в традиции Адвайты: "Абсолютное, Единое и Я, которое есть это Единое, – несомненно мы имеем здесь перед собой [своего рода] религию, которая, рассматриваемая с эмоциональной точки зрения, имеет большую прагматическую ценность; она дает нам – даже в избытке – чувство полной уверенности... Эта монистическая музыка пленяет более или менее каждого из нас: она возвышает Дух и ободряет его" [3].

Возможно, интерес, наблюдаемый в последнее время к вопросам, связанным с восточными методами развития сознания, трансформируется в ближайшие годы в серьезные научные исследования. Представляется, что сближение «восточной» и «западной» парадигмы познания, – неизбежный и естественный процесс, соответствующий общей тенденции к интеграции в современном мире.

Литература:

1. Бхагавад Гита. М. София. 2011
2. Георг Ферштайн. Энциклопедия йоги .М.2003
3. Джемс В. Прагматизм. СПб. 1916.
4. Древнеиндийсекая философия. Начальный период. М. 1963
5. Йога осознания. Открытие новых возможностей Тела и Духа. Йога Экс-Пресс. 2006
6. Мирча Элиаде. Йога: бессмертие и свобода. М.2012
7. Рамеш Балсекар. От сознания к сознанию. М.: Изд-во «Ганга», 2005
8. Свами Вивекананда. Четыре йоги. М. Изд. «Прогресс-академия». 1993
9. Торчинов Е.А. Религии мира. Опыт запредельного. СПб. 1998

Василенко И.В.
д. филос.н., профессор, ФГАОУ «Волгоградский государственный университет»

СОЦИАЛЬНЫЙ МЕХАНИЗМ РАЗВИТИЯ ЧЕЛОВЕЧЕСКОГО КАПИТАЛА

Развитие человеческого капитала – это непрерывный процесс, который представляет собой систему развития всех элементов, образующих его структуру посредством воздействия внешней среды. Результатом данного воздействия является формирование совокупного человеческого капитала, который одновременно является важнейшей производственной потребностью и средством развития всей социально-экономической системы общества.

Изучение социального механизма формирования человеческого капитала представляет для нас особенно актуальной, ведь его применение позволяет представить данное развитие как социальный процесс и рассмотреть какие социальные факторы влияют на его становление. Под социальным механизмом человеческого капитала мы будем подразумевать устойчивую систему взаимодействия социальных акторов разных типов и уровней, конечным результатом которых служит создание человеческого капитала, который отвечает современным общественным потребностям.

Этот предусматривает рассмотрение развития человеческого капитала как особого социального механизма имеющего сложную структуру, где внутренняя подсистема включает элементы собственно человеческого капитала, а внешняя подсистема состоит из социальных институтов как субъектов социального воздействия на развитие данных элементов.

Функционирование внутренней подсистемы механизма развития человеческого капитала обусловливается определенными ресурсами, которыми обладает индивид от рождения – это биологический человеческий капитал. Развитие данных ресурсов определяется множеством условий, таких как: социально-экономические возможности индивида для реализации биологического человеческого капитала; его социальный статус; социокультурный уровень развития среды, в которой происходит социализация индивида, а также социально-экономическая, производственная потребность, то есть те условия, которые ставит перед индивидом новая экономика, где приоритет отдается высококвалифицированным специалистам, обладающим различными знаниями.

Процесс развития происходит посредством воспитания индивида, его социализации, обучения, включающего образование, полученное в различных учебных учреждениях и профессиональную подготовку на производстве, а также социальной политике государства.

Результатом действия данного механизма является формирование такого совокупного человеческого капитала, при котором уровень развития всех его компонентов обеспечивает его обладателю успешное функционирование в социально-экономической среде, является важнейшей производственной потребностью, служит фактором производительности труда и увеличения дохода индивида.

Совокупный человеческий капитал состоит из биологического, интеллектуального, образовательного и культурного человеческого капитала [1, 241]. Для наглядного представления элементов человеческого капитала мы изобразим его схематично. (Рис. 1).

Рис. 1. Элементы формирования совокупного человеческого капитала.

Первый параметр развития человеческого капитала связан с уровнем развития биологических, природных характеристик индивида. Биологический человеческий капитал – это физические способности к выполнению различных операций, которые используются или могут быть использованы в различных видах деятельности индивида [2,192]. Биологический человеческий капитал как элемент совокупного человеческого капитала, состоит из двух частей: природных способностей и здоровья индивида.

Можно констатировать, что природные способности человека являются базисом человеческого капитала. Ведь именно они определяют дальнейшее развитие и являются источником создания и последующего функционирования человеческого капитала. «Способности – индивидуально-психологические или социальные особенности человека, которые имеют отношение к успешности выполнения одного или нескольких видов деятельности» [3, 9]. Успех индивида во всевозможных сферах жизнедеятельности определяется его общими способностями. Это, например, умственные способности, тонкость и точность ручных движений, развитая память, совершенная речь. Специальные способности способствуют успешности индивида в специфических видах деятельности, для реализации которых требуются определенные задатки и их развитие. К ним причисляются музыкальные, математические, технические, литературные, художественно-творческие, спортивные способности [3, 10-11]. Теоретические и практические способности отличаются тем, что первые предопределяют склонность человека к абстрактно-теоретическим размышлениям, а вторые — к конкретным, практическим действиям. Учебные и творческие способности отличаются друг от друга тем, что первые определяют успешность обучения и воспитания, усвоения человеком знаний, умений, навыков, формирования качеств личности, в то время как вторые — создание предметов материальной и духовной культуры, производство новых идей, открытий и изобретений, словом — индивидуальное творчество в различных областях человеческой деятельности. Способности к общению, взаимодействию с людьми, а также предметно-деятельностные, или предметно-познавательные, способности — в наибольшей степени социально обусловлены [4].

Человек, рождаясь, изначально имеет разных уровень природных способностей, которые делятся на задатки и склонности. «Задатки – некоторые генетические особенности строения мозга и нервной системы, органов чувств и движения, которые выступают в качестве природных предпосылок развития способностей» [5, 32-33]. «Склонности – это первый и наиболее ранний признак зарождающейся способности. Склонность проявляется в стремлении, тяготении ребенка к определенной деятельности (рисованию, занятию музыкой и т.д.)»[6, 25].

Таким образом, при формировании совокупного человеческого капитала природные способности, включающие в себя задатки и склонности, являются неким фундаментом для построения человеческого капитала.

В течение всей жизни индивидуума происходит износ биологического человеческого капитала, в полной мере это относится к здоровью человека, изнашивание этого капитала все более и более ускоряется с возрастом. Здоровье – важнейший показатель человеческого капитала. Чем лучше состояние здоровья, тем длительнее срок функционирования человеческого капитала и эффективнее использование его активов.

Здоровье, в свою очередь, подразделяется на физиологические и социально-психологические особенности. К первым относят: «физическую силу, выносливость, работоспособность, иммунитет к болезням, длительный период трудовой деятельности». [7, 21] На индивидуальном уровне, основные показатели здоровья индивида – это отсутствие заболеваний, то есть его хорошее состояние: человек не болеет, не испытывает боли, недомогания; у него оптимальная приспособляемость к окружающей среде; целостность (отсутствие повреждений); физическое благополучие; не нарушенный ритм [8, 63]. А общественное здоровье рассматривается как «основной признак человеческой общности, отражающей индивидуальные приспособительные реакции каждого индивида и способность всей общности в конкретных условиях наиболее эффективно осуществлять свою социальную и биологическую функции. Состояние общественного здоровья определяется такими показателями, как заболеваемость, временная нетрудоспособность, инвалидность, смертность, алкоголизм, наркотическая зависимость» [9, 30].

К социально-психологическим особенностям можно отнести устойчивость к неврологическим синдромам или угрозам пограничных психических расстройств, а так же стрессоустойчивость, психическое и социальное благополучие. Все это, несомненно, необходимо в каждой профессии, однако состояние здоровья, соответствующего норме, способствует не только увеличению трудового потенциала, но и отражается во всех сферах жизни человека. Практика показывает, что улучшение здоровья означает расширение деятельной активности по всем направлениям социальной занятости человека, тогда как ухудшение состояния здоровья ведет к сокращению потенциальной активности. Люди, состояние здоровья которых соответствует низкому уровню, могут поддерживать лишь удовлетворительный уровень активности. Тогда как относительно здоровые люди могут наслаждаться выполнением трудовых операций, совершенствовать трудовой процесс, вносить творческие рационализаторские предложения. Все направления развития биологического человеческого капитала, в конечном итоге, призваны не только свести к минимуму потери нетрудоспособности, исключить профилактическими средствами легкие заболевания, но и создать условия улучшения физического и психологического самочувствия человека в общественной среде.

В стратификационных исследованиях здоровье может носить характер дополнительного фактора, давая важную иллюстративную информацию в понимании и толковании социальной действительности» [10, 118-119]. Так, И. Б. Назарова отмечает, что «исходя из модели социального действия, здоровье можно рассматривать как результат деятельности самого индивида, а также в зависимости от занимаемых им социальных статусов: 1) занимаемой должности и связанных с нею возможностей пользоваться медицинскими услугами, получаемого дохода и возможностей оплаты медицинских услуг; 2) санитарно-гигиенических и других условий труда.

Показатель уровня здоровья является важнейшим в системе биологического капитала. Сохранение и улучшение здоровья представляется стержневой основой его формирования.

Вторым важным параметром человеческого капитала является интеллектуальный человеческий капитал. Интеллектуальный человеческий капитал – это человеческий капитал, определяемый уровнем интеллектуального развития индивидов.

Р. Кеттелл определяет интеллектуальные способности индивида как совокупность знаний и интеллектуальных навыков, приобретенных в ходе социализации с раннего детства [11, 9]. Следовательно, ведущая роль в формировании человеческого капитала принадлежит знаниям, которые в процессе практического применения «материализуются» в навыки и умения. Последние в свою очередь закрепляются в тех или иных способностях человека, которые при соответствующих условиях могут стать постоянным действующим капитальным активом. «Это обусловлено следующими факторами-обстоятельствами: во-первых, знания позволяют человеку распознать наиболее приемлемую альтернативу использования своих способностей, то есть увидеть наиболее доходную и социально значимую сферу приложения своих созидательных сил, во-вторых, знания сами становятся продуктом жизненной важности» [12, 8].

Возникновение и совершенствование свойств интеллектуального человеческого капитала обусловлено возникновением и развитием особой сферы в экономике, где знания, умения и творческие способности, являются главным фактором повышения эффективности общественного производства, трансляцией новых способов труда, передачи и продажи новой информации. Динамичный рост интеллектуального человеческого капитала явился результатом обособления информационно-интеллектуальных функций общественного производства в самостоятельный вид производственной деятельности, которая характеризуется рядом существенных особенностей. Основой совершенствования интеллектуального капитала является интеллектуальная собственность. А непосредственное развитие интеллектуального человеческого капитала осуществляется, прежде всего, в процессе интеллектуально потребления, осуществляемого в самой сфере общественного воспроизводства. Именно в этом процессе развиваются умственные способности индивида, позволяющие совершать все более сложные интеллектуальные действия (разработка новых идей всегда сопровождается улучшением аналогичных научных работ, проектов, гипотез).

Следует отметить, что интеллектуальный человеческий капитал можно рассматривать только с учетом его единства и взаимосвязи с биологическим и образовательным капиталом индивида. Так как интеллектуальные способности могут развиваться и совершенствоваться на базе полноценного воспроизводства биологических свойств индивида, положительного состояния его здоровья. Интеллектуальная форма человеческого капитала способна выразиться, развиться только в процессе получения образования, поскольку оно дает индивиду возможность приобретения знаний, навыков и профессиональных умений, с помощью которых реализуется возможность развития интеллектуальных данных. В этой связи, далее, в рамках нашего исследования, мы будем рассматривать интеллектуальный и образовательный человеческий капитал без отрыва друг от друга, так как они взаимно конвертируемы, и на наш взгляд должны представляться как единый элемент в структуре совокупного человеческого капитала.

Составные элементы интеллектуального человеческого капитала можно представить в сводной таблице 1.

Таблица 1

Формирование интеллектуального человеческого капитала

Человеческий капитал	Интеллектуальный капитал	
	Приобретенные знания	
	Интеллектуальные навыки	Профессиональные умения

Следующим компонентом совокупного человеческого капитала является уровень развития общей культуры индивида, его культурный человеческий капитал.

Необходимо отметить, что одной из наиболее распространенных форм активности личности выступает ее социальная активность. Социальная активность это способ существования и развития человека как субъекта общественной жизни, основанный на ее сознательном или бессознательном стремлении к изменению социальных условий и формированию собственных личностных качеств (способностей, установок, ценностных ориентаций) [13].

Таким образом, социальная активность индивида основывается на его общей культуре и зависит от его социальных и культурных характеристик, а также от его социальных и культурных потенциалов. В этой связи мы станем рассматривать составляющую совокупного человеческого капитала – культурный человеческий капитал, как социокультурный капитал, так как он является основной социальной компонентой формирования человеческого капитала в общественной системе.

При выявлении элементов социокультурного человеческого капитала как составляющей совокупного человеческого капитала, необходимо выделить в нем духовные качества и морально-нравственные нормы. При этом следует отделить культурные ценности или духовные качества, влияющие на созидательную или трудовую деятельность человека опосредованно, от норм, которые могут участвовать в созидательном процессе непосредственно и в силу этого обстоятельства влияют сильнее на формирование человеческого капитала.

Духовные качества, как проявление культурного человеческого капитала индивида представляют собой базовые ценности и идеалы индивида, лежащие в основе обыденных инструментальных принципов, которыми руководствуется индивид в его повседневной жизни.

Другой аспект проявления культурного человеческого капитала – это морально-нравственные нормы, которыми располагает индивид для осуществления конкретных действий, например, правила и нормы его трудового поведения. Морально-нравственные ценности играют роль в «направленности созидательного процесса, формируют ценностный вектор творчески-трудовой деятельности личности организации и нации в целом» [12, 7].

Социокультурный человеческий капитал в производственной среде, проявляется также в формальных и неформальных ограничениях и правилах, как, например, дисциплина соблюдения контрактов, требования опережающего обучения персонала, доверие к партнерам по бизнесу, принцип взаимной ответственности работника и фирмы и так далее. Элементы названных видов общей культуры, непосредственно влияющих на процесс производства жизненных благ, имеют вполне человеческую «природу» и обоснованно могут быть отнесены к элементам совокупного человеческого капитала.

Таким образом, социокультурный человеческий капитал – базовые субъективные ценности, нормы, представления, обретаемые индивидом, в процессе формальных и неформальных трудовых отношений.

Составные элементы социокультурного человеческого капитала можно представить в таблице 2.

Таблица 2

Формирование культурного человеческого капитала

Человеческий капитал	Социокультурный капитал	
	Общая культура индивида	
	Морально-нравственные нормы	Духовные качества
	Правила и нормы	Базовые ценности и идеалы

Последний из рассматриваемых и наиболее важный, с нашей точки зрения, элемент совокупного человеческого капитала – образовательный человеческий капитал.

«Слово «образование» само по себе означает, что нечто или некто образуется, то есть нечто или некто создается, створяется» [14, 3].

Образование, как капитал, представляет собой человеческое качество, приобретенное каждым человеком в отношениях с другими людьми, а именно, в процессе обучения и воспитания. Оно позволяет человеку реализовать и развивать свои жизненные и профессиональные знания, навыки и умения, способности и прочее [15, 10].

Характерной особенностью начала XXI является то, «что даже для того, что бы быть просто рядовым гражданином, необходимо иметь большой, а со временем, и все более расширяющийся запас знаний. Во все более возрастающей степени высшее образование становиться насущной потребностью каждого человека, необходимым условием сколько-нибудь достойного его существования, а не привилегией ограниченного круга избранных» [14, 3].

Общее и специальное образование улучшает качество, повышает уровень и запас знаний человека и, тем самым, увеличивают объем и качество человеческого капитала. Высшее образование способствует формированию высококвалифицированных специалистов, высокопроизводительный труд, которых оказывает наибольшее влияние на темпы и качество социально-экономического развития.

Существует мнение, что человеческий капитал образуется после того, и только после того, как работник получает профессиональное образование. Здоровье, доходы и общее образование определяют человека в трудовом процессе только как рабочую силу. В настоящее время, участие человека в производственном процессе требует большего по объему и качеству профессионального образования, которое возможно на основе общего образования. Поэтому необходимо рассмотреть формирование совокупного человеческого капитала через образование, преимущественно – профессиональное (специальное). Образовательный человеческий капитал – это уровень образованности, знаний, навыков, моральных качеств, квалификационной подготовки индивидов, которые используются или могут быть использованы с целью получения дохода.

Следовательно, становясь собственником того или иного уровня образовательного человеческого капитала, индивид приобретает определенную сумму знаний, умений и навыков, развивает свои моральные качества, мотивационные принципы в процессе образования и воспитания.

В процессе приобретения профессионального образования каждый индивид вступает в непосредственное отношение по поводу своих качеств обучаемого потенциального работника с учителями. В такой деятельности образование становится занятием, занятие двух субъектов – учащегося, будь-то подмастерье или студент вуза, и учителя – преподавателя учебного заведения или мастера производственного обучения. В этом процессе он приобретает профессию, специализацию, либо расширяет и обновляет имеющееся содержание своей специализации, повышает квалификации за счет тех знаний и умений, которыми обладают другие профессионалы, занятые на производстве и в учебном заведении. Профессия и профессиональное образование работника возникает в отношениях между людьми в процессе труда и обучения – в отношениях профессиональных, педагогических, трудовых, социальных, экономических и других.

Вместе с тем принципиально важно отметить, что человеку для получения профессионального образования нужен не только высокий уровень специализации, ему нужны профессиональные навыки, то есть те знания, которые будут характеризовать его как профессионала своего дела. Профессиональные навыки работника напрямую зависят от опыта и стажа данного работника.

Профессиональное образование определяется уровнем квалификации. «Уровень квалификации – это знания и профессиональные способности человека выполнять ту, или иную конкретную работу» [7, 23]. Чем выше уровень квалификации, тем более развиты его навыки выполнения той или иной деятельности, тем сложнее и квалифицированнее труд.

В настоящее время с развитием высокотехнических средств, систем автоматики и компьютеризации производства обязательным является рост уровня квалификации работников всех категорий. Следовательно, образовательный человеческий капитал по своим параметрам должен отвечать потребностям современного социально-экономического развития, которое в условиях научно-технического прогресса приобретает инновационный характер. Только в этом случае средства, вложенные в человека, начнут давать отдачу в виде роста производительности на основе инноваций, то есть повышения качества и количества производимых товаров и услуг, роста дохода носителя напитала; а также обеспечения экономического и социального роста. В противном случае производственное развитие может быть достигнуто только с помощью интенсификации труда и увеличения напряжения работающего человека, как рабочей силы. Однако, такая интенсификация имеет быстро достигаемый предел, обусловленный физиологическими возможностями человека.

Для того, чтобы стать собственником образовательного человеческого капитала, человек должен приобрести определенную сумму знаний, а также развить свои способности в процессе образования и воспитания. У человека формируется «психобиологическая программа», оказывающая непосредственное влияние на его характеристики как социальной личности. Иными словами, индивид приобретает качества, которые способствуют развитию не только его формализованных знаний, обеспечивающих профессию и способствующих реализации индивида как хозяйствующего субъекта, но и такие качества, которые характеризуют его как развивающуюся во всех сферах общественной жизни личности – это образованность.

«Образованность - индивидуально-личностный результат образования, качество личности, которое заключается в способности самостоятельно решать проблемы, опираясь на освоенный социальный опыт» [16]. Образованность также включает «фундаментальные знания» – ориентирующие, жизненные, проистекающего из повседневного опыта, обеспечивающие индивиду адаптацию и комфорт, данные знания способствуют выработке у индивида мировоззрения и методологии [17]. Не случайно, известный французский ученый А. Горц отмечал, что «… знания стали основной производительной силой. Следовательно, основные продукты общественной деятельности – уже не кристаллизованный труд, а кристаллизованные знания»[18, 41]

Следует так же выделить элемент, который включает в себя образованность индивида – это мотивация к получению образования Индивид перед поступлением в профессиональную школу стоит перед выбором – либо получать профессиональное образование, либо заняться трудовой деятельностью, которая принесет немедленный доход. Сопоставляя ожидаемые выгоды от этих альтернатив, индивид принимает решение. В случае если доходы от полученной профессии будут превышать издержки, и профессиональный труд сможет обеспечить нормальный и растущий уровень жизни, то принимается решение о получении образования. Если же этого нет, то человек должен принять решение о поступлении на работу. Это является экономическим элементом мотивации к работе, обучению. Однако мотивация не ограничивается экономическими целями получения профессионального образования. Для человека важен не только экономический результат, но и социальный, а именно – престиж, социальное положение, которое занимает человек с более высоким уровнем профессиональной подготовки. Этим объясняются массовые конкурсы в ВУЗы, хотя последующая заработная плата специалиста с высшим образованием далеко не всегда является выше, чем заработная плата рабочего. Поэтому не только экономическая, но и социальная мотивация выступает одним из главных рычагов в управлении человеческим капиталом как экономики в целом, так и предприятий и домохозяйств, в частности. . « Человек должен вкладывать в свой труд (обучение) не просто профессионализм, а всего себя»[18, 12]

Образовательный человеческий каптал можно представить в виде сводной таблицы 3.

Таблица 3

Формирование образовательного человеческого капитала

Человеческий капитал	Образовательный капитал					
	Профессиональное образование					
	Уровень образования				Образованность	
	Профессиональные навыки		Специализация	Уровень квалификации	Мотивация к работе, обучению	Фунда-ментальные знания
	Опыт	Стаж				

Таким образом, можно сделать вывод о том, что образовательный человеческий капитал является важнейшим компонентом совокупного человеческого капитала, так как каждая из приведенных составляющих прямо или косвенно связана с другими компонентами совокупного человеческого капитала.

Например, культурный человеческий капитал и профессиональное образование индивида непосредственное связаны, ведь его нравственно-моральные ценности и духовные качества формируются не только в процессе первичной социализации – семье, а на протяжении всей жизни и в первую очередь в образовательных учреждениях всех уровней, в местах работы и коллективах. Профессиональное образование связано с биологическим человеческим капиталом индивида: в процессе обучения человек развивает свои природные способности, приобретая знания, которые впоследствии будет применять на практике, преобразовывая их в профессиональные навыки, накапливая стаж и опыт работы, повышая квалификацию.

Определенным образом профессиональное образование влияет на здоровье индивида: высокообразованный человек не всегда может быть полностью здоров, как и совсем не образованный иметь отличное здоровье, ведь биологический человеческий капитал – это и природные данные, не зависящие от человека, например, плохая наследственность. Но с другой стороны профессионально образованный человек тщательнее следит за своим здоровьем, ввиду полученных знаний не только строго по специальности, но и благодаря своей образованности.

Рассмотренные выше элементы, образующие человеческий капитал, позволяют нам определить структуру внутренней подсистемы механизма развития человеческого капитала.

В то же время, идея социального механизма человеческого капитала базируется на предположении о том, что совокупность внутренних элементов определяющих развитие человеческого капитала и факторов влияющих на него из вне образует целостный феномен, исследование устройства которого позволяет глубже разобраться в изучаемом понятии. В любом механизме развития всегда должны присутствовать силовые элементы, которые являются аккумулятором основной энергии и, которые оказывают существенное воздействие на другие элементы механизма. Основная особенность социального механизма человеческого капитала состоит в способности составляющих человеческого капитала поддаваться воздействию социальных институтов, общественных процессов, что объясняется их социальной значимостью.

Прояснение строения и принципов формирования социального механизма человеческого капитала осуществляется с помощью приведенной ниже аналитической схемой (см.рис. 2), которая показывает, каким образом формируется человеческий капитал и какие социальные институты при этом задействованы.

Рис. 2. Система социального механизма формирования человеческого капитала

Итак, социальный механизм развития человеческого капитала представляет собой систему внутренних (исходные составляющие) и внешних (социальные институты) составляющих факторов, инициирующих взаимообусловленный процесс, который возможен только в результате наличия социальных взаимодействий (сетей), обеспечивающих направленную трансляцию социального содержания.

Литература:

1. Быченко Ю.Г. Социологическая концепция человеческого капитала. [Рукопись] : автореферат дис. ... д-ра социол. наук : 22.00.04 - Саратов, 2000. – 24с.
2. Быченко Ю.Г. Управление и развитие человеческого капитала. Саратов, ФГОУ ВПО «Саратовский ГАУ», 2005 - 192 с.
3. Анастази А. Дифференциальная психология //Психология индивидуальных различий. М. : Апрель Пресс 2001. – 745 с.
4. Классификация способностей человека http://psychology.filolingvia.com/publ/39-1-0-419 (дата обращения 2.12. 2015).
5. Теплов Б.М. Способности и одаренность // Хрестоматия по возрастной и педагогической психологии. М.: Изд-во практической психологии, 1996.- С. 34-37.
6. Теплов Б.М. Современное состояние вопроса о типах высшей нервной деятельности человека и методика их определения. Психология индивидуальных различий. Хрестоматия / Под ред. Ю.Б. Гиппенрейтер и В.Я.Романова. - М.: ЧеРо, 2000. - 776с. - С. 163-172.
7. Злобин Е. Человеческий капитал – главный резерв развития производства. // АПК: Экономика, управление. – 2005. - № 2. – С. 21-30.
8. Быченко Ю. Важнейший показатель человеческого капитала URL. http://www.inspp.ru/index.php?option=com_content&task=view&id=84. (дата обращения. 2.12.2015)
9. Мясоедова Т. Г. Человеческий капитал и конкурентоспособность предприятия // Менеджмент в России и за рубежом. – 2002. - № 3 – С. 29-37.
10. Назарова И.Б. О здоровье населения в современной России // Социологические исследования. – 1998. - № 11 – С. 118-119.
11. Ильина М. Н. Психологическая оценка интеллекта у детей//URL. http://fictionbook.ru/static/trials/00/17/43/00174314.a4.pdf (дата обращения 13.11.2015).
12. Салихов, Б.В. Сущность и объектная структура человеческого капитала / Салихов Б.В., Казимирова О.Н. // Финансы и кредит. - 2006. - №17(221). - С.2-10
13. Костюченко Л.Г. Проблема творчества жизни человека (социокультурные аспекты) // Институт политической психологии.

URL. http://www.inspp.ru/index.php?option=com (дата обращения 18.12.2015).

14. Юдин Б.О. О гуманитарной составляющей высшего образования. // Вестник Московского Гуманитарного Университета. – 2004. - №5. – С. 3-5.

15. Крозье М. Новые размышления об образовании. // Перспективы: Сравнительные исследования в области образования. – 1999. - №4. – С. 7-10.

16. Психологос. Энциклопедия практической психологии. URL. http://www.psychologos.ru/Образованность. (дата обращения 30.11.13г).

17. Маркова О.Ю. Образованность в системе ценностей культуры современного человека. Человек: соотношение национального и общечеловеческого. Сборник материалов международного симпозиума (г. Зугдиди, Грузия, 19–20 мая 2004 г.) Выпуск 2 / Под ред. В.В. Парцвания. СПб.: Санкт-Петербургское философское общество, 2004. С.177-187. URL. http://anthropology.ru/ru/text/markova-oyu/obrazovannost-v-sisteme-cennostey-kultury-sovremennogo-cheloveka (дата обращения 18.12. 2015)

18. Горц А. Нематериальное. Знание. Стоимость и капитал / пер. с франц. М.М. Сокольской. – М.: Изд. Дом Гс. Ун-та Высшей школы экономики, 2010. – 208 с.

Савашинский И.И.

студент Уральского федерального университета имени первого президента России Б.Н. Ельцина (УрФУ) института радиоэлектроники и информационных технологий (ИРИТ-РтФ) кафедры радиоэлектронных и телекоммуникационных систем (РТС) 4 курса группы РИ-420602.

egor37-ilya14@yandex.ru

Бекетова А.П.

старший преподаватель Уральского федерального университета имени первого президента России Б.Н. Ельцина (УрФУ) института фундаментального образования (ИнФО) кафедры иностранных языков и перевода.

annishuara@ya.ru

BASIC FUNCTIONS OF RADIO-ELECTRONIC WARFARE COMPLEXES

Modern radio-electronic (RE) warfare (REW) complex fulfills the following functions: getting information about RE atmosphere (REA) and about its own RE devices (REDs); processing this information and showing results on appropriate indicators; choosing radio-locating (RL) systems (RLS) to RE repression (RER) and finding optimal ways of REDs use; operating REDs; controlling REW complex efficiency and operability.

According to its functions REW complex has several functionally connected systems (subsystems), see *pic.1*, to be more exact they are the following: information provision system (IPS) consisting of different electronic exploring devices; operating system (OS) based on on-board digital computer (ODC); fulfill devices system (FDS) consisting of different RLS defeat devices and RER devices; control system (CS) consisting of REW complex efficiency and operability control devices.

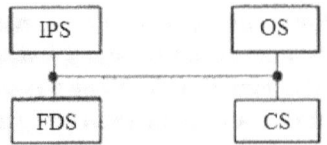

Pic.1. REWcomplex structure.

There are several ways of REW complex different devices integration.

Unified REW complex creation based on centralized, hierarchy or hybrid way of different devices integration can be called progressive.

The centralized principle is characterized by unified information processing and operating system based on ODC.

The hierarchy principle means connection of different devices, systems and complexes controlling each other in the way when low level devices, systems and complexes tasks are defined by tasks of high level devices, systems and complexes. In a hierarchy system each of the complexes is operated by its own OS according to a defined task. Such principle is used when it's impossible to organize information getting and one center operating. A hierarchy system disadvantage is connected with its difficulties to adaptation and with long duration of commands circulation.

In hybrid systems both of the following mentioned systems advantages are used: connection of different complexes controlling each other in the way when low level complexes tasks are defined by tasks of high level complexes, as well as unified information processing and operating system. The hybrid principle is used for modern and perspective REW complexes and systems creation.

Different REW complexes and systems parts (IPS, OS, FDS, CS subsystems, automobile and other REW complexes) can be positioned on one automobile, on several police automobiles or on the ground. Moreover their combination in one REW complex or system happens only in task fulfill stage.

Different REDs can be used in interest of communicational tasks solving, RLS operating, and etc. On the other hand some RE complex (REC) devices and systems can be used for REW tasks solving. For example, RLS transmitting devices and phased array system (PAS) can be used for REW tasks in defense defeating stage and during noise station (NS) transmitter (TST) RER they can be used for RE systems (RES) operating tasks solving or for RES energy potential increasing.

The connection degree of on-board and ground REW systems and complexes is defined by task and by REA in action area. Sometimes on-board and ground REW systems and complexes can work independently.

The structure scheme of combined REW system is shown in *pic.2*. It consists of automobile and ground REW systems with the following parts: REW on-board complexes (REW OCs), OCs industrial control system (OCs ICS) and OCs operating place (OCs OP); REW ground complexes (REW GCs), GCs ICS and GCs OP.

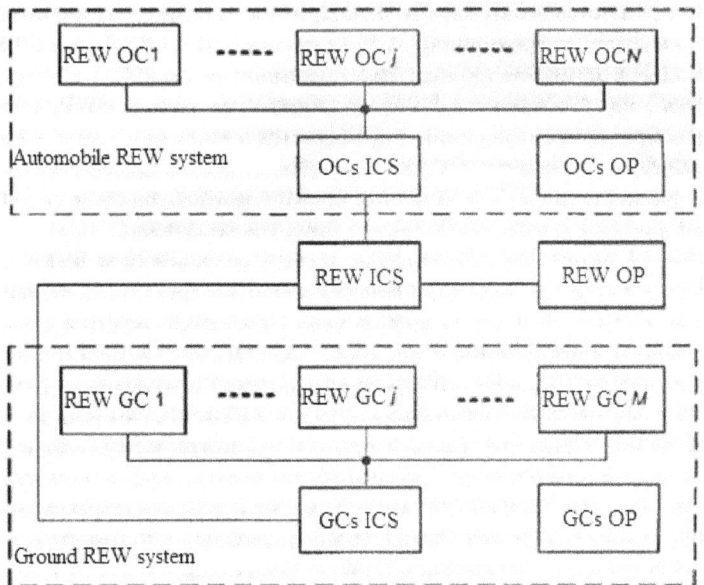

Pic.2. Structure scheme of combined REW system.

Automated combined REW system operating is made from ground or automobile OP (REW OP) with help of on-board and ground REW complexes ICS (REW ICS).

Information about REDs and REA is generalized on combined REW systems command posts (CPts). REDs operating is made from ground or automobile CPts where special OP with information showing and operating devices, DCs and communicational channels for REW commander is provided.

General REW complex operating of one automobile on its way is made by operating devices. During preliminary preparation in automobile ODC memory information about RLSs RE protection (REP) gotten from all types of explorations is filled in. On the way with help of RE exploration (REEx) on-board devices and IPS RLSs direct exploration and REA analysis are made, RLSs types and REW objects are found, REW ways and devices from group and individual REW devices complexes composition are chosen, FDS operating commands are created, REW efficiency is estimated.

During RLS direct exploration making new early unknown RLSs are found. Together with RLSs repression information about explored RLSs and information about REW complexes condition is sent on ODC where this information is used for increasing information about RLSs, taking measures in RES REP, efficiency estimating of making REW measures.

The REW complex life cycle including stages of research works (RW), development works (DW), tests, production is defined by REA fast changing conditions. The main requirement for RW, DW and production stages is accordance to product requirement documents (PRD) in minimal time and with minimal costs. The exploitation cycle should have maximal duration.

The normative base for development time reducing and REW complexes large series producing with the defined material resources and different complexes (in type and kind) main parts and other elements interchangeability provision implies REW technologies standardization. Under such standardization one can understand establishing and ordering of standards and requirements appropriately to modern high level of REDs and their parts characteristics to reduce development time and costs and provide efficiency requirements functionality.

REDs division on functional parts and blocks and general functional relations distinguishing between them allow ordering REW complexes creation technical decisions to unify scheme of functionally-block creation and proceed to functionally-block principle of devices construction on the DW stages. Functionally-block construction principle use allows increasing the quantity producing of blocks (modules), decreasing complexes price by 20...30% and reducing development time by 40...60%. For REW complexes base the main elements of NSs, operating devices and serial ODCs can be taken.

Sources

Основной источник для адаптированного перевода. Радиоэлектронная борьба. Основы теории / А. И. Куприянов, Л. Н. Шустов. М.: Вузовская книга, 2011. – 800 с.: ил.

Бугаев А.М.

к.т.н., доцент кафедры материаловедения и технологии машиностроения ФГБОУ ВО РГАУ-МСХА им. К.А. Тимирязева

Васенов М.О.

студент 3 курса факультета Технический сервис в АПК, Федеральное государственное образовательное учреждение высшего образования «Российский государственный аграрный университет – МСХА имени К.А. Тимирязева», г. Москва.

АНАЛИЗ ПЕРСПЕКТИВ РАЗВИТИЯ ПРОИЗВОДСТВА БИОТОПЛИВА В РОССИИ

Мир современных технологий все шире охватывает различные отрасли сельского хозяйства. Одним из перспективных направлений является внедрение биотоплива в повседневные нужды для выполнения различных технологических операций. Тут стоит отметить, что продукты нефтепереработки на нашей Земле не бесконечны, и развитие новых видов топлива обеспечит в будущем те возможности, которые мы имеем сейчас, и возможно даже превзойдут их [1, 1].

Биотопливо является продуктом, состоящим из растительного или животного сырья. Различают три основных вида биотоплива – это жидкое, твердое и, соответственно, газообразное. Жидкое – применяется в двигателях внутреннего сгорания, к примеру, этанол, метанол, биодизель. Твердое биотопливо – это уголь, дрова, брикеты, топливные гранулы, щепа, солома, лузга. Газообразное – состоит из синтез-газа, биогаза, водорода. Новым направлением в развитии данного вида топлива является биотопливо третьего поколения, полученное из водорослей.

При анализе возможности замены нефтепродуктов на биотопливо были определены как положительные, так и отрицательные составляющие. Явным плюсом является экологический аспект, поскольку биотопливо вырабатывается из продуктов жизнедеятельности организмов или органических промышленных отходов, что особенно важно, поскольку ресурсы, используемые сейчас, являются невосполнимыми [1,2,3]. Биотопливо при использовании меньше загрязняет окружающую среду. Поскольку биотопливо существует в разных видах, оно имеет более широкий спектр применения, например, автомобили, работающие на растительном масле, паровые двигатели, работающие на угле и др.

К минусам биотоплива можно отнести то, что его производство зачастую требует больше энергии, чем выделяется при использовании. Высокий спрос на данный продукт, вынуждает сельхозпроизводителей сокращать посевные площади под продовольственные культуры и перераспределять их в пользу топливных. Таким образом, из-за биологического бума по прогнозам к 2025 году число голодающих на

Земле составит 1,2 млрд человек. Еще одним из недостатков сегодняшнего дня является маленькое количество машин, использующих биотопливо в качестве горючего.

Распространение биотоплива в мире с каждым годом набирает все большие обороты и постепенно вытесняет другие виды топлива, так как многие страны испытывают острый дефицит полезных ископаемых. Лидером производства на современном рынке являются США, они производят практически половину всего экологического топлива в мире, втрое место занимает Бразилия, третье – Германия.

До недавних пор производство биотоплива в России не являлось приоритетной задачей, актуальным оно стало в 21 веке, когда началось производство топливных гранул и брикетов из отходов древесины и успешный экспорт его в другие страны (в 2010 году было экспортировано около 2,7 млн тонн такого топлива). Так же в ближайшем будущем планируется ввести в эксплуатацию более 50 биогазовых электростанций. Однако перспективы производства жидкого биотоплива, в первую очередь биоэтанола, остаются пока туманными, так как вопрос производства биотоплива напрямую привязан к зерновой индустрии. Россия во время лучших сезонов выращивание 90 млн. тонн зерна. Из них 15 млн. отправляется на экспорт, в то время как остальные идут на покрытие внутренних потребностей. Реальность такова, что страна сегодня фактически не имеет ресурсов, необходимых для развития индустрии биотоплива. И даже с учетом того, что в ближайшее 8 лет объемы урожаев вырастут на 15-20 млн. тонн, кардинально это ничего не изменит – с развитием животноводства будут расти и потребности [3, 1]. Поэтому, очень сомнительно, что в условиях России целесообразно двигаться по пути производства биоэтанола, при этом производству биодизеля и биогаза фактически ничто не мешает развиваться. Конечно, возможности отечественной лесной промышленности также не являются безграничными, и делать ставку исключительно на него было бы неправильным.

Топливо, изготовленное из нефтепродуктов, в ближайшее время может потерять свой потенциал на транспорте, так на данный момент доля замены составляет от 10% до 25% в зависимости от сферы использования.

С недавнего времени в России вводится в действие соответствующая нормативная документация [4, 1; 5, 1], которая разрабатывается ведущими организациями в соответствующих отраслях, такими как лаборатория возобновляемых источников энергии географического факультета МГУ им. М.В. Ломоносова, ОАО «ВНИИ по переработке нефти» и ЗАО НПО «Химсинтез» и устанавливает термины и определение основных понятий в биотопливе. В Европе с 1 января 2010 года действует единый стандарт на биотопливо EN-PLUS.

Таким образом, биотопливо является хорошей альтернативой для топлива из нефтепродуктов, оно намного выгодней и дешевле в производстве и транспортировке, все чаще используется в повседневных нуждах, и в будущем будет применяться активнее.

Литература:

1. Тенденции и риски развития мировой энергетики - режим доступа: http://www.perspektivy.info/oykumena/ekdom/tendencii_i_riski_razvitiya_miro voiy_energetiki_2008-0-6-16-20.htm - время посещения: 19:54 16.06.2010

2. Девянин С.Н., Марков В.А., Семенов В.Г. Д 259   Растительные масла и топлива на их основе для дизельных двигателей. – М.: ФГОУ ВПО МГАУ, 2008.

3. Рынок биотоплива в России - режим доступа: http://www.agroxxi.ru/selhoztehnika/stati/rynok-biotopliva-v-rossii.html   - время посещения: 14:58 16.12.2015

4. ГОСТ Р 52808-2007 Нетрадиционные технологии. Энергетика биоотходов. Термины и определения – М.: Стандартинформ, 2008

5. ГОСТ Р 52201-2004 Топливо моторное этанольное для автомобильных двигателей с принудительным зажиганием. Бензанолы. Общие технические требования – М.: ИПК Издательство стандартов, 2004

Андреева Н.В., Баранова Я.Ю., Козлова Е.Р., Корнейчук М.А., Мартынова Н.С., Празина Е.А.
доцент, кандидат физико-математических наук, БГТУ им. В. Г. Шухова; студентка 4-ого курса БГТУ им. В. Г. Шухова; студентка 4-ого курса им. В. Г. Шухова; студентка 4-ого курса БГТУ им. В. Г. Шухова; студентка 4-ого курса БГТУ им. В. Г. Шухова

ОПРЕДЕЛЕНИЕ УСКОРЕНИЯ СВОБОДНОГО ПАДЕНИЯ МАЯТНИКОВЫМ СПОСОБОМ

Сила тяжести на поверхности Земли есть равнодействующая двух сил: силы притяжения, направленной к центру массы Земли, и центробежной силы, направленной перпендикулярно к оси вращения Земли. Так как Земля сплюснута вдоль оси вращения, то сила притяжения у полюсов больше, чем в других местах, и уменьшается к экватору. Центробежная сила действует против силы притяжения. Следовательно сила тяжести на поверхности Земли уменьшается при переходе от полюсов к экватору. Разница в ускорении силы тяжести между полюсами и экватором составляет $g90 - g0 = 983,2 - 978,0 = 5,2$ см/с^2. Около 2/3 этой разности возникает за счет центробежного ускорения на земном экваторе и около 1/3 - за счет сплюснутости Земли [1, 211].

Результаты измерений ускорения силы тяжести или ускорения свободного падения в различных точках земной поверхности показывают отклонения (возмущения) силы тяжести по сравнению с ее нормальным ходом, соответствующим эллипсоиду. Эти отклонения называются аномалиями силы тяжести и объясняются тем, что строение земной коры неоднородно как в отношении видимых наружных масс (горных массивов и т.п.), так и в отношении плотностей горных пород, составляющих земную кору [1, 211]. Поэтому сила тяжести и вызываемое ею ускорение свободного падения на полюсе больше, чем на экваторе ($g=9,832$ м/с^2 на полюсе и $g = 9,780$ м/с^2 на экваторе).

Строительство современных высотных зданий и прецизионных сооружений сооружения требует проведения геодезических работ высокой точности. Повышенная точность требуется и при мониторинге деформации таких сооружений.

Предположение об однородности гравитационного поля может привести к значительным ошибкам в определяемых координатах точек. Поэтому необходимо оценивать влияние неоднородности гравитационного поля на результаты наблюдений и при необходимости учитывать его [4, 139].

Современные методы измерения ускорения силы тяжести можно разделить на две категории: статистические и динамические методы.

В статических методах тело, участвующее в измерениях, находится в момент измерения, т. е. в момент фиксации соответствующего отсчета, в покое; измеряются смещение тела или давление, вызванное весом тела.

Приборы, служащие для измерения силы тяжести статическим методом, называются гравиметрами. Следует заметить, что измерения ускорения силы тяжести относятся к числу весьма точных измерений, требующих исключительно внимательного подхода при их выполнении и учете воздействия разнообразных факторов, которые могут оказывать влияние на точность результатов наблюдений [4, 139].

В динамических методах наблюдают движение тела в гравитационном поле. К таким методам относятся маятниковые измерения. Маятниковые измерения - относительный метод, позволяющий определить ускорение силы тяжести между гравиметрическими пунктами. Он основан на наблюдении свободных колебаний одного и того же маятника на разных пунктах. Преимуществами таких измерений являются: независимость результатов измерений, точность, независимость от продолжительности гравиметрического рейса и от сложности поля.

Маятниковый способ используется для эталонирования статистических гравиметров, для создания редкой сети опорных пунктов с целью осуществления контроля измерений [2, 2]. Ускорение свободного падения таким способом можно определить экспериментально при помощи математических и физических маятников в любых условиях в виду доступности оборудования.

Для проведения опыта мы использовали математический маятник, представляющий собой шарик, подвешенный на нерастяжимой нити. Его период можно определить по формуле (1).

$$T = 2\pi\sqrt{\frac{L}{g}} \tag{1}$$

Она справедлива при отклонениях подвеса на угол 6-7 градусов [3, 334]. Это обусловлено тем, что значение синуса малого угла практически равно значению самому угла.

Из формулы (1) можно определить g:

$$g = \frac{4\pi^2}{T^2} \cdot L \tag{2}$$

Таким образом, для определения ускорения свободного падения по формуле (2) достаточно знать L и T.

По данной методике на высоте 200 м над уровнем моря мы зафиксировали время 50-ти полных колебаний при длине нити 1,21 м (опыт повторили три раза), затем, изменив длину нити (0,665 м), провели еще три опыта. Серию измерений повторили на высоте 177 м над уровнем моря. Полученные результаты занесли в таблицу 1 и произвели расчет ускорения свободного падения.

Таблица 1

L, м	H, м	g, м/с^2	Δg, %
1,224	177,0	9,8007	0,0078
0,679	177,0	9,2154	0,0239
1,224	200,0	9,9141	0,8018
0,679	200,0	9,3399	1,0564

Проанализировав полученные результаты, можно сделать следующие выводы:

При уменьшении высоты над поверхностью земли ускорение свободного падения тоже уменьшается. При равной длине нити (L=1,224м) на высоте 200 м над уровнем моря имеем g=9,9141 м/с^2 и g=9,8007 м/с^2 на высоте 177 м; такую же зависимость имеем при меньшей длине нити (L=0,679м) на высоте 200 м над уровнем моря получили значение g=9,3399 м/с^2 и g=9,2154 м/с^2 на высоте 177 м.

При уменьшении длины нити маятника наблюдается уменьшение ускорения свободного падения. На высоте 200 м над уровнем моря, при длине нити равной 1,224 м мы получаем g=9,9141 м/с^2, а при длине нити в 0,679 м g=9,3399 м/с^2; на высоте 177 м над уровнем моря, при длине нити 1,224 м имеем g=9,8007 м/с^2 и соответственно при длине нити 0,679 м g=9,2154 м/с^2. Исходя из этих данных мы можем сделать вывод о том, что изменение длины нити и изменение величины ускорения свободного падения находятся в прямой зависимости.

Список литературы:

1. Суточное изменение ускорения свободного падения / А.Н. Петренко, Н.В. Андреева // Физика конденсированного состояния: материалы XXI международной научно-практической конференции аспирантов, магистрантов и студентов (Гродно, 18-19 апреля 2013г.)/ ГрГУ им. Я. Купалы [и др.]; редкол.: Г.А. Хацкевич (гл. ред.) [и др.]. – Гродно: ГрГУ, 2013. С.211-213.
2. Учеб.-метод. комплекс для студ. спец. 1-56 01 02 «Геодезия» / сост. и общ. ред. Г. А. Шароглазовой. – Новополоцк: ПГУ, 2006 – 196 с.
3. Александров Н.В., Яшкин А.Я. Курс общей физики. Механика. М., Просвещение, 1978, с. 334-335.
4. Интеграция гравиметрии с задачами геодезии и геофизики / Андреева Н.В., Зимина Д.А., Панченко П.А., Потапова А.С., Сорокоум Д.В., Фомина Н.Ю., Юнусов А.Д. // Материалы VI международной научно-практической конференции 21 век: фундаментальная наука и технологии, 20-21 апреля 2015г. North Charlesron, USA, Том 2, С. 139-142.

Васьков А.А., канд. тех. наук, доцент
ФГОУ ВО «РГАУ – МСХА имени К.А. Тимирязева», каф. «Инженерная и компьютерная графика». Москва, т.: (495) 977-24-10 доп. 280.
Краснящих К.А., канд. тех. наук
ФГОУ ВО «РГАУ – МСХА имени К.А. Тимирязева», каф. «Инженерная и компьютерная графика». Москва, т.: (495) 977-24-10 доп. 280.
Свиридов А.С.
студент 3 курса факультета «Технический сервис в АПК», ФГОУ ВО «РГАУ – МСХА имени К.А. Тимирязева», г. Москва.

МАЛОГАБАРИТНЫЙ РОБОТИЗИРОВАННЫЙ КАРТОФЕЛЕУБОРОЧНЫЙ АГРЕГАТ

Проблема производства картофеля и снабжения им населения всегда стояла очень остро. Картофель – важная пищевая и техническая культура, весьма трудоемкая и дорогая в производстве. Основные затраты при производстве картофеля, как известно, – это его уборка.

Извлечение картофеля из клубненосного пласта – сложная техническая задача, над решением которой трудились многие видные ученые. На сегодняшний момент эта задача решается поднятием клубней вместе с грунтом с дальнейшей сепарацией клубней. При этом способов извлечения клубней из клубненосного пласта немного: швыряние или просев почвы через почвы через решета с отделением клубней. Самый надежный – это способ просева. При этом обеспечиваются минимальные потери и повреждения – важнейшие факторы эффективности работы картофелеуборочных машин. Тем не менее в данном случае, то есть при извлечении клубней способом просева, производительность бывает весьма низкой. Это связано с огромным объемом клубненосной массы, проходящей через сепараторы. Поэтому приоритетной задачей повышения эффективности уборочного процесса является оптимизация работы сепараторов картофелеуборочной машины.

Оптимизация любого уборочного процесса предполагает максимальную производительность агрегата при показателях качества, удовлетворяющих агротехническим требованиям. При уборке картофеля это минимальные травмирование (повреждаемость) клубней и засоренность картофеля в таре. Главные рабочие органы, действующие при уборке картофеля – это подкапывающие и сепарирующие элементы, характерные как для многорядных самоходных картофелеуборочных машин, так и для малогабаритных прицепных машин, таких как картофелекопатели, копатели-валкоукладчики и др. Однако все эти машины либо очень дороги, либо, являясь прицепными, требуют применения тракторов, достаточно мощных тяговых классов.

В современных условиях производства картофеля все чаще в качестве поставщиков этой культуры выступают небольшие крестьянские и фермерские хозяйства, где применение существующих машин маловыгодно. Поэтому наметилась тенденция к применению малогабаритных картофелеуборочных агрегатов самоходного типа с высвобождаемым роботизированным или автоматизированным энергетическим модулем.

Одним из примеров такой машины является роботизированный картофелеуборочный агрегат на базе энергосредства, разрабатываемого коллективом СНО «РГАУМашПроект» при ФГБОУ ВО «РГАУ-МСХА им. К.А. Тимирязева». В связи с конструктивными особенностями последнего, машину целесообразно проектировать с приводом от ВОМ энергосредства. Все рабочие органы должны быть скомпонованы компактно. При этом рабочий процесс уборки должен быть максимально автоматизирован.

Последнее требование обуславливает необходимость разработки систем автоматизированного регулирования загрузки картофелеуборочного агрегата.

Известны следующие системы, позволяющие оптимизировать технологический процесс работы картофелеуборочной машины: электрогидравлический регулятор скорости поступательного движения конструкции ВИСХОМ, определяющий объем клубненосной массы на сепараторе, в зависимости от которого происходило регулирование ходового вариатора; система регулирования сепарирующих рабочих органов конструкции ГСКБ по машинам для возделывания и уборки картофеля (г. Рязань), которая, в зависимости от нагрузки на приводных валах, позволяла автоматически регулировать амплитуду и частоту встряхивания основных элеваторов; система управления технологическим процессом СУТП [1, 5], основанная на регулировании скорости хода машины в зависимости от толщины слоя клубненосной массы на выходе сепаратора, гидромеханическая система стабилизации загрузки комбайна СУПС, электромеханическая система предотвращения аварийных режимов работы мобильных сельскохозяйственных агрегатов ЭСПАР [2, 31].

Анализ конструкций и результатов применения систем оптимизации рабочего процесса малогабаритного комбайна позволяет сделать вывод о целесообразности применения в рассматриваемой машине конструкции на основе СУТП с применением бесконтактных устройств для контроля технологического процесса [3], которая позволит при сравнительно больших рабочих скоростях агрегата эффективно использовать его мощность, предотвращая забивания сепаратора и снижая потери и травмирование клубней.

Сепаратор агрегата выполнен в виде пруткового элеватора, оснащенного встряхивателями и комкодавителями, необходимыми для интенсификации сепарации, распределения клубненосной массы по транспортеру и устранения комков земли.

Основное отличие конструкции предлагаемой машины от традиционных решений обусловлено стремлением к достижению высокой скорости уборки, и заключается в применении в качестве подкапывающего рабочего органа сошниковых дисков.

Такая конструктивная особенность агрегата обеспечивает снижение сопротивления движению машины, но имеет и один существенный недостаток – слабое крошение пласта, что затрудняет сепарацию.

Для отделения клубней картофеля от земли на входе клубненосной массы в агрегат требуется установка дополнительного приспособления, разрушающего пласт. Таким приспособлением в разрабатываемой конструкции служит гиперболический давящих валик, за счет своей формы наиболее эффективно отделяющий землю от картофеля.

Энергетический анализ технологического процесса комбайнирования картофеля с применением указанных выше рабочих органов выявил, что требуемая для уборки двух рядков картофеля мощность двигателя энергосредства должна составить 100…120 кВт, рабочая скорость агрегата – 3…5 км/ч. При этом максимальная ожидаемая производительность уборки составит около 9 га/ч.

Машина проектируется с учетом жестких требований к надежности, удобству эксплуатации и экономичности. При этом основные технологические показатели ее работы не должны уступать лучшим показателям современных машин, выпускаемых зарубежными производителями.

Литература

1. Васьков А.А. Повышение эффективности работы самоходного картофелеуборочного комбайна / А.А.Васьков // Автореферат диссертации на соискание ученой степени кандидата технических наук / Московский государственный агроинженерный университет им. В.П. Горячкина. Москва, 2009. С. 3-5.

2. Славкин, В.И. Анализ устойчивости процесса сепарации клубненосной массы на сепарирующих органах / В.И. Славкин, В.В. Голованов, А.А. Васьков // Тракторы и сельхозмашины. 2007. № 12. С. 31.

3. Семейкин В.А., Дорохов А.С., Краснящих К.А. Устройство для бесконтактных измерений. Патент №108599 Рос. Федерация: МПК G01B 11/00 (2006.01); заявитель и патентообладатель ФГОУ ВПО МГАУ – № 2010144149/28; заявл. 29.10.2010; опубл. 20.09.11. Бюл. № 26.

Кутузова Э.Р.[1], **Лутфуллина Г.Н.**[2], **Карибуллина Ф.Р.**[3] , **Тазюков Ф.Х.**[4]

соискатель каф. ТМиСМ, КНИТУ[1]; доц каф. КМУ КНИТУ[2]; доц. каф. ТНГМ, АГНИ[3], д.т.н, профессор. каф. ТМиСМ, КНИТУ[4]

elvira.kutuzova@list.ru[1]

ПОСТАНОВКА ЗАДАЧИ ТЕЧЕНИЯ ВЯЗКОУПРУГОЙ ЖИДКОСТИ МОДЕЛИ OLDROYD-B В 2D И 3D КАНАЛАХ

В данной работе представлена математическая постановка задачи для моделирования течения вязкоупругой жидкости в канале с сужением 8:1. В качестве реологического конститутивного соотношения выбирается модель Oldroyd-B.

Математическая постановка задачи

Ламинарное течение неньютоновской жидкости описывается уравнениями движения и неразрывности

$$\rho\left(\frac{\partial \vec{v}}{\partial t} + \vec{v}\cdot\vec{\nabla}\vec{v}\right) = -\vec{\nabla}p + \vec{\nabla}\cdot\tilde{\tau} \quad (1) \qquad \vec{\nabla}\cdot\vec{v} = 0 \qquad (2)$$

где ρ – плотность жидкости, $\vec{v}$ - вектор скорости, p - давление, $\tilde{\tau}$ - девиатор напряжения.

В соответствии с принципом расщепления напряжений девиатор напряжения представляется как совокупность неньютоновской $\tilde{\tau}^s$ и ньютоновской $\tilde{\tau}^p$ составляющих:

$$\tilde{\tau} = \tilde{\tau}^p + \tilde{\tau}^s \quad \tilde{\tau}^p + \lambda\overset{\triangledown}{\tilde{\tau}}^p = 2\eta^s\tilde{D} \qquad \overset{\triangledown}{\tilde{\tau}}^p = \frac{\partial\tilde{\tau}}{\partial t} + \vec{v}\cdot\vec{\nabla}\tilde{\tau} - \nabla\vec{v}\cdot\tilde{\tau} - \tilde{\tau}\cdot(\vec{\nabla}\vec{v})^T \quad (3)$$

Здесь η^p - вязкость полимерной составляющей жидкости, η^s - вязкость растворителя, λ - характерное время релаксации, $(\overset{\triangledown}{\cdot})$ - верхняя конвективная производная, $\tilde{D} = \frac{1}{2}\left(\vec{\nabla}\vec{v} + \left(\vec{\nabla}\vec{v}\right)^T\right)$ - тензор скоростей деформации.

С помощью процедуры приведения к характерным масштабам уравнения движения запишутся в следующем виде:

$$Re\left(\frac{\partial u}{\partial t} + u\frac{\partial u}{\partial x} + v\frac{\partial u}{\partial y}\right) = -\frac{\partial p}{\partial x} + (1-\beta)\left[\frac{\partial}{\partial x}\left(2\frac{\partial u}{\partial x} + \frac{\partial v}{\partial x} + \frac{\partial u}{\partial y}\right) + \frac{\partial}{\partial y}\left(\frac{\partial v}{\partial x} + \frac{\partial u}{\partial y}\right)\right] -$$

$$-We\left[\frac{\partial}{\partial x}\left(\frac{\partial\tau_{xx}}{\partial t} + u\frac{\partial\tau_{xx}}{\partial x} + v\frac{\partial\tau_{xx}}{\partial y} + \tau_{xx}\frac{\partial u}{\partial y} + \tau_{yy}\frac{\partial v}{\partial x}\right) + \frac{\partial}{\partial y}\left(\frac{\partial\tau_{xy}}{\partial t} + u\frac{\partial\tau_{xy}}{\partial x} + v\frac{\partial\tau_{xy}}{\partial y} + \tau_{xy}\frac{\partial u}{\partial x} + \tau_{yy}\frac{\partial v}{\partial x}\right)\right] -$$

$$-2We\left[\frac{\partial}{\partial x}\left(\tau_{xx}\frac{\partial u}{\partial x} + \tau_{xy}\frac{\partial v}{\partial x}\right) + \frac{\partial}{\partial y}\left(\tau_{xx}\frac{\partial u}{\partial y}\right)\right] + \beta\left(\frac{\partial^2 u}{\partial x^2} + \frac{\partial^2 u}{\partial y^2}\right) \qquad (4)$$

$$Re\left(\frac{\partial v}{\partial t}+u\frac{\partial v}{\partial x}+v\frac{\partial v}{\partial y}\right)=-\frac{\partial p}{\partial y}+(1-\beta)\left[\frac{\partial}{\partial y}\left(2\frac{\partial v}{\partial y}+\frac{\partial u}{\partial x}+\frac{\partial v}{\partial y}\right)+2\frac{\partial}{\partial x}\left(\frac{\partial v}{\partial x}+\frac{\partial u}{\partial y}\right)\right]-$$

$$-We\left[\frac{\partial}{\partial y}\left(\frac{\partial \tau_{yy}}{\partial t}+u\frac{\partial \tau_{xy}}{\partial x}+v\frac{\partial \tau_{yy}}{\partial y}+\tau_{xx}\frac{\partial u}{\partial y}+\tau_{yy}\frac{\partial v}{\partial x}\right)+\frac{\partial}{\partial x}\left(\frac{\partial \tau_{xy}}{\partial t}+u\frac{\partial \tau_{xy}}{\partial x}+v\frac{\partial \tau_{xy}}{\partial y}+\tau_{xy}\frac{\partial u}{\partial x}+\tau_{yy}\frac{\partial v}{\partial x}\right)\right]-$$

$$-2We\left[\frac{\partial}{\partial y}\left(\tau_{xx}\frac{\partial u}{\partial y}+\tau_{yy}\frac{\partial v}{\partial x}\right)+\frac{\partial}{\partial x}\left(\tau_{xy}\frac{\partial u}{\partial y}\right)\right]+\beta\left(\frac{\partial^2 u}{\partial x^2}+\frac{\partial^2 u}{\partial y^2}\right) \qquad (5)$$

$$\frac{\partial u}{\partial x}+\frac{\partial v}{\partial y}=0 \qquad (6)$$

В этих уравнениях содержатся числа Вайссенберга, Рейнольдса и коэффициент ретардации[1, 97-102]:

$$We=\frac{\lambda U}{l}, \; Re=\frac{\rho U\lambda}{\eta^{p}+\eta^{s}}, \; \beta=\frac{\eta^{s}}{\eta^{p}+\eta^{s}},$$

где U - характерная горизонтальная составляющая скорости.

Расчеты проводились для Re<<1, We= 0.01÷450, β=1/9 с помощью метода контрольных объемов на неравномерной сетке 30х90 со сгущением вблизи острой кромки канала 300:1.

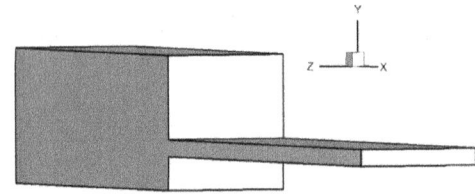

Рис. 1 Схема трехмерного канала

Глубина канала по оси Z и высота канала по оси Y совпадают.

Граничные условия

На входе в канал задаются следующие условия:

- горизонтальная составляющая скорости и давление принимаются постоянными, вертикальная составляющая скорости - равной нулю: $u=const, p=const, v=0$

Длина широкой части канала принимается равной $15H_1$, где H_1- высота входной части канала, для обеспечения формирования установившегося профиля скорости.

На выходе из канала:

- задаются мягкие условия: $\frac{\partial u}{\partial x}=0$, $v=0$

Длина узкой части канала принимается равной $10H_1$ – для обеспечения установления течения.

На твердых стенках канала:

- задается условие прилипания: $u = 0, v = 0$

В качестве начальных условий принимается равенство нулю скоростей во всей области за исключением входного течения.

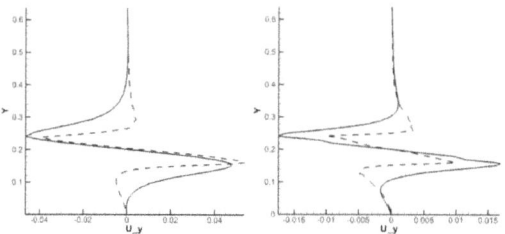

Рис. 2 – Распределение вертикальной составляющей скорости U_y: слева – для плоского канала, справа – для трехмерного канала. Сплошная линия – сечение, проходящее через центр углового течения, штриховая – сечение, проходящее через центр циркуляционной зоны близи острой кромки.

На рис. 2представлены графики вертикальной скорости для **We=2** . Если провести перпендикулярную линию от Y=0.2 к линиям скорости, то точка пересечения будет соответствовать точке, расположенной на линии, проходящей по центру узкой части канала. Изменение скорости с отрицательного значения на положительное и обратно свидетельствует о смене направления вращения угловых зон. Значение 0<Y<0.16 – нижняя часть канала, где угловая зона вращается по часовой стрелке; значение 2.4<Y<0.64 – зона вращения lip vortex(угловое течение вблизи острой кромки канала) и углового течения против часовой стрелки.

Выводы

В данной статье приводится постановка задачи течения вязкоупругой модели жидкости Oldroyd-B. Уравнения движения и неразрывности записываются в безразмерном виде, куда входят основные реологические параметры. Постановка задачи и граничные условия для 2D и 3D каналов совпадают. В дальнейшем будет приведено сравнение результатов, полученных для 2D канала ранее [2, 117-119].

Литература

1. Ф.Х. Тазюков, Ф.А. Гарифуллин, Э.Р. Кутузова, Вестник Казанского технологического университета,17, 16 (2014)
2. Э.Р. Кутузова, Н.А. Halaf, С.А. Кутузов, IX Школа-семинар молодых ученых и специалистов академика РАН В.Е. Алемасова, Проблемы тепломассообмена и гидродинамики в энергомашиностроении (Казань, Россия, Сентябрь 10-12, 2014), Академэнерго, Казань, 2014

Кутузова Э.Р.[1], Тазюков Ф.Х.[2], Лутфуллина Г.Н.[3], Карибуллина Ф.Р.[4]
соискатель каф. ТМиСМ, КНИТУ[1]; д.т.н, профессор каф. ТМиСм КНИТУ[2];
доц. каф. ТНГМ, АГНИ[3], доц. каф. КМУ, КНИТУ[4]
elvira.kutuzova@list.ru[1]

МОДЕЛИРОВАНИЕ ТЕЧЕНИЯ ВЯЗКОУПРУГОЙ ЖИДКОСТИ МОДЕЛИ OLDROYD-B В 2D И 3D КАНАЛАХ

В настоящее время появилось множество программных комплексов для реализации численного моделирования задач механики сплошной среды. Использование таких комплексов позволяет упростить моделирование 2D и 3D задач. В данной работе представлено сравнение результатов моделирования течения упругой жидкости для плоских и трехмерных каналов с использованием открытой программной среды OpenFoam.

Математическая постановка задачи

Ламинарное течение неньютоновской жидкости описывается уравнениями движения и неразрывности

$$\rho\left(\frac{\partial \vec{v}}{\partial t} + \vec{v}\cdot\vec{\nabla}\vec{v}\right) = -\vec{\nabla}p + \vec{\nabla}\cdot\tilde{\tau} \quad (1) \qquad \vec{\nabla}\cdot\vec{v} = 0 \ (2)$$

где ρ – плотность жидкости, $\vec{v}$ - вектор скорости, p - давление, $\tilde{\tau}$ - девиатор напряжения.

В результате приведения исходных уравнений к безразмерному виду можно получить, что в уравнения движения входят числа Рейнольдса, Вайссенберга и коэффициент ретардации[1, 97-102]:

$$We = \frac{\lambda U}{l}, \ \mathrm{Re} = \frac{\rho U \lambda}{\eta^p + \eta^s}, \ \beta = \frac{\eta^s}{\eta^p + \eta^s},$$

где U - характерная горизонтальная составляющая скорости.

Расчеты проводились для $Re \ll 1$, $We = 0.01 \div 450$, $\beta = 1/9$ с помощью метода контрольных объемов на неравномерной сетке 30x90 со сгущением вблизи острой кромки канала 300:1.

Результаты моделирования

На рис. 1 и 2 представлены линии тока для плоского случая и траектории частиц для трехмерного канала с сужением 8:1 и смещением выходной части канала более, чем на ширину. Отметим, что стационарного случая линии тока и траектории частиц совпадают. Результаты моделирования показали, что траектории частиц в центральном сечении плоскости XY имеет поразительное сходство с графиком линий тока для плоского случая. Полного совпадения быть и не может, в силу того, что в

3D канале на само течение оказывают влияние не только верхние и нижние стенки, как в 2D случае, но и боковые стенки.

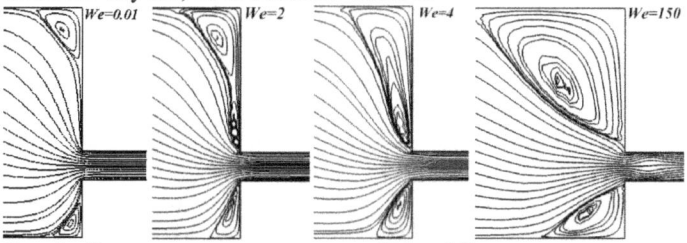

Рис. 1 - Линии тока жидкости модели Oldroyd-B для плоского канала

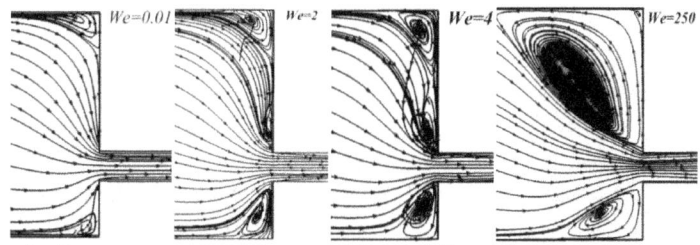

Рис. 2 - Траектории частиц жидкости модели Oldroyd-B в трехмерном канале

Значение *We*=0.01 соответствует результатам моделирования течения ньютоновской жидкости. Вне зависимости от формы канала и коэффициента сужения образования lip vortex (угловое течение вблизи острой кромки канала) не наблюдается[2, 117-119].

Для случая *We*=2 картины течения являются идентичными, а при *We*=4 течения различаются: для 2D канала lip vortex «поглотил» угловое течение, в то время как для 3D канала lip vortex еще развивается.

После объединения течения близи острой кромки канала и угловой циркуляционной зоны медленного вращения при последующем увеличении конечного времени релаксации напряжений никаких эффектов не возникает, а застойная зона, увеличившаяся в размерах в два раза, дальше не меняется.

Жидкость, попавшая в угловую зону канала, «скапливается», и частицы не могут покинуть застойную зону, так как их скорость много меньше скорости частиц основного потока. Однако, некоторые частицы «выталкиваются» другими из центра циркуляционной зоны медленного вращения, и как бы затягиваются в узкую часть выходного канала, где скорость жидкости увеличивается пропорционально коэффициенту сужения.

Таким образом, общее движение частиц такое: на входе скорость части по оси Y одинаковая, так как жидкость вязкая, то к верхней, нижней и боковым стенкам начинает «прилипать» жидкость. Поток сужается, однако, по мере удаления от входа в канал, зона прилипания становится «плоской» в сечении XZ, а общая скорость потока увеличивается.

Выводы

В данной статье были представлены результаты сравнения моделирования течения модели жидкости Oldroyd-B в несимметричном 2D и 3D канале. Рассмотрены распределение давления в плоском и трехмерном канале и зависимость U_y (y). Сопоставление этих величин показало, что плоское течение и течение, рассмотренное в центральное сечении трехмерного канала, имеют поразительное сходство, а возможные различия в значениях величин обуславливаются влиянием боковых стенок трехмерного канала.

Литература

1. Ф.Х. Тазюков, Ф.А. Гарифуллин, Э.Р. Кутузова, Вестник Казанского технологического университета,17, 16 (2014)
2. Э.Р. Кутузова, H.A. Halaf, С.А. Кутузов, IX Школа-семинар молодых ученых и специалистов академика РАН В.Е. Алемасова, Проблемы тепломассообмена и гидродинамики в энергомашиностроении (Казань, Россия, Сентябрь 10-12, 2014), Академэнерго, Казань, 2014

Горин Н.А.[1], Мельников П.А.[2], Лукьянов А.А.[2], Севостьянов А.С.[2], Левицких О.О.[2]
[1]ОАО «МПО им. И. Румянцева»
[2]Тольяттинский государственный университет

АКТУАЛЬНОСТЬ МОДЕЛИРОВАНИЯ ТЕПЛОВЫХ ПОЛЕЙ ПРИ ШИРОКОМ ВЫГЛАЖИВАНИИ

Технологии обработки поверхностно-пластическим деформированием (ППД) получили существенное развитие в 1950-1980ых годах. Технологическая простота метода ППД дает возможность применения его на всех машиностроительных предприятиях, в том числе в ремонтных цехах на универсальных станках [1].

В начале 2000ых годов был разработан новый вид ППД – широкое выглаживание (рисунок 1). Главное отличие от известных технологий обработки – отсутствие продольной подачи и высокая скорость обработки. Однако, для осуществления данного типа обработки требуется в десятки раз большие усилия, чем при обработке другими методами ППД, что соответственно требует большего внимания к вопросам теплообразования.

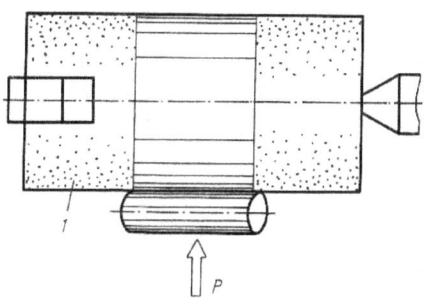

Рисунок 1 - Способ отделочно-упрочняющей обработки широким самоустанавливающимся инструментом

Понимание распределения тепла и условий теплообразования, и их количественная оценка на финишных операциях обработки деталей критичны для уменьшения негативного и необратимого влияния тепла на формирование эксплуатационных свойств, что актуально при механической обработке, в том числе при широком выглаживании. В справочной литературе отсутствуют аналитические зависимости для широкого выглаживания, позволяющие рассчитать температуру в любой точке области обработки инструмента и заготовки.

Многими авторами была успешно решена задача выбора методов численного решения теплопроводности, однако требуется создание моделей теплообразования для технологического процесса широкого выглаживания. Имеющиеся публикации по тепловым моделям для ППД свидетельствуют о «переносе» разработанных для процесса резания методик по оценке тепловых потоков для процессов ППД, что не позволяет получить наиболее точные результаты, а для их получения необходимы дополнительные теоретические исследования [2, 3]. При этом особое внимание необходимо уделять моделированию задачи в динамике, при изменяющейся глубине внедрения индентора (в имеющихся аналитических моделях данный параметр является константой – фактически «квазистатическое деформирование», что не позволяет адекватно рассчитывать влияние теплообразования на технологические факторы и параметры обрабатываемых деталей).

Известные методы построения моделей теплообразования, можно разделить на [4]:

1. Аналитические с применением метода краевых задач, ограничены простыми формами геометрических тел.

1.1. Метод непосредственного интегрирования дифференциального уравнения теплопроводности, применяется редко, для простых и одномерных задач, т.к. данное действие сложно при условиях однозначности при решении известными способами, например, разделением переменных.

1.2. Метод интегральных преобразований – частное решение метода Лапласа, когда исследуется не функция, а ее измененное подобие, что упрощает интегрирование, однако усложняет поиск оригинала по подобию. Применяется при равномерном начальном распределении температуры.

1.3. Метод источников. Процессы распространения теплоты представляют собой совокупность процессов выравнивания температур от множества элементарных источников, распределенным в пространстве и времени.

2. Численные методы – применяются при нецелесообразности использования аналитических методов. Позволяют решить стационарные и нестационарные задачи в декартовой и полярной системе координат.

2.1. Метод конечных разностей – повторяемость простых операций при постоянстве физических параметров тела

2.2. Метод конечных элементов – деление тела на элементы конечной конфигурации, имеет сложность априорных оценок, относится к приближенным методам.

3. Методы математического моделирования.

3.1. Физическое моделирование – общий метод непосредственного преобразования выражений с дифференциальными операторами к простейшим алгебраическим, присутствует необходимость специального анализа для нахождения критериев подобия.

3.2. Математическое моделирование – возможность моделирования стационарных процессов и имитации переноса теплоты движущимися источниками, присутствуют сложности при рассмотрении нестационарных или объемных задач, что усложняет конструкцию модели. В свою очередь каждый из частных случаев данных методов можно отнести к одному из двух подвидов: позволяющих выполнить расчет средних, максимальных или других отдельных характерных значений температур, и позволяющих рассчитать температуру в любой точке области обработки инструмента и заготовки.

Применение аналитических методов позволяет получить обобщенное решение, актуальное для тел простой формы (пластина, цилиндр, шар) и с учетом ряда упрощений. С помощью аналитических методов решаются двух и трехмерные задачи, однако возникает сложность с интегрированием дифференциального уравнения теплопроводности при условиях однозначности, что соответствует тепловым процессам в технологических системах. Моделирование с помощью числовых методов позволяет расширить круг задач, решаемых моделью, при этом расчет можно успешно выполнить как для очень малых, так и очень больших величин температур, что не всегда возможно при экспериментальных исследованиях [5].

Существующие модели для оценки теплообразования при обработке выглаживанием с подачей не адаптированы для применения при широком выглаживании вследствие следующих особенностей широкого выглаживания: различный характер взаимодействия в данных технологиях - в десятки раз большие усилия при широком выглаживании, отсутствие продольной подачи (только поперечная), повышенная скорость обработки (цикл обработки за 1-3 оборот детали), форма инструмент – цилиндрическая [6]. Данные факторы обуславливают необходимость разработки модели теплообразования при широком выглаживании.

Исследование выполнено при финансовой поддержке РФФИ в рамках научного проекта № Ор 15-38-50657\15 «мол_нр».

Список литературы:

1. Бобровский Н.М., Мельников П.А. Стойкость твердосплавного выглаживающего инструмента при работе без СОЖ // Автомобильная промышленность. 2004. № 8. — С. 33-35.

2. Бобровский Н.М., Мельников П.А. Прогнозирование процесса изнашивания рабочей поверхности инструмента при выглаживании без смазочно-охлаждающих средств // Вектор науки ТГУ. 2010. № 2(12). — С. 43-48.

3. Бобровский Н.М., Вильчик В.А., Бокк В.В., Бобровский И.Н. Распределение температур при выглаживании широким самоустанавливающимся инструментом // Известия Самарского научного центра Российской Академии Наук. 2008. № S6. — С. 22-29.

4. Лаппо И.Н. Современное состояние и перспективы развития методов исследования тепловых процессов при механической обработке отверстий // Материалы четырнадцатого международного научно-практического семинара «Практика и перспективы развития партнерства в сфере высшей школы». Донецк: ДонНТУ, 2013. Т. 3. - С.133-137.

5. Румянцев А.В. Метод конечных элементов в задачах теплопроводности. 3-е изд., перераб. Калининград, 2010. 95 с.

6. Кузнецов В.П., Смолин И.Ю., Дмитриев А.И. Конечно-элементное моделирование наноструктурирующего выглаживания // Физическая мезомеханика, 2011. №14. - С. 87-97.

УДК 621.438

Достияров А.М.- д.т.н., профессор (Астана, ЕНУ им. Гумилева)
Умышев Д.Р. – магистр, докторант PhD (Алматы, АУЭС)
Картджанов.Н.Р.-магистр, (Астана, ЕНУ им. Гумилева)
nurlan-k-e@yandex.ru
Тлеуберлин Б.Б.- студент гр. ТЭ-35(Астана, ЕНУ им. Гумилева)

АНАЛИЗ ВЫБРОСОВ ТОКСИЧНЫХ КОМПОНЕНТОВ КАМЕР СГОРАНИЯ ГПА И ПРЕДЛОЖЕНИЯ ПО ИХ МОДЕРНИЗАЦИИ

Основным источником выбросов загрязняющих веществ в атмосферу на компресорных станциях магистральных газопроводов являются газоперекачивающие агрегаты (ГПА). Общее количество газоперекачивающих агрегатов с газотурбинным приводом, установленных на компрессорной станции (КС) ‹‹Макат››, 30 ГПА, из них 12 агрегатов типа ГТУ-750-6; 3 агрегатов типа ГТК-10-2; 9 агрегатов типа ГТК-10-4; 6 агрегатов типа ГПА-Ц-6,3. Средние концентрации загрязняющих веществ по данным измерений на КС ‹‹Макат›› УМГ ‹‹Атырау›› для номинального режима работы агрегатов представлены в таблице 1. Данные таблицы свидетельствуют о достаточно высоких концентрациях загрязняющих веществ в уходящих газах ГТУ.

Таблица1- Параметры газовоздушной смеси на выходе выхлопного патрубка турбины по номинальным показателям

Тип агрегата	Параметры на 1 агрегат					Объемный расход	Скорость	Макс. выбросы ЗВ на 1 агрегат			Конц. ЗВ в сухих прод. сгор		
	H трубы	D трубы	Расход продуктов сгорания		Температура	На 1 трубу		г/с			мг/нм^3		
								NO_2	NO_x	CO	NO_2	NO_x	CO
	м	м	нм^3/с	т.м^3/ч	°C	м^3/с	м/с						
ГТ-750-6	22	2,2	45,6	164,16	302	48,2	12,7	1,60	14,45	2,74	35	315	60
ГТК-10-4	22	2,2	66,5	239,4	290	68,6	18,1	2,36	21,05	2,66	35	317	40

Результаты замеров и расчета параметров газовоздушной смеси и концентрации загрязняющих веществ для номинального режима работы агрегатов показывают, что концентрация наиболее массовых и опасных загрязняющих веществ изменяется в следующих пределах: оксид азота-99,2 мг/ нм^3-395,8 мг/ нм^3; оксид углерода – 32,5 мг/ нм^3-376,3 мг/ нм^3.

Для оценки экологического воздействие газотурбинных установок типа ГТК-10-4 на компрессорной станции ‹‹Макат›› УМГ ‹‹Атырау›› на всех режимах работы был осуществлен полный газовый анализ на установке станционный номер 17. Кроме того, такой анализ был проведен на всех работающих агрегатах цеха 4б на режимах близких к номинальным.

Проведенный во время опытов анализ продуктов сгорания показал, что выбросы токсичных компонентов на ряде режимов достаточно высоки. Была снята характерстикиа продуктов сгорания на всех режимах. На рисунке 1 представлена зависимость выбросов оксидов азота от температуры газов перед турбиной ГТК-10-4 №17. Там же представлены данные измерений по выбросам оксида углерода. Данные свидетельствуют о достаточно высокой полноте сгорания топлива. На режимах, близких к номинальным (температура газов перед турбиной 750-780 °C), концентрация СО не привышает 20-30 ppm(полнота сгорания топлива выше 0,99).

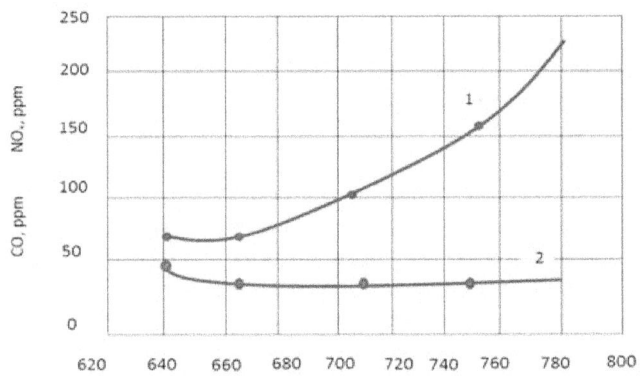

1- концентрация оксидов азота; 2- концентрация окиси углерода;
Рисунок 1- Зависимость концентрации оксидов азота и окси углерода в выхлопном трубопроводе от температуры газов перед газовой турбиной.

Полученные в экспериментах данные свидетельствуют о том, что выбросы токсичных компонентов на режимах близких к номинальным по ряду агрегатов превышают нормативные 300 мг/ м^3, это подтверждают и данные других исследований, проведенных на ГТК-10-4 [1]. На исследованных пяти агрегатах, станционный номер 16-20, при температурах газов перед турбиной 720-730°C, приведенные выбросы оксидов азота составили 290-410 мг/ м^3, оксидов углерода 15-80 мг/ м^3. По данным других исследований выбросы оксидов азота могут достигать 500-700 мг/ м^3 [1]. Таким оброзом, задача по снижению выбросов оксидов азота на ГТК -10-4 является актуальной. В дальнейшем при проведении модернезации и ремонте ГТК-10-4 необходимо разроботать мероприятия по снижению токсичных компонентов в отходящих газах газоперекачивающих агрегатов ГПА.

Оброботка и приведение результатов экспериментов проводилось по методике представленной ниже.

Основной единицей измерение концентрации загрязняющих веществ принята мг/ нм^3(при 0°С и 1,033 кг/ см^2). Современные газоанализаторы измеряют концентрации веществ в ppm (объемные доли на миллион).

Приведенная концентрация загрязняющего вещества (к условной концентрации кислорода 15% в сухих продуктах сгорания), мг/ м^3, вычесляется по вырожению

$$C_i^{15} = C_i + \frac{21-15}{21-O_2} = C_i \frac{\alpha_{ПС}}{3,5}. \tag{1}$$

Мощность выброса - массовый выброс загрязняющего вещества в единицу времени, г/с, определится по формуле

$$M_i = C_i \cdot K_B \cdot O_2 \cdot 10^{-3}. \tag{2}$$

Удельный выброс на единицу топливного газа (индекс выброса), г/ м^3, представляет собой выражение

$$m_i^{ТГ} = \frac{3600 \cdot M_i}{q_{ТГ}} = 7,94 \cdot 10^{-3} \cdot C_i \cdot \alpha_{ПС} \tag{3}$$

Соотношение показателей выброса и приведенной концентрации (к 15% O$_2$) загрязняющего вещества выражаются формулами

$$M_i = 0,832 \cdot 10^{-5} \frac{N_e}{\eta_e} C_i^{15} \tag{4}$$

$$m_i^{ТГ} = 27,8 \cdot 10^{-3} C_i^{15} \tag{5}$$

Расход сухих продуктов сгорания определяется по упрощенной зависомости

$$Q = 66,5 \left(\frac{P_{ОК}}{4,4}\right)\sqrt{\frac{288}{288+t_a}} \frac{P_a}{1,033} \tag{6}$$

В таблице 2 представлены результаты оброботки экспериментальных данных полученных на ГТК-10-4 ст. №17 на различных режимах работы ГПА.

Как показывает опыт разработки горелочных устройств с низкими выбросами токсичных компонентов, важнейшими факторами, влияющими на образование оксидов азота, являются температура и время пребывания в зоне высоких температур. Для диффузионных горелочных устройств,

Технические науки

характерных для камер сгорания газовых турбин ГПА, в том числе и для ГТК-10-4, характерно значительное время смешение и локальные высокие температуры в зонах с избытком топлива, что приводит к значительному росту выбросов оксидов азота (NO_x). Кроме того, в камере сгорания ГТК-10-4 воздух подводится по двум диаметрально противополжным воздуховодам(рукавам), и его расход и температура связаны с работой регенератора (в пластинчатых воздухоподогревателях- значительные перетоки воздуха, причем они могут быть различными для левого и правого рукава). Неравномерность подвода воздуха приводит к неровномерности поля температур в камере сгорания и к росту скорости оброзования NO_x. Модернизация ГТК-10-4 установкой трубчатых воздухоподогревателей снижает сопротивление регенераторов и неравномерность подогрева воздуха. Это благоприятном образом сказывается на работе камеры сгорания, самой турбины и на снижение выбросов NO_x.

Таблица 2- Результаты оброботки экспериментальных данных

пп	Наименование параметра		Обозначение	Еденица измерения	Режим 1	2	3	4
1	Барометрическое давление		P_a	кгс/см^2	1,045	1,045	1,045	1,045
2	Температура на входе в осевой компрессор		t_3	°С	27,0	26,8	25,0	24,8
3	средняя температура перед турбиной высокого давления ТВД		t_1	°С	641	667	709	750
4	Абсолютное давление за ОК		$P_{ок}$	кгс/см^2	2,99	3,16	3,42	3,69
5	Мощность ГТУ		Ne	МВт	5466,9	5968,5	7215,5	8360,3
6	КПД ГТУ		η		0,242	0,243	0,252	0,257
7	Концентрация в сухих продуктах сгорания							
	Кислород	левый	$O_{2л}$	%	19,02	19,15	18,82	18,45
		правый	$O_{2п}$	%	19,18	19,26	18,27	18,65
	СО	левый	$CO_л$	ppm	33,69	24,69	28,30	23,43
		правый	$CO_п$	ppm	37,65	27,30	27,60	25,67
	NO	левый	$NO_л$	ppm	30,77	29,38	39,38	69,38
		правый	$NO_п$	ppm	29,00	29,62	40,08	59,61
	NO_2	левый	$NO_{2л}$	ppm	3,25	7,65	12,23	15,95
		правый	$NO_{2п}$	ppm	3,01	5,02	8,05	15,60

	CO_2	левый	$CO_{2л}$	мг/нм^3	1,15	1,09	1,28	1,43
		правый	$CO_{2п}$	мг/нм^3	1,01	0,99	1,19	1,35
8	Оксидов азота(средняя)		$NO_{xср}$	мг/нм^3	67,50	73,46	102,11	164,55
9	Оксида углерода(средняя)		$CO_{ср}$	мг/нм^3	44,57	32,5	34,89	30,62
10	Относительная концентрация NO				0,906	0,823	0,796	0,803
11	Поправочный коэфицент		Кв		0,979	0,980	0,977	0,973
12	Расход сухих продуктов сгорания		Q_2	нм^3/с	48,5	50,7	54,1	57,8
13	Коэффицент разбавления сухих продуктов сгорания		$\alpha_{пс}$		11,1	11,7	9,97	8,57
14	Мощность выброса оксидов азота		M_{NOx}	г/с	3,27	3,72	5,51	9,50
15	Мощность выброса оксидов углерода		$M_{COср}$	г/с	2,16	1,65	1,88	1,77
16	Приведенная концентрация оксидов азота		C_{NOx}^{15}	мг/нм^3	231,4	245,6	291,1	402,5
17	Приведенная концентрация оксидов углерода		C_{CO}^{15}	мг/нм^3	140,9	108,6	99,5	74,9

Традиционные диффузионные горелочные устройства предполагают раздельную подачу газа и воздуха и их смешение в объеме камеры сгорания, что значительно растягивает процесс горения по времени и увеличивает выбросы оксидов азота. Сегодня при ремонте ГПА технологии, позволяющие снизить токсичные компоненты за счет обеденения первичной зоны камеры сгорания, для чего выполняются дополнительные сопла для подвода воздуха в зону горения. Эти мероприятия позволяют снизить выбросы NO_x на 15-25%. Кроме того, установка дополнительных сопел позволяет снизить неравномерность поля температур перед газовой турбиной и повысить надежность ее работы.

Дальнейшим шагом в снижении выбросов оксидов азота должны стать мероприятия, направленные на интенсификацию смесеобразования в первичной зоне камеры сгорания за счет оптимальной крутки воздуха и частичное предварительное смешение топлива и воздуха до зоны горения. Предварительное смешение позволит существенно сократить время горения и тем самым значительно снизить выбросы оксидов азота. В качестве одного из возможных вариантов горелочных устройств с пониженным образованием NO_x расматриваются микрофакельные газовые горелки. При разработке современных газовых горелок для внедрения все больше внимания обращают на численные методы анализа предлагаемых конструкций.

В статье представлены результаты моделирования процесса диффузионного горения в микрофакельной газовой горелке при различных расходах топлива. Общий вид горелки представлен на рисунке 2. Рассматриваемая горелка использует принцип микрофакельного сжигания, основные преимущества которого описываются в [2]. Количество раздающих патрубков было сокращено с 7 до 4 для снижения сложности расчетов. В качестве материала была выбрана сталь с теплопроводностью 45 Вт/м·К.

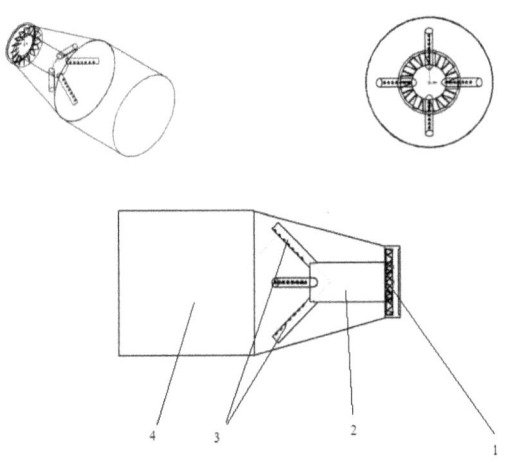

Рисунок 2 - Общий вид микрофакельной горелки.
1 – лопатки для закручивания потока, 2 - труба для подачи топлива, 3 – раздающие патрубки с соплами, 4 – дополнительный объем для анализа необходимый для численного моделирования.

Рассмотрим анализ проектируемой конструкции микрофакельной горелки при помощи численного моделирования в среде ANSYSFLUENT.

В результате численного моделирования были получены контуры температур при различных углах установки лопаток для закручивания потока. На рисунке 3 приведены контуры температур при разных углах установок закручивающих лопатки различных массовых расходах топлива.

При самом остром угле установки закручивающих лопаток на входе в газовую горелку (30^0) и при расходе газа 300 г/с структура факела имеет несимметричную структуру, а зона высоких температур охватывает трубку для подачи газа. При расходе газа 120 г/с основная часть высоких температур находится в зоне трубки для подачи топлива.

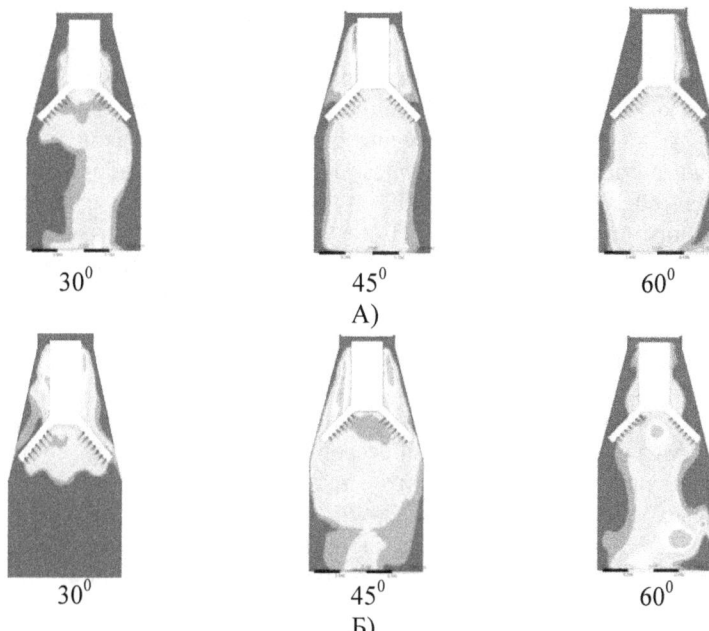

Рисунок 3 - Контуры температур в зависимости от угла расположения лопаток при различных расходах топлива: А – 300 г/с, Б – 120 г/с.

При угле 45^0 факел (при расходе 300 г/с) имеет симметричную структуру, зона высоких температур, как и в предыдущем варианте распространяется и в зоне трубы подачи топлива, из за высокой концентрации топлива видно что горение происходит вокруг холодного ядра с высокой концентрацией топлива. Аналогично выглядит факел при расходе топлива 120 г/с, за исключением того что основная часть топлива успевает догореть.

При угле 60^0 и при массовом расходе 300 г/с факел выглядит симметрично, практически отсутствует горение в зоне трубы для подачи топлива. Также как и в предыдущем варианте из-за высокой концентрации топлива, большая часть топлива не успевает догореть. При расходе топлива 120 г/с факел имеет наиболее приемлемую форму, так как он симметричен, только малая часть топлива горит в зоне трубы для подачи топлива, зоны высоких температур находится на оси конструкции, что позволяет предположить о правильном распределении температур на выходе из горелки, что позволяет сэкономить часть воздуха для охлаждения и повысить надежность лопаток газовой турбины.

Заключение. Исходя из полученных результатов, можно сделать следующие выводы:

1) Наименее подходящим углом для установки лопаток является 30^0, так как контур температур имеет неправильную структуру. Более интенсивное горение происходить при 60 град, что показывает на важность оценки коэффициента крутки входного потока при проектировании.

2) Модернизация камеры сгорания с установкой предлагаемой горелки позволит снизить выбросы оксидов азота на рабочих режимах до уровня 60-100 мг/м^3 (40-50% т по сравнению с существующими горелочными устройствами) [1], т.е на 130-150 т/год в расчете на одну турбину, при этом затраты на модернезацию будут не велики и не потребуется значительной пределки камеры сгорания газовой турбины.

СПИСОК ЛИТЕРАТУРЫ

1. Оренберг А.Н., Виноградов И.И., Панкратов А.М., Сударев В.Б., Модернезация ГТУ компрессорных станций-важная составляющая повышения эффективности транспорта газа. М., Газовая промышленность, 2003,№7, с. 98-99.

2. Достияров А.М. Разработка топливосжигающих устройств с микрофакельным горением и методики их расчета. – Шымкент.- 1999 г.- 217с

Ткачева О.В.
доц., д. фарм. н., Национальный фармацевтический университет (НФаУ), г. Харьков, Украина, tkachevaov@gmail.com
Мищенко О.Я.
проф., д. фарм. н., НФаУ, г. Харьков, Украина

ПОДГОТОВКА ФАРМАЦЕВТИЧЕСКОГО ПРЕДСТАВИТЕЛЯ НА СОВРЕМЕННОМ ЭТАПЕ ФАРМАЦЕВТИЧЕСКОГО ОБРАЗОВАНИЯ В УКРАИНЕ

С целью приближения системы высшего фармацевтического образования к европейским стандартам в Национальном фармацевтическом университете (НФаУ) увеличено количество дисциплин по свободному выбору студентов, которые не входят в основную программу образовательно-квалификационной подготовки, но помогают студентам приобрести дополнительные современные знания и навыки, необходимые для успешного трудоустройства. Одна из таких дисциплин – «Подготовка фармацевтического представителя».

Введение этой дисциплины связано, прежде всего, с насущными потребностями рынка труда и необходимостью профессиональной подготовки специалистов фармацевтической отрасли для работы в фармацевтических компаниях. Должность «фармацевтический представитель» является на сегодняшний день одной из достаточно востребованных на фармацевтическом рынке. Фармацевтический или медицинский представитель является «лицом и голосом» фармацевтической компании. Он одновременно профессионал в области продвижения лекарственных препаратов и консультант по их применению. От результатов работы фармацевтического представителя во многом зависит бизнес-успех фармацевтической компании. В то же время, имея недостаточный уровень специальной подготовки, не каждый выпускник может успешно пройти собеседование на должность «фармацевтического представителя», что ставит перед менеджерами фармацевтических компаний проблему поиска достойных кандидатов на свободные вакансии.

Изучив необходимые требования фармацевтических компаний к претендентам на должность «фармацевтического представителя», на кафедре фармакоэкономики НФаУ была разработана типовая программа подготовки новой дисциплины для студентов специальности «Фармация» и «Клиническая фармация».

Целью дисциплины «Подготовка фармацевтического представителя» является подготовка специалистов для фармацевтических компаний, которые имеют достаточный объем теоретических знаний и практических навыков для успешного продвижения лекарственных средств в условиях рыночной экономики. Программа дисциплины «Подготовка фармацевтического представителя» упорядочена с применением современных психолого-педагогических принципов структуризации учебного предмета и нацелена не на запоминание огромного объема готовых знаний, а на овладение методологией, что позволяет студентам самостоятельно освоить дисциплину и решать конкретные задачи в своей профессиональной деятельности [1, 4-8].

В ходе изучения дисциплины «Подготовка фармацевтического представителя» студенты получают знания и осваивают навыки, которые помогут им успешно пройти собеседование и устроится на должность фармацевтического представителя. Основные вопросы, которые изучают студенты:

- морально-этические требования, необходимые для успешной работы фармацевтическим представителем;
- роль фармацевтического представителя (ФП) на рынке труда и в современной системе здравоохранения;
- основные обязанности и умения, необходимые для работы ФП, составления резюме и успешного прохождения собеседования;
- принципы общения с разными психологическими типами врачей и провизоров и роль самомотивации в успешной работе ФП;
- основы делового общения, практические навыки подготовки и проведения деловой беседы с врачом и провизором;
- требования к информации, которую предоставляет ФП: соответствие действительности, доказательность, объективность.
- принципы сопоставления фармакоэкономических показателей: эффективности, безопасности и затрат на препараты-аналоги;
- основные правила работы ФП с промоционными материалами;
- навыки для проведения сравнительного анализа лекарственных препаратов (ЛП) и анализа конкурентной среды на фармацевтическом рынке;
- специфику продвижения ЛП фармацевтических компаний в поликлинике, особенности работы ФП в аптеке и стационаре;
- навыки подготовки презентации по ЛП и выступления с ней.

Завершающим этапом в освоении дисциплины является подготовка каждым студентом индивидуальной презентации по отдельному препарату и выступление с ней перед целевой аудиторией. Такой вид контроля практической подготовки студентов является эффективным, поскольку позволяет оценить овладение техникой презентации (вербальной, невербальной, графической частью) и навыками продвижения лекарственных препаратов: проведения дифференциации с выделением целевого потребителя. Это помогает целевой аудитории, которая оценивает результаты подготовки и выступления, увидеть реальные достоинства препаратов, выделяющие их из числа других конкурентов.

Профессиональные знания и умения, полученные в освоении дисциплины «Подготовка фармацевтического представителя» – лишь часть того, что должен уметь «профессионал в области продвижения лекарственных препаратов». Для будущей работы ФП огромное значение имеют определенные личностные качества: тактичность, коммуникабельность, уверенность в себе, умение находить выход из нестандартных ситуаций [2]. Сегодня работодателями ценятся также такие качества, как творческий подход, прогностические способности, находчивость, умение работать в команде, адаптироваться к переменам, анализировать важнейшие вопросы и проблемы, помещать факты в более широкий контекст, привычка к непрерывному обучению.

Проведенный опрос студентов специальности «Клиническая фармация» о том, хотели бы они после окончания ВУЗа работать фармацевтическим представителем показал, что положительный ответ дали 77% студентов. На вопрос «Чем Вас привлекает должность фармацевтического представителя?» студенты ответили, что это престижная и востребованная профессия, имеется возможность карьерного роста и повышения своего профессионального уровня, а также эта работа помогает эффективному лечению больных. Те студенты, которые пока не хотят связывать свою профессиональную деятельность с работой в фармацевтической компании, мотивировали это тем, что эта работа требует стрессоустойчивости, частых переездов, наличия водительских прав и опыта вождения автомобиля. Конечно же, в реальной обстановке стиль визита к врачу (или к провизору в аптеку) продиктован самой жизнью и, как правило, отличается от учебного плана [3, 20-21]. Но, прошедшему обучение, начинающему ФП, благодаря усвоенным навыкам техники визита, построению делового общения, профессиональной подготовке, а также личностным качествам в условиях дефицита времени и жесткого эмоционального напряжения легче будет убедить врача и добиться успеха. Идеальным результатом работы между ФП и врачом/провизором станут партнерские отношения, построенные на основах взаимного уважения и доверия.

Таким образом, освоение дисциплины «Подготовка фармацевтического представителя» позволяет подготовить современных специалистов фармацевтической отрасли и расширяет возможности в их будущей практической деятельности.

Литература:

1. Типова програма з курсу за вибором «Підготовка фармацевтичного представника» для спеціальностей «Клінічна фармація» та «Технологія парфумерно-косметичних засобів» / Л.В. Яковлєва, О.В. Ткачова. – 2013. – НФаУ. – 12 с.

2. Эффективная работа медицинских представителей с трудными клиентами // Еженедельник «Аптека». – Выпуск от 29.12.2010. – Интернет ресурс. – Доступ к статье: http://www.apteka.ua/article/67171

3. Пауов С. Руководство для медицинского представителя фармацевтической компании/ С. Пауков. – М.: Геотар-Медицина, 2007. – 262 с.

Арутюнян М.В., Голикова Л.П.
магистр кафедры истории русской литературы, теории литературы и критики филологического факультета Кубанского государственного университета; кандидат филологических наук, профессор кафедры истории русской литературы, теории литературы и критики филологического факультета Кубанского государственного университета
mariam515@bk.ru, larisa.golikova@mail.ru

«ДВЕ ЖИЗНИ В ПЛЕНУ – "ЗА ОДНУ, НО ТОЛЬКО ПОЛНУЮ ТРЕВОГ"»: ВОСПРИЯТИЕ ЛИЧНОСТИ ЛЕРМОНТОВА В ЭССЕ Б.А. АХМАДУЛИНОЙ «ПУШКИН. ЛЕРМОНТОВ»

История классической поэзии для Беллы Ахмадулиной начиналась с двух имен. Эти имена в ней творчески переплетались, ретроспективно перемещая в иные пространства и «реконструирует приметы земного, эмпирического пространства, связанного с бытием художников» (Ничипиров) [2]: Михайловское, Тригорское, квартира на Мойке, где, в частности, хранится «жилет, выбранный великим человеком утром рокового дня» [1, 453]. О восприятии личности «великого человека» она напишет в эссе «Пушкин, Лермонтов» (1965).

Ахмадулина, сопоставляя Лермонтова с Пушкиным, «высказывает свое понимание последних четырех лет жизни поэта как "мгновенного подвига многолетнего возмужания"» (Щемелева) [4]. Именно в эти четыре года Лермонтов «бросается, чтобы прожить целую жизнь», подобно путнику в балладе «Тамара»: «Так, в любимой им легенде, путник вступает в высокую башню царицы, чтобы в одну ночь испытать вечность блаженства и муки, и еще неизвестно, действительно ли он не ведает, во что это ему обойдется» [1, 454].

Имена этих гениальных начинаются в Ахмадулиной слишком рано, «еще в замкнутом и глубочайшем уюте» «до-рождения на этой земле» [1, 453]. Имена уже тогда «склоняются и обрекают» к чему-то, объединяют с ее именем «в неразборчивом вздохе», «предрешающем» «жизнь». Это мистическое миропонимание Ахмадулиной заложено Лермонтовым, который верил в тайну рождения: еще до рождения у человека заложена память человеческой души, возвращая его после рождения – из предвечного пространства – в вечность. (Эти мотивы наблюдаем, например, в стихотворениях «Ангел» (Лермонтов), «Тоска по Лермонтову» (Ахмадулина)).

То, что имя Лермонтова будет связано с ее жизнью, Ахмадулина сама еще не знает в своем «до-рождении»: зрачок постепенно «проясняется и темнеет» в «прекрасном беспорядке» младенчества.

Сначала жизнь наполняют пустяки; фрагментарно она помнит «качания ромашек где-то под Москвой», Ильинский сквер, прогулку за ручку со «слабым» мальчиком, «тяжело перенесшим корь, остро-худого, как малое стеклышко», помнит небо из вагонной двери, «короткую зелень травы, коров», наполненность мира новыми звуками, запахами – всё это для нее прекрасно, всё это олицетворяет «приторно-золотой отсвет первого детского блаженства» [1, 455].

«Потом – в темноте эвакуации, в чужом дому, бормочут над» ней «полусном большие бабушкины губы». И уже тогда ее слух начинает запоминать порядок звуков в бормотаниях: в звуках узнаются слова, «а в словах – предметы мира» [1, 455]. С «бешеной детской памятью» Ахмадулина начинает усваивать даты и строки, связанные с Лермонтовым и Пушкиным. «И все это придает» ей «какой-то свободы и независимости» [1, 455].

Но в зрелом возрасте она начинает обращаться к Лермонтову со «всей энергией своего существа, и это уже навсегда»: «Потому много позже, что, кажется, человек дважды существует и в полном объеме своего характера – в раннем детстве и в зрелости» [1, 455].

И чем дальше, тем больше ее мысли пленяют имена двух великих поэтов, в частности – Лермонтова. Изучение Лермонтова равносильно разгадыванию какой-то тайны: она не может думать о других, прорывается сквозь пелену сакрального ореола вокруг поэта, прочитывая всё сначала. И всё равно многое остается неясным, непостижимым. Возникает ревность и раздражение: ей не хочется «делиться» поэтом с другими, слушать мнение исследователей. Начинается отрицание любой истины, ибо наступает та стадия, при которой собственная безмерная любовь начинает открывать «нечто – малое, живое, родимое, предназначенное только тебе» [1, 456]. Ахмадулина пишет: «Тобой овладевает беспокойная корысть собственного поиска, ты хочешь сам, воочию, убедиться, принять на себя ту, уже неживую, жизнь» [1, 456].

До конца, конечно, она не могла разглядеть тех поэтов, которые были для нее тайной, так как считала, что, «если очень любишь свою тайну», «не надо заставать врасплох ее целомудрие и доводить ее до очевидности» [1, 456].

Имя Лермонтова для Ахмадулиной «второе и тоже единственное имя», которое она «бережет в тишине». Это имя для нее – «долгое, прохладное, сложное на вкус, как влага, которой никто не пил» [1,456]. Со скорбью она, перемещаясь мысленно в прошлый век, осознает, что маленький Лермонтов уже в десять лет понял, что такое печаль.

Она оказывается в «квартире на Мойке, столько раз реставрированной и всё же хорошо сохранившей выражение неблагополучия» [1, 456]. Эту квартиру в доме Панскова для Лермонтова снимала его бабушка, определив внука на полупансион.

Перед глазами следующая картина: «несколько посетителей, застенчиво поместив руки за спиной, из некоторого отдаления протягивают лица к стендам, и оттого все кажутся длинноносы и трогательно нехороши собой.

Ученая женщина-экскурсовод самоуверенным голосом перечисляет долги, ревность, одиночество, обострившие тупик его последних дней. Еще немного – и она, пожалуй, договорится до его трагической гибели». Ахмадулиной сложно слушать всё это, и она бежит «от того, что принадлежит ей, к тому, что принадлежит» [1, 457] ей.

Еще теплиться надежда, что Лермонтов жив в этом «сейчас». Однако, посмотрев на стекло, под которым «помещен небольшой кусок черной материи, приведенной портным к изящному и тонкому силуэту» [1, 457], она понимает, что надежды нет. Это жилет Лермонтова, «великого человека», выбранный утром рокового дня. Ахмадулина признается: «Его грациозно малый размер так вдруг поразил, потряс, разжалобил меня, и вся живая прочность моего тела бросилась на защиту той родимой, горячей, беззащитной худобы. Но давно уже было позади, и слезы жалости и недоумения помешали мне смотреть, – неся их тяжесть в глазах и на лице, я вышла на улицу. Что осталось мне теперь?» [1, 457]

Ее охватывает «едва ощутимый холодок недоброго предчувствия» [1, 458], знакомый с детства, со времен эвакуации – предчувствие трагического июля. Четыре года (с января месяца) между 1837 и 1841 становятся для Ахмадулиной самыми долгими за всю жизнь. «За этот срок юноша, проживший двадцать два года, должен во что бы то ни стало прожить большую часть своей жизни – до ее предела, до высочайшего совершенства личности» [1, 458].

Об этом «мгновенном подвиге многолетнего возмужания», самозабвенном «бросании в эти четыре года, чтобы прожить целую жизнь» [1, 458] Ахмадулина напишет так: «Ему удается совершить этот смертельно-выгодный для него обмен: две жизни в плену – «за одну, но только полную тревог» [1, 458].

Ахмадулина полна «сиротской, тяжелой любовью» к юному Лермонтову. Она восклицает: «Господи! а ведь он еще так молод!» [1, 458] Белла Ахатовна несколько жизней готова провести в строках Лермонтова, «локти разбивая об острые углы раскаленного неуюта, в котором пребывала» душа поэта, и «в ссадинах» выходя «из этого чтения». И всё из-за «спешки жажды и тоски по нему» [1, 458]. София Парнок будто бы и о ней писала в строках из стихотворения «Тоскую, как тоскуют звери» (1933) [3, 55]:

Тоскую, как тоскуют звери,
Тоскует каждый позвонок,
И сердце – как звонок у двери,
И кто-то дернул за звонок.

Ахмадулиной снова хочется уберечь «великого мальчика» от опасности нависающей, но даже «пустой звук» способен порезать, как острие, руку помощи. И вовсе не легко, ибо «все быстрее, быстрее бег» нервов Лермонтова, «все уже духота вокруг, и настойчивое, почти суеверное упоминание о близком конце и бедная эта, живая оговорка: "Но не тем глубоким сном могилы..."» [1, 459].

В ретроспективном перемещении Ахмадулина не добирается до Пятигорска. Она остановилась у той самой горы, «где живы еще развалины монастыря, и скорбная тень молодого монаха все хочет и хочет свободы, а внизу, в дивном и нежном пространстве, Арагва и Кура сближаются возле древнего Мцхетского храма» [1, 459]. Пытаясь повторить в себе миг зрения поэта, Ахмадулина старается «на секунду и навеки» возвратить «всевластным усилием любви» Лермонтова, обласканного «южным небом», но желающего вернуться на север, «туда, куда нельзя не вернуться». «И он вернется» [1, 459].

Ахмадулина бесконечно любила Лермонтова: она видела в нем «небесные просветы такой прохладной, такой свежей простоты, что сладко остудить о них горячий лоб» [1, 459]. В двух именах (Пушкина и Лермонтова) для нее было всё: «они и имя земли, столь близкое к их именам, и многозначительность души, связанная с этим, все, что знают все люди, и еще что-то, что знает лишь эта земля» [1, 459]. Они – бессмертны. Нельзя не согласиться со словами Беллы Ахатовны: «...то, что живо в тебе густой толчеей твоей крови и нежностью памяти, то живо и впрямь» [1, 459].

Список использованной литературы:

1. Ахмадулина Б.А. Избранное: Стихотворения. Поэмы. Эссе. Переводы. Екатеринбург, 2006.

2. Ничипоров И. Б. Образы поэтов в стихотворениях Б. Ахмадулиной. [Электронный ресурс] // Образовательный портал «Слово» [http://www.portal-slovo.ru]. [Москва, 2012]. URL: http://www.portal-slovo.ru/philology/45972.php?PRINT=Y (дата обращения: 05.05.2014).

3. Парнок С. Я. Стихотворения // Строфы века. Антология русской поэзии. / Под. ред. Е. Евтушенко. – М.: Полифакт, 1999.

4. Щемелева Л. М. Лермонтовская энциклопедия \\ Гл. ред. В. А. Мануйлов – М.: Советская энциклопедия, 1981.

Донскова Е.Ю.
Южный федеральный университет
katyapavlenko88@mail.ru
ЭКСПЛИЦИТНАЯ И ИМПЛИЦИТНАЯ СУБЪЕКТИВНАЯ МОДАЛЬНОСТЬ В ХУДОЖЕСТВЕННОМ ТЕКСТЕ

Индивидуально-авторская концепция мира, репрезентированная в художественном тексте, является результатом эстетической когниции и актуализирует понимание модальности с позиций антропоцентрического подхода. Современная лингвистика акцентирует внимание на личностных смыслах автора, эксплицитно / имплицитно представленных в оценочно-модальном плане нарратива художественного текста.

Такой ракурс рассмотрения модальности позволяет включить в сферу исследовательского интереса два её вида – объективную и субъективную модальности, различным образом манифестируемые в художественном тексте. Объективная модальность подразумевает отношение сообщаемого к действительности, выраженное посредством языковых средств; арсенал субъективной модальности более обширен: в него входят собственно структурная схема предложения, лексико-грамматические компоненты и интонационный потенциал текста, что способствует возможности её отражения эксплицитным / имплицитным путем. Художественные тексты демонстрируют разнообразные способы реализации субъективной модальности. На наш взгляд, роман М.Ю. Лермонтова «Герой нашего времени» представляет в этом отношении интересный материал исследования, прежде всего, как сложное единство нескольких повествователей, за которыми скрыт собственно автор – продуцент художественного текста.

К эксплицитным средствам реализации субъективной модальности, коррелирующим с содержательно-факультативной текстовой информацией, относят модально окрашенную лексику, особые грамматические формы, определенные синтаксические конструкции и т.п. «История души человеческой, *хотя бы и самой мелкой души*, едва ли не любопытнее и не полезнее истории целого народа, *особенно* когда она – следствие наблюдений ума зрелого над самим собою и когда она писана без *тщеславного* желания возбудить участие или удивление» [3,55]. В приведенном контексте выделенные курсивом лексемы и синтаксические конструкции позволяют реципиенту адекватно интерпретировать эксплицитную авторскую модальность.

Характеристики, репрезентирующие особое эмоциональное восприятие происходящего повествователем, также способны становится модально окрашенными: «*Грустно видеть*, когда юноша теряет *лучшие* свои надежды и мечты, когда пред ним *отдергивается розовый флёр*, сквозь который он смотрел на дела и чувства человеческие...»[3,54]. На наш взгляд, выделенные курсивом лексемы и лексические сочетания представляют собой модальные доминанты данного высказывания, позволяющие ввести эмоционально окрашенное утверждение, репрезентирующее эксплицитную оценку: «хотя есть надежда, что он заменит старые заблуждения новыми, не менее проходящими, но зато не менее сладкими» [3,54].

Субъективная модальность может быть манифестирована и имплицитно с помощью реализации вне- и внутритекстовых ассоциативных связей, различных видов речетворческих актов (монолог, диалог, прямая и несобственно-прямая речь), обнаруживающих специфику коммуникативного репертуара литературной личности (в терминологии Ю.Н. Тынянова [См.: 7]). Например: «Мы вышли вместе с Грушницким; на улице он взял меня под руку и после долгого молчания сказал: - *Ну что?* «*Ты глуп*», - хотел я ему ответить, но удержался и только пожал плечами» [3,99].

Безусловно, наиболее ярким средством модальности следует считать эпитет: «Становясь многократно повторяемым стилистическим приёмом, эпитет начинает вскрывать текстовую модальность, что особенно заметно в литературных портретах» [1,116]. Модальная функция эпитета в художественном тексте объективирует синтез эксплицитных и имплицитных средств субъективной модальности, Например: «*Высокий* рост и *смуглый* цвет лица, *черные* волосы, *черные проницательные* глаза, *большой*, но *правильный* нос, принадлежность его нации, *печальная* и *холодная* улыбка, вечно блуждавшая на губах его...» [3,147]. В приведенном фрагменте эпитеты, выделенные курсивом, являются эксплицитным средством реализации модальности, тогда как лексические сочетания *принадлежность его нации, вечно блуждавшая* введены в контекст как имплицитно выражающие отношение повествователя к данному персонажу.

Г.Я. Солганик понимает субъективную модальность как единственную текстовую модальность художественного текста; эта модальность отражает авторскую оценку изображенного и фиксируется только в соответствующих текстовых фрагментах [См.: 6]. Категория оценки, также понимаемая как текстообразующая, в таком ракурсе обладает определенным сходством с модальностью: «Оценка – это непосредственная или опосредованная реакция говорящего (субъекта) на наблюдаемые, воображаемые, воспринимаемые органами его чувств действия, признаки признаков реальных объектов, объектов внутреннего и внешнего мира говорящего» [4,268]. Нарратив приобретает эгоцентрический характер благодаря оценочно-модальным элементам, которые способны характеризовать когнитивные и эмоциональные особенности автора / повествователя / персонажа. Структурно-семантические особенности процесса текстообразования обусловлены индивидуализированным *Я* автора / повествователя, которое является «композиционно-смысловым центром» художественного текста [2,237].

Эгоцентрическое построение художественного текста создает возможность совместить координаты когнитивных пространств повествователя и персонажа, которые, к тому же, являются фрагментом художественного мира, что актуализируется с помощью индивидуально-авторской рефлексии. Повествователь наделяется «полновластием, способностью регулировать развитие художественного действия согласно своей эгоцентрической системе координат» [5,299]. Именно такую эгоцентрическую модель реализует М.Ю. Лермонтов в романе «Герой нашего времени», первом психологическом романе в русской литературе, что вполне понятно: его эстетическая задача состоит в объективации и анализе ментальных и эмоциональных черт личности Печорина, постановке в центр повествования его напряженной рефлексии, чему способствует интроспекция сознания повествователя. Повествователь намеренно «удален» от авторского *Я*, однако в различной степени: в «Бэле» это Максим Максимыч, в «Максиме Максимыче» и «Предисловии к «Журналу Печорина»» - «проезжий офицер», он же «издатель дневника героя», в «Тамани», «Княжне Мери» и «Фаталисте» - сам Печорин, Фикциональный характер образа повествователя не исключает, тем не менее, постоянного присутствия в эксплицитной / имплицитной форме самого автора как продуцента художественного текста, прежде всего, потому, что именно индивидуально-авторская концепция мира получает оформление и всестороннюю характеризацию на разных уровнях художественного мира.

Литература

1. Гальперин И.Р. Текст как объект лингвистического исследования. М.: Наука, 1981.139 с.
2. Гончарова Е.А. Эгоцентризм как принцип построения литературного текста // Studia Linguistica 7: Языковая картина в зеркале семантики, прагматики и перевода. СПб. : Тригон, 1998. С. 235-244.
3. Лермонтов М.Ю. Собрание сочинений. Т. 4: Проза. Письма. М.: Худ.лит., 1958. 596 с.
4. Панина А.Ф. Текст: его единицы и глобальные категории. М.: Эдиториал УРСС, 2002. 368 с.
5. Романова Н.Л. Ролевые воплощения «я» в аспекте двуперспективного эгоцен-трического повествования // Studia Linguistica 12: Перспектив-ные направления современной лингвистики. – СПб. : РГПУ им. А. И. Герцена, 2003. С. 296-304.
6. Солганик Г.Я. Стилистика текста. М.: Флинта: Наука, 1997. 253 с.
7. Тынянов Ю.Н. Литературный факт. В кн.: Тынянов Ю.Н. Поэтика. История литературы. Кино. М.: Наука, 1977. С. 255-270.

Водопьянова П.А. , Козлова Ю.В.
Кузбасский государственный технический университет

МОЛОДЕЖНЫЙ БУНТ КАК ЯВЛЕНИЕ СОВРЕМЕННОГО ОБЩЕСТВА

Проблема молодежного бунта является одной из актуальных проблем современного общества. На сегодняшний день мы наблюдаем множество противоречий и кризисных процессов, сопровождающих развитие глобального мирового пространства. Многообразие культур, плюралистичность и неоднородность мировоззренческих позиций для различных сообществ, противоречивость потребностей, вариативность способов самовыражения – все это порождает возникновение особых движений, субкультур, которые становятся наиболее заметны именно в молодежной среде.

Молодежные движения всегда являются важным показателем, симптомом, реакцией молодых людей на процессы, протекающие в обществе в целом. Одним из проявлений таких течений является, так называемые, «молодежные бунты». Как правило, важнейшей социальной причиной такого бунта является борьба с системой социального устройства, которая имеет определенные аномалии, содержит внутренние критические противоречия или находится в нестабильном состоянии. Но, зачастую, опасность такого бунта состоит и в том, что молодежь начинает бороться сама с собой, порождая агрессию и запуская механизмы саморазрушения. Так к чему же может привести движение, которое стремится уничтожить устоявшуюся систему общества, а заодно и своих создателей?

Одним из факторов возникновения любого молодежного движения, а также и молодежного бунта, можно назвать возникновение молодежных субкультур. Существует различные типологии молодежных увлечений и сообществ. Ингруппы – группы, с которыми молодой человек себя отождествляет. Аутгруппы – группы, от которых молодой человек себя отделяет, ощущает свое отличие. Также, существует разделение групп по специфике поведения их членов: Просоциальные – это группы, которые не несут угрозу обществу, стараются помочь. Асоциальные – эти виды групп несут критику каким-либо устоям общества, однако данное противостояние не носит крайнего характера. Антисоциальные – не только подвергают критике общественные порядки и устои, но и стремятся их сокрушить. [2, с. 85-89]

Также, молодежные субкультуры можно разделить на досуговые и субкультуры образа жизни, социальные, антисоциальные группы и прочее. [1, с. 181-185] Например, разделение на субкультуры по музыкальным вкусам, по политическим и идеологическим предпочтениям, компьютерные фанаты, сообщества по спортивным увлечениям и даже криминогенные группы. В связи с таким разнообразием увлечений и движений в формальных и неформальных молодежных сообществах, ситуация в любой момент может выйти из под контроля традиционных структур власти.

Молодежная субкультура формирует собственное «социальное пространство», где основная цель заключается в формировании альтернативной системы социальной организации, которая противопоставляет собственные способы коммуникации диктатуре властных институтов в лице родителей, учителей и всех, кто попытается «посягнуть на их свободу». Такого рода сообщества, желая ограничить влияние традиционных социальных институтов, ищут новые формы самовыражения и самоидентификации, которые, зачастую, основаны исключительно на отрицании норм морали, сложившихся правил поведения, стереотипов и моделей подчинения.

Стратегия антисоциальных молодежных движений и субкультур наиболее непредсказуема. Культивируя бунт как способ самореализации, молодежные сообщества могут реализовать свое отрицание сложившегося порядка вещей в виде сугубо поведенческих отклонений от общепринятых норм поведения, в создании авангардных формах искусства, а так же воплощаться в новых политических движениях.

Так, в 60-х годах XX века случился масштабный бунт во Франции, где молодежь определила для себя экзистенциальный лозунг «Бунтую – значит, существую!». Причиной тех событий можно назвать кризис западного сознания, который был связан с крушением мировоззренческих ориентиров, основанных на вере в социальный прогресс, науку, традиционные нормы морали и идеал «государство всеобщего благосостояния». В это период, когда появление новых форм социального устройства, идеологий и принципов коммуникации, поставило перед обществом новые вызовы, молодежь определило бунт, отрицание как свой способ реакции на «старый порядок». Это была потребность в переоценке идеалов и норм, что привело не просто к столкновению двух поколений, а конфликту идеологий, культур, противоположных общественно-политических течений. Бунтующая молодежь стала создавать не только авангардные формы искусства и проявлять интерес к этническим традициям, пропагандируя идеалы пацифизма и мира, но и активно использовать наркотики, жизнь в измененных состояниях сознания, ориентироваться на принципы сексуальной свободы и отсутствие моральных ограничений. Отчасти, современные субкультуры несут на себе отпечаток того масштабного молодежного движения, стремившегося к радикальным переменам.

Современные молодежные неформальные движения, исповедывающие дух бунтарства, зачастую воспринимаются как наркотизированный и криминальный слой общества, так как основная цель таких движений – противостояние системе, нарушение сложившегося порядка, ответная реакция на устоявшийся, консервативный уклад общества. В некотором роде такая точка зрения оправдана. Многие подростки, в силу своих возрастных психологических особенностей считают, что их свободу повсеместно ограничивают и стремятся вырваться из-под контроля родителей, законов и порядков. По этой причине, молодой человек, попавший под влияние соответствующей субкультуры, может быть спровоцирован на весьма опасные для общества и себя лично действия.

Но существует и положительная сторона различных молодежных объединений, использующих идеалы бунта – многие из них осуществляют общественно полезную деятельность. Так, среди деятелей рок-культуры известны частые выступления против войны или за мир во всем мире. Лидеры таких обществ призывают молодых людей быть терпимыми, отзывчивыми и нести позитив в массы, противопоставляя себя конформизму, произволу власти, насилию. Помимо антивоенных акций такие движения активно пропагандируют жизни без наркотиков, алкоголя. Организуются концерты, фестивали, на которых рок-деятели стараются привить подросткам трезвость и ценности гуманизма.

Таким образом, можно точно сказать, что на данный момент молодежные субкультуры и движения, основанные на идеологии бунта, имеют тесную связь с реалиями современного общества. И поскольку, на сегодняшний день, молодые люди имеют довольно обширное пространство для личной свободы и самовыражения, очередной бунт, основанный на негативных, антисоциальных идеях может породить действительно масштабные социальные катаклизмы.

Любое молодежное объединение – это огромный ресурс для развития общества. Правильное курирование такого рода движений, позитивное управление внутренними порывами и конфликтами молодых людей, наличие грамотного лидера, способного обеспечить возможность решения проблем молодежи на уровне социально-политических структур – есть залог успешного использования инновационных идей, генерируемых молодежным сознанием на благо общества. Таким образом, молодежный бунт можно рассматривать не только как некую форму девиантного поведения, направленную на разрушение системы, но и позитивный фактор модернизации общества и внедрения инновационных социальной процессов.

Список литературы

1. Кострикин А. В. Молодежные общественные объединения как институт гражданского общества / А. В. Кострикин // Известия

Российского государственного педагогического университета им. А. И. Герцена. – 2008. – №80. – с. 181-185

2. Мосиенко Л. В. Молодежная субкультура: категория и реальность / Л. В. Мосиенко // Известия Волгоградского государственного педагогического университета. – 2012. – №1. – с. 85-89

3. Мосиенко Л. В. Исследования молодежной субкультуры: аксиологический аспект / Л. В. Мосиенко // Вестник Оренбургского государственного университета. – 2011. – №2(121). – с. 236-242

Андреева Д.С., Лихтер А.В.
Сибирский федеральный университет
студент, кандидат экономических наук, доцент
andreeva_dasha_pe13-07@mail.ru

КОРРЕЛЯЦИОННАЯ ЗАВИСИМОСТЬ ПОКАЗАТЕЛЯ ИНФЛЯЦИИ И ОБЪЕМА ДЕНЕЖНЫХ НАКОПЛЕНИЙ В ЭКОНОМИКЕ РОССИЙСКОЙ ФЕДЕРАЦИИ

Аннотация: существуют противоречивые точки зрения на взаимосвязь инфляции и уровня сбережений в национальной экономике. Одни исследователи утверждают, что причиной инфляции в экономике может быть высокий уровень сбережений населения, другие же – что такой зависимости нет. В статье анализируются фактические данные об инфляционных процессах и уровне сбережений в Российской Федерации для подтверждения или опровержения существующих теорий.

Ключевые слова: инфляция, сбережения, взаимозависимость.

Показатель национального сбережения является одним из наиболее важных показателей развития экономики на макроуровне, наряду с такими показателями как ВВП, национальный доход, национальное накопление и др. Поэтому государство ставит перед собой задачу увеличения инвестиционной активности населения путем повышения эффективности функционирования рынка сбережений [1]. Данные о сбережении важны для анализа различных аспектов функционирования макроэкономики, и, в частности, для анализа уровня жизни, формирования источников финансирования инвестиций, факторов, определяющих норму сбережения.

Существует точка зрения, связывающая между собой инфляцию и уровень сбережений в экономике.

Вообще, существует несколько известных теорий о причинах инфляции. К наиболее широко распространенным следует отнести монетаристские и неокейнсианские подходы, новую классическую теорию (теорию рациональных ожиданий), а также посткейнсианские и марксистские подходы.

В рамках концепции монетаризма инфляция рассматривается как денежное явление, проявляющееся в обесценивании денег, причем динамика цен зависит только от изменения денежной массы [2, 26]. Сторонники кейнсианства утверждают, что причины инфляции кроются, во-первых, в превышении совокупного спроса над совокупным предложением (инфляция спроса), а во-вторых – в росте издержек производства, в том числе на оплату труда (инфляция издержек). А с точки зрения посткейнсианцев инфляция глубоко укоренена в структуре и институтах рыночной экономики. По их мнению, конкретный механизм развертывания инфляционных процессов порождается борьбой разных групп хозяйствующих субъектов за свои доли в национальном доходе в условиях несовершенства конкуренции и эндогенных денег [3, 100]. Представители теории рациональных ожиданий ставят равновесные цены в зависимость от движения денежной массы [4, 151]. Также сторонники данной теории считают, что для борьбы с инфляцией политики должны объявить правильный комплекс антиинфляционных мер и безусловно их выполнить, получив полный кредит доверия от населения [5, 226].

В соответствии с марксистским взглядом, инфляция трактуется как чисто денежный феномен и объясняется превышением денег в обращении над реальным предложением товара из-за государственной эмиссии, выдачи банками необеспеченных кредитов, падения обменного курса национальной валюты. В этом отношении марксистское объяснение причин инфляции близко к монетарной интерпретации.

Инфляция в экономике каждой страны в каждый период времени определяется множеством взаимосвязанных факторов, и роль отдельных факторов может меняться. Именно за счет этой внесущностной части содержания и происходит эволюция инфляции, ее модификация, ее изменение, что и является особым объектом изучения особенностей инфляции в национальных экономиках, в том числе российской [6, 7].

Поэтому, современными исследователями разрабатываются новые теории по рассматриваемому вопросу.

Так, В.Вернанке, в своей работе "Сбережения, инфляция и ошибка Гайдара" высказал нижеприведенную точку зрения по вопросу причин инфляции [7].

Большинство людей считают, что количество денежной массы в стране должно быть равно количеству товаров, в противном случае возникнет инфляция. Но ведь деньги – это не только средство обмена, но и средство накопления. Поэтому, чтобы избежать инфляционных процессов, иногда достаточно, чтобы все деньги, необеспеченные товарной массой, не тратились, а накапливались.

С другой стороны, если накопления в большом количестве начинают тратиться, то это неизбежно вызовет всплеск инфляции. Если проценты по вкладу ниже, чем текущий уровень инфляции, то это вызывает снятие денег со счетов в банках, и попытки населения как можно быстрее что-то приобрести на эти деньги (и на имеющиеся запасы наличности). Таким образом, стихийные попытки людей сохранить свои сбережения лишь провоцируют новый всплеск инфляции.

Если же валюта, в которой хранятся сбережения теряет свою ценность то это сродни рассмотренному выше случаю инфляции. Обычно люди, пытаясь этого избежать, стараются быстро перевести свои финансовые средства из местной валюты в другие, или изначально хранят часть денег в «надежных» валютах [7].

М. Хазин, комментируя статью В. Вернанке, выражает другую точку зрения влияния сбережений на экономику. В соответствии с его взглядами увеличение показателя национальных сбережений ведет к снижению текущих расходов, что в свою очередь приводит к сокращению объема ВВП. Поэтому необходимо стимулировать рост расходов, но не увеличение накоплений.

Главная проблема – не количество сбережений, а их эффективность с точки зрения национальной экономики. Сбережения должны попадать в качестве инвестиций в реальный сектор , иначе никакого положительного влияния на состояние экономики они не окажут. Поэтому необходимо создать эффективный механизм перевода сбережений во внутренние инвестиции. Однако по причине высоких ставок, и по причине оттока капитала, инвестирование пользуется малой популярностью среди населения [8].

Таким образом , по мнению В. Вернанке, показатель ВВП увеличивается, когда сбережения создаются. Но также он растёт и когда они тратятся, а производители начинают выпускать товары и услуги под отложенный спрос. С чем не согласен М. Хазин. Он уверен, что рост накоплений влечет за собой сокращение текущих доходов, т.е. падение ВВП. Также он считает, что чем богаче человек, тем выше у него сбережения, а значит – меньше ВВП.

В своей статье мы задались целью проверить взаимосвязь между уровнем инфляции и объемом национальных сбережений в Российской Федерации за два года.

Наши расчеты основывались на данных, представленных в таблице 1.

Статистические данные взяты с Федеральной службы государственной статистики Росстат [9].

Таблица 1. Динамика показателей уровня инфляции и сбережений в Российской Федерации за 2014 и 2015 гг.

год месяц	Инфляционные показатели (в процентах к предыдущему месяцу)		Объем накоплений (в процентах к предыдущему месяцу)	
	2014	2015	2014	2015
январь	100,59	103,85	100,03	102,45
февраль	100,70	102,22	96,52	99,47
март	101,02	101,21	97,28	100,65
апрель	100,90	100,46	95,9	100,19
май	100,90	100,35	98,1	102,33
июнь	100,62	100,19	98,34	102,69
июль	100,49	100,80	99,35	104,31
август	100,24	100,35	100,4	105,78
сентябрь	100,65	100,57	101,65	107,17
октябрь	100,82	100,74	101,42	107,36
ноябрь	101,28	100,75	101,21	108,27
декабрь	102,62		101,29	

В результате анализа получилась следующая зависимость, представленная на рис. 1.

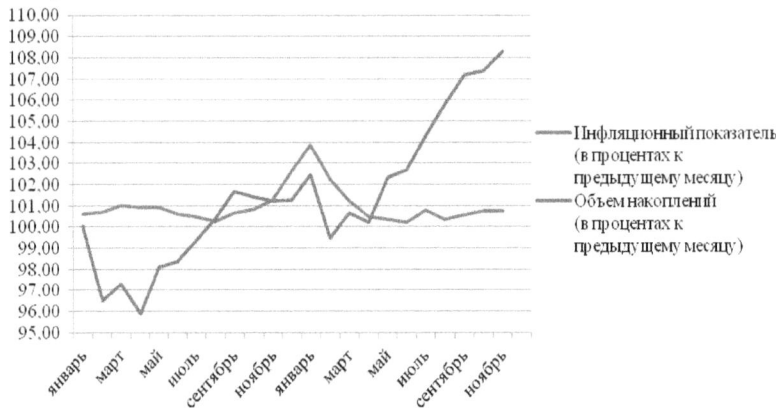

Рисунок 1. Зависимости инфляции и сбережений в РФ

Кроме этого, с помощью программы Microsoft Excel между данными был проведен корреляционный анализ, который показал низкую корреляцию между этими двумя показателями – 0,07.

Однако видно, что рост инфляции ведет к сокращению объема накопленных населением сбережений (люди начинают использовать накопленные деньги, опасаясь за сокращение их практической ценности), и, наоборот, рост сбережений ведет к незначительному сокращению инфляции, так как объем денежной массы сокращается, что позволяет ЦБ проводить эмиссию денег с целью стимулирования экономического роста.

Таким образом подтверждается теория В. Вернанке о том, что существует связь между темпами инфляционного роста и изменениями объема накоплений населения.

Государство может регулировать инфляционные темпы, создавая "преграды" для массового свободного перехода сбережений на торговый рынок, например, выпуская на рынок защищенные от инфляции (inflation protected) ценные бумаги, такие как TIPS в США. Подобные бумаги в последнее время предлагает российский Минфин, номинал которых индексируется на уровень инфляции. Также государство может осуществлять продажу облигаций Банка России, тем самым контролируя денежную массу и стимулирую снижение инфляции в стране. При этом эмиссия денег не увеличит инфляцию, если все выпущенные деньги уйдут в накопления.

Литература

1. Резник Г.А. Чувакова С.Г. Особенности формирования рынка сбережений в России // Проблемы современной экономики, №1/2 (17/18), 2006.

2. Дрючевский Д.В. Инфляция как экономический феномен с позиций различных школ и направлений экономической науки // Вестник Челябинского государственного университета №19(273). 2012. С. 26–31.

3. Розмаинский И.В. Введение в посткейнсианство // Идеи и идеалы № 1(3), 2010. С. 88–105.

4. Горяинова Л.В История экономических учений : учебно-практическое пособие. – М.: Изд. центр ЕАОИ, 2011. С. 248.

5. Агапова И. И. История экономических учений : учеб. пособие. – М.: Магистр, 2011. С. 301.

6. Коцофана Т.В. Сущность инфляции и ее содержание в современной российской экономике // Научный журнал НИУ ИТМО №1 (16). 2014. С. 11.

7. Вернанке В. Сбережения, инфляция и ошибка Гайдара // «Expert Online», 29 октября 2015. URL: http://expert.ru/2015/10/29/sberezheniya-inflyatsiya-i-oshibka-gajdara

8. Хазин М. Комментарии к статье "Сбережения, инфляция и ошибка Гайдара" Изборский клуб, 2015. URL: http://www.izborsk-club.ru/content/articles/7627/

9. Федеральная служба государственной статистики Росстат. URL: http://www.gks.ru

Папулова Т.Н.

старший преподаватель кафедры Финансы и банковское дело, Института Менеджмента и экономики, Югорского государственного университета, Россия

papulova-tn@vail.ru

ФИНАНСИРОВАНИЕ УЧРЕЖДЕНИЙ В ОБЛАСТИ ЗДРАВООХРАНЕНИЯ НА ПРИМЕРЕ КАЗЕННОГО УЧРЕЖДЕНИЯ «ЦЕНТР ПРОФИЛАКТИКИ И БОРЬБЫ СО СПИД» ГОРОДА ХАНТЫ-МАНСИЙСКА

В условиях нового направления экономики по эффективному использованию целевых средств государственного бюджета, направляемых на обеспечение содержания казенных учреждений, органы государственной власти постоянной сталкиваются с задачей по правильному определению на новый очередной финансовый год объемов финансирования. В рассмотренной статье предложены направления эффективного использования средств бюджета.

Организация и оказание услуг в сфере профилактики и борьбы со СПИД казенными учреждениями в России закреплены Конституцией Российской Федерации, «Федеральным Законом о предупреждении распространения в Российской Федерации заболевания, вызванного вирусом иммунодефицита человека (ВИЧ-инфекция)», «Декларацией о приверженности делу борьбы с ВИЧ/СПИД», в которых права и свободы человека при заболевании сохранены. Однако и ообязанности граждан Российской Федерации участвовать в мероприятиях, направленных на предупреждение распространения ВИЧ, так же закреплены в «Федеральном законе о санитарно-эпидемиологическом благополучии населения» (от 30 марта 1999 г. №52-ФЗ) и Уголовном кодексе Российской Федерации, которые предусматривают и принудительные меры по их лечению.[1,2,3, 4]

Федеральным законом № 38-ФЗ «О предупреждении распространения в Российской Федерации заболевания, вызываемого вирусом иммунодефицита человека (ВИЧ-инфекции)» существенно развиты нормы права и ответственность лиц с ВИЧ/СПИДом и членов их семей. В Федеральном законе сформулированы конкретные медицинские понятия по данному направлению, обозначены виды проведений профилактики по предупреждению распространения ВИЧ-инфекции. Так же законом установлены гарантии и права лиц, живущих с ВИЧ/СПИДом, в том числе на бесплатное лечение анти- ретровирусными препаратами, право на труд, получение услуг образования, культуры и спорта и т.д. Так Федеральным законом № 38 предписано Органам исполнительной власти, и органам местного самоуправления направлять средства на профилактику распространения ВИЧ-инфекции среди всех групп населения, включая лиц, подверженных риску инфицирования ВИЧ. [2]

Проведение и организация профилактических мероприятий в Российской Федерации, стала возможной в связи с принятием Правительством Российской Федерации Федеральных целевых программ «Анти-ВИЧ/СПИД» на 1992-1996 гг., 1997-2011 гг. и 2012-2016 гг., «Неотложные меры по предупреждению распространения в Российской Федерации заболевания, вызываемого вирусом иммунодефицита человека» («Анти ВИЧ/ СПИД»). [5]

В целях совершенствования и оптимизации организационной структуры специализированных медицинских учреждений по профилактике и борьбе со СПИД и инфекционными заболеваниями, во исполнение распоряжения Правительства Ханты-Мансийского автономного округа - Югры (далее ХМАО- Югра) от 16 ноября 2012 года № 681-рн «О реорганизации государственных казенных и бюджетных учреждений здравоохранения Ханты-Мансийского автономного округа - Югры» и приказа Департамента здравоохранения ХМАО- Югры от 27 декабря 2012 года №683 «Об организационно-кадровых мероприятиях, связанных с реорганизацией государственных учреждений здравоохранения Ханты-Мансийского автономного округа - Югры», проведена реорганизация и связанные с ней организационно-кадровые мероприятия.

Казенные учреждения Ханты-Мансийского автономного округа-Югры: «Ханты-Мансийский центр СПИД», «Нижневартовский центр СПИД», «Сургутский центр СПИД» объединены в системе единого счета бюджета по обеспечению потребности населения в специализированной медицинской помощи при заболевании ВИЧ-инфекцией и СПИД на территории Ханты-Мансийского автономного округа –Югры. [6]

Для казенных учреждений в бюджетной смете устанавливаются лимиты бюджетных обязательств в соответствии с классификацией расходов бюджетов», и в рамках данных средств учреждение выполняет свои функции, и другие виды привлечения средств в учреждение, например приносящей доход деятельности может осуществлять, только если это предусмотрено в его учредительном документе. Однако данное изменение требует определенной доработки, поэтому финансирование на сегодня для казенных учреждений в сфере профилактики и борьбы со СПИД в ХМАО – Югры осуществляется только в соответствии со ст. 70 Бюджетного Кодекса Российской Федерации в *рамках Национального проекта «Здоровье»* по подпрограмме *«Укрепление здоровья населения России», по направлениям:* оплата труда сотрудников амбулаторно-поликлинического отделений, клинико-диагностических лабораторий. Так же на командировочные и иные выплаты в соответствии с трудовыми договорами; на оплату поставок товаров, выполнения работ, оказания услуг для государственных нужд учреждения; на уплату налогов, сборов и иных обязательных платежей в бюджетную систему Российской Федерации; на возмещение вреда, причиненного казенным учреждением при осуществлении его деятельности.

Финансирование казенного учреждения реализуется в рамках территориальных бюджетов, по следующим направлениям: информирование населения, правоохранительные мероприятия, санитарно-эпидемиологический надзор, использование современных средств диагностики и лечения ВИЧ-инфекции и оппортунистических заболеваний, улучшение программы перинатальной передачи ВИЧ-инфекции, и внедрение программы иммунопрофилактики ВИЧ - инфицированных детей и взрослых, защита ВИЧ - инфицированных и членов их детей

Для реализации программы в казенном учреждение «Центр СПИД», из ХМАО-Югры в рамках Постановления правительства Ханты-Мансийского автономного округа -Югры от 29 октября 2012г. № 426-п «О территориальной программе государственных гарантий бесплатного оказания гражданам в Ханты-Мансийском автономном округе-Югре на 2013 год и на плановый период 2014-2015 годов» осуществлено финансирование на мероприятия по выявлению, лечению и профилактики распространения ВИЧ-инфекции в следующих объемах финансирования в 2012г - 4,4 млн.рублей, в 2013г - 11 млн.рублей. и в 2014году- 6,6 млн. рублей

С целью эффективной работы в казённом учреждении «Центр СПИД» необходимо соответствующее диагностическое оборудовании, для Ханты-Мансийска и Нижневартовска, потребности учтены в планы закупок на 2016 год. Новое оборудование позволит минимизировать затраты по исследованию и диагностированию инфекции, выполнять в полном объеме. На основе данных диагностических центров Сургута, Нижневартовска, Пыть – Яха, рассматривается прогноз и диагностика заболевших и план развития ВИЧ-инфицированных, и определяется фактическое их содержание и потребности в бесплатных медикаментах, лекарствах. В Проект бюджета казенного учреждения – в финансово-правовой акт(план), вносят все планируемые и непредвиденные расходы.

Для реализации программы в казенном учреждение «Центр СПИД», из ХМАО-Югры в рамках Постановления правительства Ханты-Мансийского автономного округа -Югры от 29 октября 2012 г. № 426-п «О территориальной программе государственных гарантий бесплатного оказания гражданам в Ханты-Мансийском автономном округе-Югре на 2013 год и на плановый период 2014-2015 годов» осуществлено финансирование на мероприятия по выявлению, лечению и профилактики распространения ВИЧ-инфекции в следующих объемах финансирования в

2012г - 4,4 млн.рублей, в 2013г - 11 млн.рублей. и в 2014году- 6,6 млн. рублей. [10]

Рассмотрим в таблице динамику средств направляемых на выполнение программы по обеспечению бесплатных лекарств и профилактики больных ВИЧ- инфекцией.

Таблица 1 - Выполнение программы по направлению «Обеспечение препаратами и профилактики больных ВИЧ- инфекцией» КУ «Центр СПИД»за 2012-2014г.г.

Наименование направлений	2012 г.	2013 г.	2014 г.	Темп роста, %	
				2014г. к 2013г.	2014 г. к 2012г.
1 .Антиретровирусные препараты млн. руб	330,0	400,0	600,0	150	181,8
2. Экспресс- тесты для выявления ВИЧ у беременных женщин тыс. руб	385,0	385,0	385,0	-	-
3. Для профилактики перинатального заражения млн. руб	38	55	80	145,4	210,5
4. Иммунобиологические препараты для иммунопрофилактики ВИЧ-инфицированных детей и взрослых млн.руб	0,80	1,5	2,0	133,3	250,0
5. Паллиативная помощь на дому, тыс. руб	100	150	200	133,3	200,0
6. Повышение квалификации сотрудников тыс. руб	360	580	510	87,9	141,6

В целом на закупку препаратов и на профилактику распространения ВИЧ- инфекции за период с 2012-2014г.г. запланировано 181 млн. рублей. Сокращение за текущий 2014 год произошло из-за ужесточения отбора на переподготовку персонала. По всем остальным направлениям темп прироста в среднем от 133% и выше данное увеличение объясняется тем, что объемы закупок лекарств не снижаются, а еще и заметно увеличивается за счет новых выявленных больных. Но и главное с увеличением роста стоимости импортных препаратов из-за увеличения курсов валют на рынках и нестабильностью экономических процессов внутри страны.[7,10]

Средства, направляемые для расчета заработной платы в КУ «Центр СПИД» так же рассматриваются в статьи расходов по выполнению программ. Расчеты по заработной платы сотрудников, предусматривают сохранение средних окладов: ежегодную тарификацию состава, квалификация, определение категории специалистов, стажа работы и работа с опасными для здоровья и особо тяжелыми условиями труда (аттестации врачей, провизоров, средних медицинских работников и на основании Приказа Министерства здравоохранения Российской Федерации от 23 апреля 2013 г. № 240н предусматривает эффективное использование средств на оплату труда) . Работникам учреждений здравоохранения, которые осуществляют диагностику и лечение ВИЧ-инфицированных, устанавливаются в размере 20% к окладам надбавки за работу в опасных для здоровья условиях труда. В связи с опасными для здоровья и особо тяжелыми условиями труда, размеры окладов (ставок) работников для лечения больных СПИД, ВИЧ- инфицированных повышаются на 60, 40, 30, 25 и 15 процентов. [8, 9]

Однако сумма расходов на закупку препаратов и на профилактику распространения ВИЧ- инфекции в 2012-2014 годах запланированная в рамках территориальной программы «О государственных гарантиях бесплатного оказания гражданам в Ханты-Мансийском автономном округе-Югре на 2013 год и на плановый период 2014-2015 годов» недостаточна. По данным исследований проводимых Центром-СПИД в округе, ВИЧ-инфицированныее будут увеличиваться, их рост составит 25-30%, от числа ВИЧ-инфицированных по истечении 4-5 лет заболевания приобретут инвалидность, в том числе детей, складывается неблагоприятная ситуация для бюджета автономного округа. [10,11]

Таблица 2 – Прогноз и динамика смертности от СПИД до 2017 года

Годы	Число выявленных ВИЧ-инфицированных	Ежегодная общая смертность по округу	Показатель смертность от СПИД-ассоциированных заболеваний	Доля в общей смертности от СПИД %
2015	1603	632	298	47
2016	1666	668	335	50
2017	1729	704	372	53

Необходимо в Российской Федерации предусмотреть методики расчета экономических потерь от отстранения значительной части ВИЧ-инфицированных от производственной деятельности, и продолжать деятельность по противодействию распространения ВИЧ-инфекции.

С целью эффективного противодействия распространения ВИЧ-инфекции и наркомании в округе продолжать:

1. Социальные, медицинские и противоэпидемические мероприятия по противодействию распространения ВИЧ-инфекции проводить комплексно с привлечением волонтерских, общественных объединений в школах, ВУЗах.

2. На всех территориях округа в средствах массовой информации размещать телефоны доверия для населения, для обращения граждан о незаконной торговле наркотическими препаратами.

3. Продолжать в СМИ выносить список лиц, осужденных за незаконное распространение наркотиков.

4. Повышать уровень грамотности населения в вопросах профилактики ВИЧ-инфекции и наркомании. [12,13,14]

Проводимые мероприятия в комплексе позволят Казенному учреждению Ханты-Мансийского автономного округа- Югры «Ханты-Мансийский центр СПИД» снизить динамику заболеваний, или замедлить её рост.

Литература :

1. Конституция Российской Федерации (принята народным голосованием 12.12.1993) (с учетом поправок, внесенных Законами РФ о поправках к Конституции РФ от 21.07.2014 N 11-ФКЗ).// «Собрание законодательства РФ», 04.08.2014, N 31, ст. 4398

2. Федеральный закон от 30.03.1995 N 38-ФЗ (ред. от 28.12.2013, с изм. от 04.06.2014) «О предупреждении распространения в Российской Федерации заболевания, вызываемого вирусом иммунодефицита человека (ВИЧ- инфекции)».// «Собрание законодательства РФ», 03.04.1995, N 14, ст. 1212

3. Декларация о приверженности делу борьбы с ВИЧ/СПИД (Принята резолюцией S-26/2 специальной сессии Генеральной Ассамблеи ООН от 27 июня 2001 года) [Электронный документ]// Режим доступа: http://www.consultant.ru/

4. Федеральный закон от 30.03.1999 N 52-ФЗ (ред. от 23.06.2014) "О санитарно-эпидемиологическом благополучии населения".// "Собрание законодательства РФ", 05.04.1999, N 14, ст. 1650

5. «Уголовный кодекс Российской Федерации» от 13.06.1996 N 63-ФЗ (ред. от 21.07.2014) (с изм. и доп., вступ. в силу с 04.08.2014).// «Собрание законодательства РФ», 17.06.1996, N 25, ст. 2954

6. Бюджетный Кодекс РФ от 31.07 1998 г.№ 145-ФЗ (ред. от 02.11.2013 с изменениями, вступившими в силу 03.11.2013г.) ст. 161

7. Приказ Министерства финансов Российской Федерации № 72н от 16 июля 2010 г. «О санкционировании расходов федеральных государственных учреждений»

8. Трудовой кодекс Российской Федерации «Установление заработной платы» в редакции Федерального закона от 22 августа 2004 года № 122-ФЗ «О дифференциации в уровнях оплаты труда работников бюджетной сферы на основе Единой тарифной сетки»№.(ред.от 2015года)

9. Приказ Министерства Здравоохранения от 15.10.1999 г. №377 приложение №5 «Об утверждении положения об оплате труда работников здравоохранения во вредных и опасных условиях труда»

10. Отчетные документы бухгалтерии КУ «Центр СПИД» за июнь 2015 года

11. http://www.aids-86. info/index;

12. http://www.surgut-spid.ru;

13. http://nvaids.ru;

14. http://center.aids@yandex.ru

Сафарова К.Е., Козлова Ю.В.
Кузбасский государственный технический университет

РАЗВИТИЕ МАЛОГО БИЗНЕСА В РОССИИ

В современном обществе каждый уважающий себя гражданин стремиться к тому чтобы обеспечить себе высокий и стабильный заработок, а для этого открыть собственное дело. Именно поэтому в последнее время так возрос спрос на малый бизнес.

Развитие малого предпринимательства, как в целом, так и в отдельных регионах зависит в первую очередь от отношения к данному процессу местных органов управления, и от их участия в создании необходимой инфраструктурной среды.

Малый и средний бизнес в России в настоящее время развивается в достаточно сложных условиях, что прилично тормозит его развитие.

Малые предприятия очень быстро реагирует на рыночные изменения, и могут моментально перестроиться с производства одного товара на другой. Все это дает возможность в короткие сроки окупить вложенный капитал путем перехода из одной отрасли в другую.

Не смотря на то, что малый бизнес довольно легко приспосабливается к нововведениям, отсутствие финансовых средств в местных бюджетах, и неразработанность механизмов их привлечения сдерживает развитие малого предпринимательства , поэтому он заинтересован в быстрой разработке технических решений.

На западе в поддержку малого бизнеса выделяются достаточно большие финансовые средства. Что обеспечивает высокий прирост малых предприятий. Так для сравнения во Франции данный показатель составляет 220тыс. фирм в год, тогда как в России всего 25 тыс. фирм. [2]

В свою очередь при стабильной ситуации малые предприятия создают 90-95% новых рабочих мест, а это значит, что поддержка малого бизнеса должна быть выгодна государству.[3] Также к плюсам можно отнести повышение ВВП, и получение высокого дохода государства, за счёт сборов и налогов с малых предприятий.

В данный момент из за кризиса, а соответственно нестабильной ситуации на рынке, и недостаточной компетентности предпринимателей количество создаваемых предприятий ненамного превышает количество пришедших к банкротству.

Ещё одной проблемой малого предпринимательства является то, что начинающим бизнесменам очень тяжело пробиться на мировой рынок, так как малые предприятия маломощные, и не получают государственную поддержку, либо получают её, но не в полной мере.

В целом можно выделить несколько барьеров препятствующих развитию малого бизнеса:

1. Недостаток или отсутствие поддержки государства, как говорилось ранее.
2. Изменчивость законодательства
3. Отсутствие эффективной политики кредитования

В экономически развитых странах государство уделяет достаточное внимание развитию малого бизнеса, так как он в своё время помогает решить проблему занятости населения, за счёт свободных рабочих вакансий. При достаточной поддержки малого бизнеса, создаются всё больше малых предприятий, и соответственно появляется больше рабочих мест. Таким образом малый бизнес является важным социальным механизмом предотвращения массовой безработицы.

Для того что решить проблему неразвитости малого бизнеса в целом необходимо:

1. Ввести льготный режим кредитования, налогообложения и предоставления недвижимости, другими словами устранить как можно больше административных барьеров для начинающих и действующих бизнесменов.
2. Оказывать активную помощь и всевозможную поддержку в развитии малых предприятий.
3. Создать консультационные фонды для начинающих предпринимателей.

В России в последнее время начали уделять гораздо больше внимания развитию малого и среднего бизнеса. Можно сказать что развитие именно малого бизнеса, стало приоритетным для государства. В 2015 году было подписано 11 поручений президента России по поддержке малого предпринимательства.[1] Также одной из поблажек для малых предприятий является замена совокупности разных налогов-одним общим. Создаются всевозможные проекты, по развитию и поддержанию малых предприятий как на региональным, так и на федеральном уровне. Не говоря уже о предоставлении различных льгот для начинающих бизнесменов. Таким образом в России, государство всерьёз взялось за развитие малого бизнеса в стране, что в свою очередь позволит ей перейти к полноценным рыночным отношениям, и повлечёт за собой улучшение экономики страны в целом.

Список используемой литературы:

1.   http://www.vestifinance.ru/articles/56651
"Путин дал 11 поручений по развитию малого бизнеса"
2.   http://sibac.info/18361

"Особенности развития малого и среднего бизнеса в россии и за рубежом"

3.   http://www.litsoch.ru/referats/read/26060/
"Бухгалтерский учет на малых предприятиях и анализ их хозяйственной деятельности"

Водопьянова П.А., Козлова Ю.В.
Кузбасский государственный технический университет

РОЛЬ ГОСУДАРСТВА В КРЕДИТНО - ФИНАСОВОМ РАЗВИТИИ ЭКОНОМИКИ

Очевидно, что экономика в посткризисный период находится не в лучшем состоянии. В этот период часто применяется жесткое упорядочивание ценообразования, доходов, потребления и других аспектов. В кризисных условиях объективно растет роль государства в экономической жизни страны. Для преодоления последствий необходимо образования определенной системы, которая взаимодействовала как с государством, так и с экономикой. Создание данной системы и есть роль государства. Главной проблемой для любой страны является степень вмешательства государства в экономику. Роль государства заключается в решение задач по корректированию цен бюджета. Исходя из истории экономики существует две точки зрения по этому поводу:
1. Ее выдвинул Адам Смит в своей книге «Исследование о природе и причинах богатства народов». Он считал, что рынок - это саморегулирующаяся система, которая не требует ничьего вмешательства.
2.В конце 19 века , аналитики сделали вывод, что рынок - это институт имеющий ряд слабых мест, в которых государство в обязательном порядке должно сглаживать отрицательные и неблагоприятные последствия. Следовательно, концепций аналитиков важно то, что в первую очередь государство должно корректировать ценообразование на рынке. Сейчас же экономическая сфера существует в условиях рыночной системы, которая сосредоточена на концентрации производства её сфер, сводящаяся к снижению конкуренции и ее регулирующей роли.
По мере уменьшения соперничества среди производителей, более важным субъектом становится потребитель и тем самым дестабилизирует миссии по предельному извлечению прибыли у производителя. Научно - технический прогресс, становится значимым рычагом регулирования экономической сферы у монополистов, но в связи с этим возникает потребность в крупных затратах, осуществить которые способны не все крупные компаний.
На самом деле рыночное устройство в России не обеспечивает стабильного подъема экономики. Отсутствует полная занятость и объем производства исполняет свою деятельность не в полной мере. Это выражается в большом проценте безработицы, а так же в отсутствие полного использования всех производственных ресурсов в компаниях.
Суть государственной корректировки на данный момент заключается не в полной разборке старой системы, а в производстве более действенной системы регулирования экономики с учетом саккамулированного

положительного опыта. Прежде всего, для разработки такой результативной системы регулирования следует провести ряд процедур, таких как:

- налаживание финансовой системы, переход к индикативным методам, использованию финансовых рычагов;
- формирование среды для адаптации и предстоящего усовершенствования для невыгодных и малорентабельных компаний, ликвидировать которые сразу невозможно;
- проведение наступательной социальной политики, призванной уменьшить для населения неблагоприятных последствия перехода к рынку, предоставление социальной защиты, мер по снижению уровня безработицы; Особое внимание государству, следует уделяться проблеме конкурентоспособности предприятий. Важнейшими рычагами корректировки обязаны стать стоимостные пропорции, с помощью которых можно образовывать пропорции развития и воспроизводства в сферах экономики. Цены, налоги, льготы по ним, выделение финансовых ресурсов, кредитные ставки, рентные платежи, ставки оплаты труда, пенсий, пособий - все это образовывает множество экономических рычагов, с помощью которых можно совершать влияние на экономические интересы производств и регионов в частности. Государственное вмешательство в корректирование трудовых экономических отношений в переходный период необходимо на всех фазах воспроизводства рабочей силы, в том числе формирование, размещение, перераспределение и рациональное использование кадров высшей квалификации.

В заключение можно сделать вывод, что главной задачей государства является удерживание «золотую середину» в сфере влияния на экономику и регулирования финансового бюджета страны, так как чрезмерно активное государственное вмешательство губительно для экономики, оно и может привести ее к деформации. Все эти факторы неблагоприятно повлияют на сферы экономической деятельности в целом, и послужат снижением спроса на товары, а в связи с этим и увеличению конкуренции на рынке. В свою очередь, если же оказывать пассивное государственное вмешательство, это может привести к неэффективности рыночной экономики как системы в целом.

Список использованной литературы:

1. Научный журнал "Бухгалтерский учет" №8 2015 г.
2. Гаврилов А.И. Региональная экономика и управление. - М.: ЮНИТИ - ДАНА, 2013г.
3. Региональная экономика и управление / под ред. Коваленко Е.Г. – СПб, 2014 г.

Сафарова К.Е., Козлова Ю.В.
Кузбасский государственный технический университет

СОСТОЯНИЕ БЕЗРАБОТИЦЫ В РОССИИ

Безработицу нельзя считать самой важной проблемой в России, но тем не менее она является одной из них. К тому же сейчас многие сталкиваются с кризисными явлениями, как в повсеместной, так и в местной экономике. В целом в России уровень безработицы за последние несколько лет имел тенденцию к снижению, и на данный момент он составляет 5,4%.[1] Но тем не менее, некоторые категории населения, испытывают определенные трудности.

Люди считаются безработными, если на момент проверки у них нет конкретного места работы, либо они только собираются приступить к исполнению своих обязанностей. Таким образом безработица – наличие в стране людей, которые составляют часть экономически активного населения, желающих и способных трудиться, но которые не могут найти работу.

Уровень безработицы – один из важных показателей состояния экономики страны и её отдельных регионов. Государство признаётся более экономически развитым, если в стране высокий уровень жизни населения, а всем известно что, чем меньше уровень безработицы, тем выше уровень жизни. Существуют множество социальных и экономических причин, которые оказывают влияние на уровень безработицы как системного явления. Это действие может быть как положительным, так и отрицательным. К основным факторам относятся:

1. Демографическая ситуация в стране
2. Темп роста экономики
3. Фазы экономических циклов
4. Продуктивность труда
5. Спрос на рынке занятости

Исходя их данных причин принято выделять 5 видов безработицы:

1. Структурная
2. Скрытая
3. Циклическая
4. Фрикционная
5. Сезонная

Структурная – Данный вид возникает из-за масштабных изменений в экономике, и приводит к закрытию многих предприятий, а также к развитию новых отраслей, из-за чего возрастает спрос на специалистов новых отраслей, а прежние не могут найти новую работу. Структурной вид безработицы неминуем, так как сопровождается техническим прогрессом.

Скрытая - данный вид безработицы вызван снижением спроса на продукцию предприятия, поэтому части всего персонала, предоставляется возможность вместо увольнения перейти на сокращенный режим рабочего времени. По факту таких людей можно считать безработными.

Циклическая – безработица, спровоцирована фазой спада экономического цикла, и приводит к снижению производственной активности, закрытию отдельные предприятий, а, следовательно росту безработицы. Циклическая безработица отрицательно влияет на экономическое развитие. Ее наличие показывает, что экономика функционирует на уровне неполной занятости, и не достигается потенциальный уровень ВВП.

Фрикционная или как ещё её называют текущая – безработица, вызываемая постоянными изменениями между видами и сферами производства товаров и услуг. Фрикционная безработица краткосрочна, и является добровольной. Наличие фрикционной безработицы дает возможность поиска работы приносящей большую выгоду. Совокупность структурной и фрикционной безработицы называют нормальным уровнем безработицы или полной занятостью.

Сезонная – безработица, вызванная неидентичными объемами производства, выполняемыми некоторыми отраслями в различные периоды времени. Прежде всего такой вид безработицы свойственен для отрасли сельского хозяйства.

Для каждого человека безработица означает потерю постоянно получаемого дохода, убивает инициативу человека, и порождает в нём неуверенность. Безработица снижает доходы семей, усиливает размежевание населения, приводит к деградации человека, ухудшает социально-психологический климат в обществе. Если ее уровень превысит допустимый, то последствия безработицы могут обернуться социальным взрывом, или как минимум социальным возмущением. В зарубежной литературе критической величиной считается уровень безработицы более 10-12 %.[2] Но безработица имеет не только негативные последствия, она является одним из условий нормальной и бесперебойной функции экономики. Безработица даёт стимул работникам для повышения квалификации так как знаний и навыков оказывается недостаточно, а также обеспечивает формирование резерва рабочей силы как важного фактора развития рыночной экономики, который постоянно предъявляет спрос на труд. Не маловажно и то, что безработица обеспечивает необходимое производству перераспределение кадров. Больше всего от безработицы страдают пожилые и молодые специалисты. Первых не хотят принимать на работу из-за низкой производительности в следствии ухудшения здоровья, а вторых из-за отсутствия опыта.

Решить проблему безработицы полностью не так просто, так как её видов великое множество, а для решения проблем каждого вида безработицы, нужно принимать определенные решения. Не смотря на то, что у безработицы имеются и плюсы, всё же её решение можно считать необходимостью.

Список литературы:

1.   https://person-agency.ru/statistic.html "Безработица России"
2.   http://otherreferats.allbest.ru/economy/00210840_0.html "Проблема безработицы"

Решетникова И.И.

д.э.н., доцент кафедры «Государственное, муниципальное и корпоративное управление» Московского технологического института

Лукьяненко Н.А.

магистрант кафедры «Маркетинг и логистика» Финансового университета при Правительстве Российской Федерации

ТОВАРНЫЙ БУМЕРАНГ КАК СОВРЕМЕННЫЙ ТРЕНД ИНТЕРНЕТ-РЕКЛАМЫ

Мир Интернет-рекламы и применяемых инструментов в рекламных кампаниях развивается с бешенной скоростью. На смену вчерашним контекстным технологиям приходят новые поведенческие технологии, которые на сегодняшний день являются наиболее эффективными инструментами интернет-маркетологов, особенно с точки зрения повышения продаж и снижения издержек на рекламу. [3,90]

Ключевой принцип поведенческих технологий заключается в том, что интернет-маркетологи хотят анализировать поведение пользователя, определять его предпочтения и демонстрировать ему именно тот контент (товары, баннеры, предложения), который интересен ему в данный момент. Чтобы собирать историю поведения пользователя, необходимо применять поведенческие технологии. Если рекламодатель захотел использовать поведенческую технологию товарный бумеранг, то на его сайт устанавливается специальный счетчик. После установки счетчика переходим ко второму этапу - выбору целевых аудиторий, только после этого начнется сбор данных о посещениях страниц вашего сайта. Целевая аудитория - это пользователи, которые заходили на определенные страницы вашего сайта или достигали каких-либо заданных целей, либо не достигали страниц или целей (зависит от выбранного таргетинга). Далее идет последний этап – подключение целевых аудиторий в рекламной кампании. Настраиваем нашу рекламную кампанию таким образом, чтобы реклама показывалась не всем подряд, а выбранной целевой аудитории. При запуске рекламной кампании с технологией товарный бумеранг, объявление или баннер с релевантным контентом будет показано только размеченной аудитории. Это позволяет эффективно проводить рекламные кампании. Современные маркетологи, прежде чем вложить деньги в рекламу, считают возврат вложенных инвестиции (return of investments). Для них важно использовать рекламные средства с максимальной отдачей, поэтому они готовы вкладывать в актуальные технологии интернет-рекламы свои маркетинговые бюджеты, так как вложенные инвестиции приносят прибыль, увеличивают продажи товара или услуги, повышают лояльность покупателя и побуждают его к повторной покупке.

В данной статье мы рассмотрим актуальную поведенческую технологию на рынке интернет-маркетинга, а именно: товарный бумеранг. Товарный Бумеранг представляет собой персонализированный ретаргетинг и позволяет сайту показывать баннеры тем несостоявшимся покупателям, которые уже просмотрели конкретный товар, но по каким-то причинам не приобрели его. Рекламируя просмотренные товары, товарный бумеранг сопровождает заинтересованного пользователя в сети и призывает его совершить покупку. Благодаря тесной интеграции с продуктовым каталогом сайта, этот вид ретаргетинга характеризуется высокой релевантностью рекламного обращения, за счет чего является прекрасным решением именно для рекламодателей сферы электронной коммерции. [1, 449]

По статистике, менее 0,1% посетителей интернет-магазина совершают в нем покупку. Остальные 99,9% уходят с сайта после просмотра нескольких товаров или не доводят оформление заказа до конца. Товарный бумеранг позволяет эффективно работать с ушедшей аудиторией и вернуть на сайт до 10% потенциальных покупателей. [5,130]

На российском рынке в 2013 г. компания «Бегун» активно использовала данный вид ремаркетинга и сочетала его с медийной рекламой. Продукт назывался «брендированные витрины с технологией ремаркетинг», т.е. витрина генерировалась «на ходу» и в ней показывались те товарные позиции, которыми пользователь интересовался на сайте рекламодателя. Например, потенциальный покупатель зашел на сайт известного интернет-магазина модной обуви и просматривал несколько товаров – коричневые сапоги, черные полуботинки и аксессуары – желтую и синюю сумки. Он не положил ничего в корзину и ничего не купил, а ушел на просторы Интернета. Так как у нас стоит специальный код на сайте, мы запомнили этого покупателя и покажем ему на наших сайтах-партнерах баннер с релевантным контентом – коричневыми сапогами, черными ботинками и сумками, которые он смотрел или аналогичными, которые могут его заинтересовать, вернуть на сайт и заставить совершить покупку. Для усиления эффекта мы можем через заданный период времени предложить ему скидку или акцию, что с высокой вероятностью мотивирует его войти на сайт и возможно приблизит к покупке. [2, 287]

Коммуникация ремаркетинга осуществляется на основе переосмысливания ранее применявшегося маркетингового приема, с применением иных методов, каналов и мест коммуникации, неожиданной для целевой аудитории. Товарный бумеранг как подвид ремаркетинга, с помощью иных средств, методов коммуникации, позволяет продолжить контакт целевой аудитории с товаров, брендом. Например, товарный бумеранг предоставляет пользователю возможность увидеть рекламу новой брендовой сумки после того, как он покинул сайт, и информировать его о том, что новую сумку можно приобрести с дополнительным дисконтом. Еще одно преимущество – возможность обеспечить допродажи и кросс- продажи. Например, товарный бумеранг делает возможным использовать интерес покупателя к приобретенному товару, позволяет напомнить ему о необходимости купить аксессуары, дополнительные товары. [4, 49]

Товарный бумеранг помогает не только возвращать целевых пользователей, но и привлекать на сайт новую аудиторию. Для этого используется сложная технология математического моделирования. Специальная система анализирует поведение пользователей магазина, находит в Сети людей с похожими поведенческими характеристиками, и транслирует им рекламное сообщение, все это помогает увеличить продажи и максимально четко использовать рекламный бюджет.

Источники:

1. Лукьяненко, Н.А. Эффективные инструменты современного интернет-маркетолога /Н.А. Лукьяненко // Научные труды Вольного экономического общества. - 2014. - Том 188. - С. 448
2. Стыцюк Р.Ю., Мотагали Я.Б. Маркетинг постмодерна и формирование новой реальности. Научные труды Вольного экономического общества России. 2010. Т. 130. С. 285-295.
3. Решетникова, И.И. «Экономика участия» как основа формирования репутационного капитала организации /Решетникова И.И. //Предпринимательство. - 2010. - № 1. - С. 88-91.
4. Решетникова, И.И. Основы формирования репутационной стратегии компании /Решетникова И.И.//Экономический анализ: теория и практика. - 2010. - №22. - С.47-50
5. Решетникова, И.И. Современные инструменты формирования репутационных активов компании: кобрендинг /Решетникова И.И.// Известия Волгоградского государственного технического университета. - 2011. - Т. 11. - № 4 (77).- С. 130-135

Бурковский П. В.
кандидат экономических наук, старший преподаватель кафедры
экономической теории, ФГБОУ ВПО Кубанский государственный
аграрный университет, burkovsky.p@yandex.ru

ТЕНДЕНЦИИ РАЗВИТИЯ МАЛЫХ ФОРМ ХОЗЯЙСТВОВАНИЯ В АГРАРНОМ СЕКТОРЕ ЭКОНОМИКИ

Малые формы хозяйствования в аграрном секторе экономики на современном этапе развития играют важную роль в стабилизации социально-экономического развития агропромышленного комплекса. Выступая как равноправные субъекты рыночных отношений, они вносят существенный вклад в обеспечение населения продовольственными товарами, способствуют повышению занятости на селе, стимулируют развитие сельских территорий.

В то же время развитие малых форм хозяйствования сопряжено с рядом организационно-экономических проблем правового, финансового и технологического характера. Наиболее существенным фактором, который негативно влияет на функционирование данных категорий хозяйств, является низкая доступность к устойчивым каналам сбыта производимой продукции. При этом основным препятствием выступает не только падение реальных доходов домохозяйств, связанных с инфляционными процессами в 2014 г., но и недостаточное развитие форм муниципальной поддержки снабженческо-сбытовой деятельности. В этой связи представители малого бизнеса в АПК вынуждены реализовывать производимую продукцию по себестоимости через посредников. Данная проблема связана как с отсутствием постоянных каналов сбыта, действующих в интересах субъектов малых форм хозяйствования, так и финансового обеспечения производственной деятельности [1, 48].

Производственная деятельность в малых формах хозяйствования ограничена по территориальным и ресурсным параметрам и нуждается в организационной и финансовой поддержке. Поддержка доходов малого бизнеса в сельскохозяйственном производстве может осуществляться посредством создания необходимых условий по формированию устойчивых каналов сбыта производимой продукции по среднерыночной цене реализации.

Еще одним негативным фактором, который сдерживает развитие малых форм хозяйствования, является низкая обеспеченность финансовыми ресурсами и ограниченность в получении заемных средств в виде кредитов банков, так как большинство отдельных субъектов малых форм хозяйствования не имеют необходимой залоговой базы и финансового поручительства.

Отсутствие достаточной залоговой базы под финансовые гарантии, как условие предоставления кредитных ресурсов вынуждает субъектов малых форм хозяйствования использовать устаревшую и низко производительную сельскохозяйственную технику, что снижает конечные производственные показатели и приводит к росту затрат.

Все вышеизложенное требует принятия системы мер по государственной поддержке ЛПХ. Повышение эффективности и устойчивости крестьянских (фермерских) хозяйств и других малых форм хозяйствования будет способствовать увеличению объемов сельскохозяйственного производства, улучшению занятости и благосостояния сельского населения, улучшению социального климата в сельской местности, сохранению и развитию сельских территорий.

В целях стимулирования развития сельского хозяйства целесообразно принять меры по укреплению правового статуса и совершенствованию регулирования хозяйственной деятельности личных подсобных и крестьянских (фермерских) хозяйств в аграрном секторе экономики.

Эффективное развитие производства продукции зависит от уровня материально-технической базы. Снижение трудоемкости работ в хозяйствах является одной из первостепенных задач. На современном этапе развития экономики малые формы хозяйствования нуждаются в мини-технике для обработки приусадебных участков, в широком наборе технических средств для животноводства и переработки продуктов. Особое внимание должно быть уделено улучшению обеспечения их высококачественными комбикормами для эффективного ведения животноводства [2, 29].

Одной из главных предпосылок успешного развития малых форм хозяйствования в АПК являются меры по обеспечению доступа данных категорий хозяйствующих субъектов к рынку научных, образовательных, консультационных услуг и информации и развитие сельскохозяйственной потребительской кооперации.

Поскольку потребительские кооперативы представляют собой единую систему с хозяйствами своих членов и другими сельхозпредприятиями, постольку и консультационное, и информационное обслуживание их работников и членов кооперативов целесообразно осуществлять из единых учебно-методических (или информационно-консультационных) центров. Создавать отдельные информационно-консультационные центры только для кооператоров нецелесообразно. Это правило следует распространить на все уровни построения информационно-консультационной системы.

Министерством сельского хозяйства России сформирована Единая система информационного обеспечения АПК, в рамках которой члены кооперативов и потенциальные кооператоры смогут получать своевременную и качественную информацию о государственной аграрной политике, условиях кредитования, налогообложения, субсидирования, объемах торговли, ценах. Необходимо всячески поддерживать меры, направленные на создание специализированной база данных; издание и распространение учебной, справочно-информационной и методической литературы; проведение соответствующих научных исследований; организацию специализированной выставочно-демонстрационной деятельности [3, 57].

Реализация приведенных мероприятий позволит значительно повысить информированность сельского населения, в том числе по правовым вопросам, подготовить методологическую базу для развития целевой группы и постоянно повышать уровень квалификации ее участников, создать условия для постоянного обмена передовым опытом.

Литература

1. Бурковский П. В. Совершенствование управления социальной сферой сельских территорий в Краснодарском крае / Труды Кубанского государственного аграрного университета. 2011. № 32. С. 47-51.

2. Шулимова А. А. Институциональные основы социальной ответственности российского бизнеса // Современные исследования социальных проблем (электронный научный журнал). 2011. Т. 8. № 4. С. 29.

3. Шулимова А. А. Институциональные проблемы развития социально-экономической ответственности российского бизнеса // Национальные интересы: приоритеты и безопасность. 2014. № 9. С. 56-64.

Грошева Н.Б., д.э.н., **Шершитский А.А.**, студент САФ БМБШ ИГУ
ОЦЕНКА ЭФФЕКТИВНОСТИ ПОСТРОЕНИЯ ФИНАНСОВОЙ СТРУКТУРЫ КОМПАНИИ

Построение финансовой структуры компании предполагает формирование так называемых «Центров финансовой ответственности» - ЦФО. Различают несколько видов ЦФО - центры инвестиций, прибыли, доходов и затрат. При формировании ЦФО за ними закрепляют соответствующие строки бюджетов компании, и соответственно формируют систему мотивации за реализацию целей, заложенных в бюджеты. Однако, заниженное количество ЦФО - чрезмерное их укрупнение снизит качество контроля, а создание слишком большого количества ЦФО увеличит затраты на управление. Следовательно, для оценки эффективности финансовой структуры можно сопоставить затраты на ее функционирование и получаемый экономический эффект.

Совокупные затраты предприятия можно детализировать по нескольким классификационным критериям:
- по зависимости от объемов продукции или услуг на постоянные и переменные;
- по механизму распределения на прямые и косвенные;
- по ценности для клиента - на приносящие добавленную стоимость продукту и соответственно не приносящие.

Очевидно, что для роста эффективности деятельности компании, не приносящие ценность для клиента расходы необходимо минимизировать. К таким расходам относятся, в том числе, затраты на управление компанией (которые обычно называют непроизводственными накладными расходами, и административно-управленческими):
- заработная плата управленческого персонала и налоги и иные обязательные на нее;
- оплата услуг сторонних организаций (например, консультантов, образовательных услуг);
- расходы на компьютерную технику, программное обеспечение и связь;
- содержание помещений и инвентаря;
- прочие расходы (в том числе канцелярские товары).

Если оценивать затраты на функционирование финансовой структуры компании, то нужно определить сам процесс ее построения. Можно выделить следующие этапы:
1. определение целей и задач функционирования системы ЦФО;
2. анализ системы управления компании и анализ организационной структуры компании;
3. определение идеальной модели ЦФО и сопряжение ее с действующей организационной структурой компании;

4. корректировка модели ЦФО и/или организационной структуры;
5. подготовка регламентирующей документации, внесение изменений в локальные нормативные акты, трудовые договоры;
6. распределение и закрепление соответствующих натуральных и финансовых показателей;
7. разработка плановых показателей;
8. мониторинг достижения показателей;
9. выявление отклонений и распределение мотивационных выплат.

Для оценки затрат на создание и функционирование системы мы предлагаем использовать показатель ТСО - совокупная стоимость владения (авторская разработка компании Gartner. Надо отметить, что авторы концепции предполагали ее использование для оценки эффективности владения корпоративными информационными системами, но в последнее время ее применяют для оценки и других систем – в том числе, как предлагается авторами, оценки затрат на финансовую структуру компании). Соответственно, затраты на создание системы можно считать инвестиционными, или CAPEX, а на функционирование - операционными - OPEX. И для тех, и для других затрат можно выделить прямую и косвенную, явную и неявную составляющую. Так, стоимость рабочего времени, затрачиваемого на внесение информации в соответствующие базы данных, контроль за исполнением показателей, распределение мотивационного фонда - это прямые и явные затраты. Доля затрат на использование компьютерной техники и системы связи - косвенные и явные.

Неявными являются затраты, которые не выделяются в отдельные строки бюджета применительно к объекту оценки. К таким затратам относят потери рабочего времени, упущенная выгода, потери от инфляции, дополнительные затраты на излишне привлеченный капитал и так далее. Оценка таких затрат затруднена тем, что многие из них носят вероятностный характер, и при планировании могут возникать отклонения плановых и фактических показателей. Кроме того, они в основном являются косвенными, и оценка их применительно к конкретному объекту зависит от базы распределения.

Рассмотрим затраты на управление расходами проекта в части амортизации оборудования (отметим, что речь не идет о бухгалтерской амортизации, которая начисляется в соответствии с установленными нормами, а исключительно об управленческой – определении управленческих затрат на проект).

Если оборудование приобретается исключительно для его использования в отдельных проектах и используется в нескольких проектах при работе в «поле», стоимость его приобретения должна быть распределена между этими проектами пропорционально какому-то критерию (например, количеству часов работы оборудования). Поскольку оценить прогнозируемое количество часов работы оборудования при его приобретении практически невозможно (не понятно, сколько будет проектов, и сколько часов в каждом из них будет работать оборудование), то для расчета амортизации за час работы будет использован прогнозный показатель – оптимальное количество часов работы.

Следовательно, при планировании проекта из расчета прогнозного количества часов работы оборудования в затраты будет включена сумма, равная произведению часов и стоимости часа. При этом, если оборудование фактически проработает большее количество часов из-за увеличения количества проектов или интенсивности его использования, то суммарная амортизация может быть больше, чем стоимость оборудования.

При распределении ответственности за затраты проекта может быть два варианта: за центром финансовой ответственности закрепляется целиком проект (тогда рационально данный ЦФО считать центром прибыли), или за центром финансовой ответственности – центром затрат – закрепляются отдельные статьи затрат, которые проходят по всем проектам (тогда у нас матричная система затрат). В первом случае центр ответственности приобретает или арендует оборудование по договорной (трансфертной) цене, во втором случае используется схема его условной управленческой амортизации.

Для калькуляции себестоимости проекта часто встает вопрос точности расчета отдельных статей затрат. В случае с оборудованием мы можем предположить, что для повышения точности при планировании каждого отдельного проекта можно проводить пересчет стоимости часа работы оборудования, исходя из его проектной годности и количества уже отработанных часов. Однако, это не только приведет к искажению расходной части при сопоставлении проектов, но и повлечет за собой дополнительные трудозатраты на пересчет. Как мы упоминали выше, для принятия решения об эффективности работы финансовой структуры необходимо сопоставить экономический эффект и затраты на ее функционирование. В данном случае затраты это не только рабочее время ответственных за калькуляцию, это вовлечение специалистов по управленческому учету, в функции которых входит пересчет стоимости запасов и основных фондов (очевидно, что пересчет стоимости часа работы оборудования влияет на его остаточную стоимость и на финансовый результат от проекта), изменение показателей учета и отчетности, пересчет плановых показателей финансового результата. При этом экономический эффект от более точной калькуляции затрат может быть выражен только в выставлении заказчику более точной сметы затрат – однако в условиях тендеров основное значение играет итоговая сумма контракта, а не ее постатейная разбивка. Таким образом, данная операция не является целесообразной, и затраты на нее не окупаются.

Демиденко И.А., к.э.н., доц.
Демиденко А.И., к.т.н., доц.
Брянский государственный технический университет,
Россия, Брянск

СОЗДАНИЕ ИНФРАСТРУКТУРЫ ИННОВАЦИОННОГО РАЗВИТИЯ НА ПРЕДПРИЯТИЯХ

Представлена методология создания инфраструктуры инновационного развития в организациях. Инновационная деятельность в организациях в этом случае должна стать равнозначной функциональной сферой их деятельности и осуществляться целенаправленно и на систематической основе, т.е. в режиме постоянно повторяющейся деятельности.

Введение

Система управления любого предприятия в процессе функционирования всегда имеет место большое число периодически повторяющихся функций, процессов и действий по принятию управленческих решений. Существует масса разнообразных вариантов реализации одного и того же управленческого действия, процесса и множество всевозможных принципов и подходов к принятию аналогичных управленческих решений. Как показывают исследования, в таких условиях, самопроизвольно и постепенно начинается формирование неких типовых моделей поведения системы управления – так называемых стандартов «фактических». При этом не всегда стандарты «фактические» фиксируют желаемые для собственников и менеджмента компании свойства системы управления. Более того, период формирования таких стандартов может быть очень длительным, в ходе которого поведение системы управления предприятия при отсутствии типовых моделей будет характеризоваться сильным разбросом параметров своего функционирования. Другими словами, в одних и тех же ситуациях при равных условиях система управления предприятия может функционировать по-разному, часто непредсказуемо и далеко от наиболее эффективного варианта. Поэтому, существует необходимость в оказании целенаправленных управленческих воздействий на процесс формирования стандартов менеджмента с помощью разработки, внедрения и использования оптимальных стандартных принципов, процессов, функций и инструментов управления на предприятии.

По мере развития системы управления инновационным проектом существует тенденция к самопроизвольному формированию фактических стандартов, то есть ситуации, когда постоянно повторяющаяся практика управления постепенно закрепляется в неписаных правилах и принципах работы системы управления. Ощутимым преимуществом таких стандартов является «мягкость» их внедрения и использования, поскольку данный процесс реализуется постепенно. Однако этот процесс является неуправляемым со стороны менеджмента компании и может часто фиксировать нежелательные для руководства модели поведения организации, кроме того, период формирования таких стандартов достаточно длителен. Поэтому существует потребность в воздействии на процессы воспроизводства стандартов управления через непосредственную их разработку.

1. План управления инновационным проектом

Существует представление, что создать шаблон плана управления инновационным проектом достаточно просто, надо только иметь под рукой "рамочные" стандарты. На самом деле, это совсем не так. В большинстве случаев рамочный стандарт дает лишь понятийный аппарат и общие методологические принципы. Более того, дело осложняется еще и тем, что необходимая информация в самих рамочных стандартах расположена в разных разделах и ее не так-то просто "собрать, выстроить, и привести к общему знаменателю" [1, 17].

Таким образом, на основе "рамочной" методологии должна быть создана методология "корпоративная", в которой основные положения, требования, принципы и практики управления инновационными проектами конкретизированы и систематизированы применительно к управлению инновационными проектами на данном предприятии на основе анализа конкретной специфики выполняемых предприятием проектов.

Эта корпоративная методология и специализированные шаблоны документов и составляют существо стандарта управления инновационными проектами уровня предприятия. А процесс создания стандарта напоминает спираль, на каждом новом витке которой методики становятся все более специализированными, а шаблоны - все более детализированными,

2. Проектные отклонения. риски, проблемы, изменения

Термин "отклонения", в литературе по управлению проектами трактуется неоднозначно. В предыдущем разделе было сказано о Плане управления инновационным проектом как основополагающем документе, содержащем согласованное всеми участниками документально зафиксированное представление о проекте. Другими словами, план управления инновационным проектом является "своеобразным фундаментом" или исходной базой для всего последующего развития проекта [2, 13].

Однако, при планировании инновационных проектов, предполагается, что не все получится именно так, как запланировано. А реальное исполнение инновационного проекта, как правило, подтверждает эти опасения. Возникающие несовпадения первоначального согласованного и зафиксированного представления об инновационном проекте (project baseline) и реально полученного, и называются обычно отклонениями. Понимаемый в этом смысле термин "отклонения" эквивалентен термину "deviations", используемому в англоязычной литературе [1, 19].

Вместе с тем, в англоязычной литературе принят и другой термин - "exceptions", который в русских изданиях также переводится как отклонения. Этим термином обозначают не только несовпадение фактических и плановых результатов, но и причины этих несовпадений, а также методы и технологии (exceptions management), позволяющие справляться с такими ситуациями в инновационном проекте с минимальными потерями. Эту более широкую трактовку следует иметь в виду в дальнейшем, говоря об отклонениях.

К традиционным областям управления инновационными проектами, так или иначе связанным с отклонениями, относятся риски, проблемы и изменения. И хотя не во всех стандартах эти понятия объединяются общим понятием отклонения, наличие взаимосвязей между ними очевидно. Понимание этих связей и адекватное отражение их в стандарте управления инновационным проектом поможет не только правильно выстроить процедурную и документарную части стандарта, но и что еще более важно, обеспечит возможность систематического контроля и анализа отклонений, как в отдельном проекте, так и в масштабах предприятия в целом.

Представленные в этом разделе, рассуждения подтверждены материалами действующих стандартов управления проектами шести предприятий.

3.   Сценарии управления отклонениями

Управление отклонениями в основном сводится к борьбе с разными неприятностями, которая в общем случае может включать три стадии:

Управление рисками. Неприятности еще не наступили, но существует возможность возникновения нежелательных и незапланированных событий, которые могут привести к тому, что цели инновационного проекта (одна или несколько) не будут достигнуты. Цель этой стадии - предотвратить неприятности до их возникновения или, по крайней мере, встретить их хорошо подготовленными [3, 126].

Управление проблемами. Неприятности наступили и необходимо выяснить их происхождение, степень влияния на проект, способы преодоления. Цель этой стадии - обеспечить проекту возможность идти так, как запланировано.

Управление изменениями. Неприятности оказались достаточно серьезными, и справиться с ними без ущерба для проекта не удалось. Цель этого этапа является, называемая финансистами "фиксация убытков" – модификация ранее согласованных продуктов и услуг, сроков исполнения и стоимости работ, управленческих и технологических процессов и т.п.

Отклонения, строго говоря, могут быть не обязательно связаны с неприятностями. Так к рисковым событиям относятся и желательные, но незапланированные события (возможности). Соответственно, и изменения будут носить положительный характер. Например, уменьшение ставки налогообложения дает возможность сократить расходную часть бюджета проекта. Мы будем говорить только об отклонениях со знаком "минус".

События в проекте, связанные с отклонениями, могут развиваться по различным сценариям.

Полному циклу управления отклонениями соответствует первый сценарий, при котором, в ходе планирования инновационного проекта был идентифицирован риск, но работа с ним не привела к желаемому результату. И возникшая в результате наступления рискового события проблема также не была успешно решена. Все это в результате привело к необходимости внесения изменений в план инновационного проекта.

Для сравнения рассмотрим второй сценарий, при котором изменения в проекте реализуют, не дожидаясь возникновения проблем. Это достаточно ответственное решение. Ситуации, когда такие решения оправданы, могут быть описаны в стандарте с указанием конкретных категорий рисков и количественных оценок рисков, при которых должен быть реализован данный сценарий.

Особый интерес с точки зрения анализа отклонений представляют четвертый и пятый сценарии, соответствующие случаю возникновения проблем, неучтенных в качестве рисков. Причиной этого может быть, например, не типичность ситуации или просто "потеря" риска в результате недостатка квалификации. Результатом анализа причин и тяжести последствий может явиться решения о том, что для определенных категорий инновационных проектов предприятия вообще не целесообразно глубоко заниматься управлением рисками, а достаточно просто решать проблемы по мере их возникновения. В то время как для других категорий инновационного проекта наоборот необходимо резко усилить работу с рисками.

Отметим еще раз, что риски, проблемы, изменения тесно связаны между собой, и должны рассматриваться в стандарте в рамках единого раздела управления отклонениями. А связи, намеченные на уровне сценариев, должны быть детальным образом прописаны в частных процессах управления рисками, проблемами и изменениями.

Список литературы

1. Кобец Б., Конев А., Токарев О., Шишкова Т. Применение зарубежного опыта в управлении инновационной деятельностью российских энергокомпаний // Энергорынок. 2009. — N 9, 10.

2. Волкова И., Кобец Б., Шишкова Т. Методы и модели эффективного управления инновационной деятельностью энергетических компаний // Стандарты и качество. 2010. — N 2

3. Демиденко И. А., Демиденко А.И. Стандартизация управления инновационным проектом уровня предприятия // II Всероссийская научно-практическая конференция Брянск, БГТУ «Актуальные проблемы социально-гуманитарных исследований в экономике и управлении» 2015 г, 124-131 с.

Казенков О.Ю.
Русский академический фонд
Орехов В.И.
д.э.н., профессор, АНО " Московский институт современного
академического образования
Орехова Т.Р.
д.э.н., профессор, АНО " Московский институт современного
академического образования

ОСОБЕННОСТИ СЛИЯНИЙ И ПОГЛОЩЕНИЙ В УСЛОВИЯХ ТРАНСФОРМАЦИИ НОВОЙ ЭКОНОМИКИ

В российской и зарубежной экономической литературе и нормативно-правовых актах существует множество трактовок терминов «слияние» и «поглощение». Как правило, эти два понятия используются как устойчивое выражение для характеристики особого рода экономических отношений. Согласно Финансово-кредитному энциклопедическому словарю, слияния и поглощения - М&А, определяются как «группа финансовых операций, целью которых является объединение организаций в один хозяйствующий субъект с целью получения конкретных преимуществ и максимизации стоимости этого субъекта в долгосрочной перспективе». [1]

В настоящее время российский рынок слияний и поглощений находится на стадии активного роста и трансформации. В отличие от общемировых тенденций стабилизации процессов интеграции компаний, в российской экономике наблюдается обратный процесс. В России в 2014 г. объем завершенных М&А сделок вырос до рекордного значения в 118 млрд долл. Общая сумма сделок увеличилась на 42%, тогда как количество сделок выросло на 27%, демонстрируя общую устойчивость российского рынка на фоне сохраняющейся неопределенности в мировой экономике, Выбор правильных методов анализа компаний участников, объективная оценка будущей эффективности предполагаемой сделки предопределяют успех и достижение ожидаемых результатов от слияний и поглощений.

С нашей точки зрения, первоочередным этапом анализа эффективности сделки является выявление истинных целей и мотивов ее осуществления. Это связано с тем, что эффективность и успех слияний и поглощений начинают закладываться еще на самой ранней стадии выбора бизнес-стратегии организации и ее возможных вариантов развития, так как слияние и поглощение являются лишь одним из возможных путей достижения поставленных целей перед компанией. В свою очередь, на эффективность сделок также влияют четкость и определенность целей, экономическая обоснованность ожидаемых выгод. Авторы многих теоретических трудов пытаются объяснить слияния и поглощения какой-то одной целью, однако в реальности мотивов для совершения большинства таких сделок бывает несколько. [1]

Для западных компаний, в соответствии с исследованиями А. Дамодарана, стремление достичь синергии или диверсификации является основной причиной совершения сделок по слиянию или поглощению. Вопросы, связанные с видами синергии и диверсификации, А. Дамодаран широко анализирует в своих исследованиях. Исходя из его классификации, различают два основных вида синергии: операционную и финансовую. Диверсификация рассматривается как способ повышения конкурентных преимуществ компаний. «Диверсификация позволяет обмениваться опытом и навыками, что ведет к укреплению конкурентных позиций и расширению возможностей компании». Российский рынок слияний и поглощений имеет свои особенности, которые находят выражение в специфических мотивах, оказывающих влияние на менеджеров, осуществляющих сделки по слияниям и поглощениям. К специфическим мотивам слияний и поглощений российских компаний можно отнести: - устранение неэффективности и повышение качества управления, т. е. объектами поглощений, как правило, оказываются компании с невысокими экономическими показателями. Например, ОАО «Северсталь» имело рентабельность 25%, а поглощенная им Lucchini - 12%; - мотив продажи «вразброс». Иначе этот мотив можно сформулировать так: «дешево купить и дорого продать». Компания даже при условии приобретения ее по цене несколько выше рыночной стоимости в дальнейшем может быть продана по частям с получением значительного дохода; - вывод капитала за границу. [2]

Нельзя не отметить, что по мере развития рыночных отношений в нашей стране и рынка слияний и поглощений мотивы меняются в сторону более высокой цивилизации. Стоимость является комплексным, интегральным показателем, представляющим более объективную информацию об эффективности деятельности, чем просто показатели прибыли и коэффициенты, основанные на ней.

Главным источником роста стоимости компании при слиянии и поглощении как разновидности стратегических решений является возможность получения синергетического эффекта. Стоит заметить, что несмотря на то что синергия, как было рассмотрено ранее, не всегда является основным мотивом совершения сделок, это не означает, что синергетический эффект отсутствует при объединении компаний, ставящих перед собой самые различные цели.[2]

На практике оценить синергетический эффект оказывается довольно сложно, и зачастую можно встретить мнения некоторых авторов, что синергетический эффект при слияниях и поглощениях количественно оценить невозможно. На наш взгляд, основными факторами, определяющими получение компаний синергетического эффекта в результате слияния и поглощения, являются: Правильный выбор стратегии. При выборе стратегии необходимо наилучшим образом использовать способности фирмы, чтобы реализовать благоприятные возможности внешнего окружения. M&A не всегда являются лучшим способом реализации стратегии.

При выборе компании-цели необходимо оценить заключенный в ресурсах и способностях потенциал компании для получения повышенной прибыли и синергетического эффекта за счет создания и использования конкурентных преимуществ

Литература

1. Orekhov V., Kazenkov O. Evaluation of the effect of synergies in mergers and acquisition // Электронный журнал Новая экономика и управление

2. http://www.webeconomy.ru

Валойс П.
магистрант кафедры мировой экономики НИУ “БелГУ”

АНАЛИЗА ДВУСТОРОННЕЙ ТОРГОВЛИ МЕЖДУ РОССИЕЙ И МЕКСИКОЙ

Мексика является очень активной страной в международной торговле. Она является членом ГАТТ с 24 августа 1986 года и ВТО с 1 января 1995 года. Ее экономические отношения расширились, а производства товаров и опыта для того, чтобы сделать их конкурентоспособными на мировом рынке не хватало.

В течение долгого времени главным торговым партнером Мексики были Соединенные Штаты. По данным карты международной торговли (Trade Map), Мексика экспортировала товаров на сумму 397505604 тыс. долл. США, в такие страны, как Канада, Китай, Германия, Испания и Бразилия. Эти страны в 2014 году стали основными торговыми партнерами Мексики.

В то же время, за последнее пять лет значительно возрос товарооборот между Мексикой и Россией. В данной статье мы будем анализировать, какие продукты, товарообмена между Мексикой и Россией, являлись основными на протяжении последних пяти лет, начиная с 2010 года. Методология анализа двухсторонней торговли группы стран была впервые предложена в работах [1,2]. В дальнейшем, после появления базы данных Trade Map Международного торгового центра ВТО и ее аналитической процедуры «Bilateral Trade» такой анализ значительно упростился [3-5].

Ниже, на основе использования вышеуказанной процедуры, приводятся таблицы взаимного товарного обмена, первых десяти товарных позиций, между Мексикой и Россией по данным таможенных служб этих стран (табл.1-4).

Таблица 1. **Основные товары, экспортируемые из Мексики в Российскую Федерацию. Данные таможенной службы Мексики (тыс. долл. США).**

Код	Товары	2010	2011	2012	2013	2014	Прирост, %
	Все товары	237 389	471 277	490 907	472 636	274 102	15,5%
87	Средства передвижения, кроме поездов и трамваев	177 636	271 535	226 922	161 666	132 016	-25.7%
84	Ядерные реакторы, паровые котлы, машиностроительное оборудование, и т.д.	2 867	5 261	11 654	11 327	28 176	882.8%
85	Электрическое и электронное	108	1 966	9 407	22 446	19 014	17566.6%

	оборудование						
22	Напитки, спиртные напитки и уксус	13 106	22 474	22 011	58 648	14 414	10.0%
26	Руды, шлак и зола	0	0	8 273	41	13 895	68.0%
73	Изделия из железа и стали	2 595	15 250	35 234	21 591	12 407	378.1%
21	Разнообразные съедобные препараты	164	1 246	1 528	6 255	8 270	4942.7%
95	Игрушки, игры, спортивный инвентарь	3 089	3 264	4 735	4 945	4 425	43.3%
90	Оптическая, фотографическая, техническая, медицинская и другая аппаратура	1 346	584	413	1 455	3 814	183.4%
89	Суда, лодки и другие плавающие средства	8	6	80	135	3 292	41050.0%

Таблица 2. **Основные товары, экспортируемые из Российской Федерации в Мексику. Данные таможенной службы России (тыс. долл. США).**

Код	Товары	2010	2011	2012	2013	2014	Прирост, %
	Все товары	287 997	576 678	492 468	855 361	1 371 668	376.3%
72	Железо и сталь	12 542	37 161	69 816	426 570	989 373	7788.5%
31	Удобрения	216 665	435 871	287 993	182 693	145 866	-32.7%
10	Зерновые	0	0	27 907	44 244	123 320	341.9%
27	Минеральное топливо, масла, дистиллированные продукты и т.д.	0	37 132	5	157 987	52 137	40.4%
48	Бумага и картон, изделия из пульпы, бумаги и картона	4 180	6 640	7 021	13 922	14 866	255.7%
76	Алюминий и изделия из него	1 835	29 193	22 275	5 396	11 171	508.8%
84	Ядерные реакторы, паровые котлы, машиностроительное оборудование, и т.д.	1 832	2 256	4 254	2 688	8 200	347.6%
40	Резина и резиновые изделия	1 538	1 105	3 692	4 229	7 579	392.8%
99	Не специфицированные товары	0	0	0	0	4 115	-
25	Соль, сера, земля, камень, гипс, глина и цемент	497	322	4 982	4 057	3 548	613.9%

Таблица 3. **Основные товары, импортируемые Мексикой из Российской Федерации. Данные таможенной службы Мексики (тыс. долл. США).**

Код	Товары	2010	2011	2012	2013	2014	Прирост, %
	Все товары	854 729	1 149 136	1 208 811	1 212 012	1 510 511	76.7%

99	Не специфицированные товары	203 783	357 449	277 608	524 094	630 924	209.6%
31	Удобрения	202 805	296 146	322 623	283 429	290 191	43.1%
72	Железо и сталь	18 577	54 036	317 899	125 685	212 494	1043.9%
10	Зерновые	0	0	30 879	52 440	127 129	311.7%
76	Алюминий и изделия из него	41 818	129 906	148 211	130 911	98 447	135.4%
27	Минеральное топливо, масла, дистиллированные продукты и т.д.	303 558	228 931	97	16	59 009	-80.6%
40	Резина и резиновые изделия	5 196	19 046	30 877	28 249	23 741	356.9%
48	Бумага и картон, изделия из пульпы, бумаги и картона	3 982	7 890	9 241	15 030	16 338	310.3%
85	Электрическое и электронное оборудование	38 412	8 814	18 595	7 234	7 605	-80.2%
28	Неорганические химикаты, смеси драгоценных металлов, изотопы	4 153	6 112	2 599	9 805	5 522	33.0%

Таблица 4. **Основные товары, импортируемые Российской Федерации из Мексики. Данные таможенной службы России (тыс. долл. США).**

Код	Товары	2010	2011	2012	2013	2014	Прирост, %
	Все товары	479 470	837 381	1 094 095	1 047 561	777 909	62.2%
87	Средства передвижения, кроме поездов и трамваев	175 677	311 420	442 575	432 130	205 482	17.0%
84	Ядерные реакторы, паровые котлы, машиностроительное оборудование, и т.д.	56 022	87 518	110 856	97 328	129 155	130.5%
85	Электрическое и электронное оборудование	99 933	115 316	119 846	140 023	117 390	17.5%
90	Оптическая, фотографическая, техническая, медицинская и другая аппаратура	28 071	49 541	61 661	86 135	86 964	209.8%
22	Алкогольные и безалкогольные напитки и уксус	34 365	44 426	60 069	59 147	44 637	29.9%
95	Игрушки, игры, спортивный инвентарь	4 080	3 210	6 945	38 615	28 871	607.6%
73	Изделия из железа и стали	8 125	26 031	48 280	33 513	25 771	217.2%
30	Фармацевтические товары	7 591	32 381	9 642	23 187	14 879	96.0%
21	Разнообразные съедобные препараты	377	928	1 754	7 813	12 463	3205.8%
39	Пластмассы и изделия из них	3 603	6 086	1 754	7 813	12 463	245.9%

Из этих таблиц заметно большое не соответствие в учёте экспорта и импорта разными таможенными службами. Например, общий объём мексиканского экспорта в Россию в 2014 г. составил 270102 тыс. долл. США по данным таможенной службы Мексики (табл. 1), а таможенная служба России зафиксировала в этом году импорт из Мексики в гораздо большем объёме - 777909 тыс. долл. США (табл. 4). Аналогичная ситуация наблюдается и по отдельным товарным группам.

Как мы видим, их таблицы 1, основной продукт экспортируемый из Мексики в Россию это транспортные средства. Однако в течение последних пяти лет заметны значительные вариации экспорта этой товарной группы. В этом периоде времени максимальный экспорт рассматриваемой продукции наблюдался в 2011 г., а минимальный - в 2014 г., причем за рассматриваемый период времени уменьшение экспорта составило 25,7% (табл. 1).

Из таблицы 1 видим, что Мексика сильно нарастила экспорт в Россию различной технологоемкой продукции (коды товаров — 84, 85, 89, 90), кроме того более чем в 50 раз возрос экспорт пищевых продуктов под товарном кодом 21.

Россия, в свою очередь, сильно нарастила экспорт железа и стали в Мексику.

Следует отмечать, что Мексика в торговле с Россией в 2014 г. имела большое отрицательное сальдо, хотя в 2010 г., оно было близко к нулю (табл. 1, 2).

Положительным для Мексики фактом является то, что на первых позициям ее экспорта в Россию стоят технологоемкие товары (коды товаров — 87, 84, 85), в то же время наибольшую долю в экспорте России в Мексику составляют сырьевые товары (коды товаров — 72, 31, 10, 27) (табл. 2).

В целом, привлекая для анализа дополнительные фактические данные, можно заключить, что Мексика экспортирует в Россию небольшое количество товаров по сравнению с такими странами, как Китай и Германия. Однако уже есть и до сих пор активно поддерживаются экономические отношения между Мексикой и Россией, с целью расширения и улучшения качества торговых и тарифных правил между этими странами.

Список использованных источников

1. Московкин В. М. Матричный анализ взаимной торговли группы стран / В. М. Московкин, В. Монастырный // Бизнес Информ. – Харьков, 2000. – № 6. – С. 37–43.
2. Московкин В.М. Матричный анализ взаимной торговли стран ЕС/ В. Московкин Н. Колесникова //Бизнес Информ. - Харьков, 2002 -№3-4 - С. 35 38
3. Московкин, В.М. Количественный анализ взаимной торговли в

регионе стран АТЭС / В. М. Московкин, Дай Лин, А.В. Ситникова // Международная экономика. - 2008. - №9-С. 22-40.

4. Московкин, В.М. Анализ товарной структуры торговли России с арабскими странами Средиземноморского партнерства с ЕС / В.М. Московкин, Эддин Альхадид Бадер // Российский внешнеэкономический вестник. - 2010. - №10.-С. 17-23.

5. Московкин, В.М. Технологический внешнеторговый бенчмаркинг в системе стран Шанхайской организации сотрудничества с использованием базы данных Trade Map / В.М. Московкин, А.А. Субботина // Механізм регулювання економіки. - 2012. - №1.-С. 129-135.

УДК: 338.512: 330.322.214 (045)

Ахметова А. Е.

магистр экономики и бизнеса, сертифицированный бухгалтер (САР),
Казахский Агротехнический университет имени С Сейфуллина, Астана,
Казахстан

ОСОБЕННОСТИ ОРГАНИЗАЦИИ УЧЕТА ЗАТРАТ И ОПРЕДЕЛЕНИЯ ФИНАНСОВОГО РЕЗУЛЬТАТА ДЕЯТЕЛЬНОСТИ В СТРОИТЕЛЬСТВЕ

Повышение конкурентоспособности экономики Республики Казахстан, как на внутреннем, так и на внешнем рынке, а также оживление деловой активности во всех сферах экономики привели в последние годы к значительному росту спроса на строительную продукцию. В связи с этим, организация учета затрат, позволяющего достоверно определить себестоимость отдельных видов продукции, приобретает сегодня особую актуальность для успешного функционирования строительной организации.

Строительные организации нуждаются в оперативной информации, обеспечивающей эффективное управление затратами и финансовыми результатами, принятие обоснованных стратегических и оперативных решений. В новых условиях рынка расходы и доходы строительной организации тесно взаимосвязаны. И именно с помощью показателя себестоимости строительная организация может контролировать уровень затрат на выполнении и сдачу работ, сопоставлять его с выручкой и тем самым влиять на рост своего дохода. Показатель себестоимости дает возможность оценить степень осуществления режима экономии всех видов ресурсов. Снижение себестоимости строительной продукции представляет собой один из решающих факторов повышения эффективности строительного производства [1,5].

В силу разнообразия продукции капитального строительства, различий гидрогеологических и географических условий производства, динамичности производственного процесса строительному производству присущ индивидуальный характер. Это вызывает необходимость составления индивидуальной сметы на каждый строительный объект, учитывающий принятые в проекте технические решения и конкретные условия производства строительно-монтажных работ.

Учет затрат осуществляется по договорам подряда. Объектом учета по договору может быть строительство как одного, так и нескольких объектов или выполнение отдельных видов работ на объектах, возводимых по одному проекту.

Затраты по договору подряда должны включать:

- стоимость материалов, использованных при строительстве;

- заработную плату рабочих, включая надзор на стройплощадке;
- амортизацию основных средств, использованных для строительства;
- затраты на передислокацию машин и оборудования;
- затраты на эксплуатацию строительных машин и оборудования;
- затраты на технические работы, непосредственно связанные с контрактом (например, пуско-наладочные работы);
- расходы, непосредственно связанные с конкретным контрактом (например, страховые платежи, накладные, транспортные и прочие расходы, имеющие непосредственное отношение к контракту).

Затраты, которые не относятся к деятельности по контракту:
- общие и административные расходы;
- расходы по реализации;
- расходы на исследовательские разработки, возмещение которых не предусмотрено по контракту;
- амортизация машин и оборудования, которые простаивают или не используются для выполнения работ по данному контракту.

В зависимости от способов включения в себестоимость работ затраты подразделяются на:
- прямые (или переменные) затраты, непосредственно связанные с технологическим процессом, размер которых зависит от объемов выполненных работ, определяются на единицу измерения каждого вида работ (например, 1 квадратный метр устройства кровли, 1 кубический метр кирпичной кладки и т.д.).;
- накладные (или косвенные) расходы, связанные с организацией и управлением производством строительных работ в целом. Эти затраты не могут быть рассчитаны непосредственно на единицу того или иного вида работ в строительстве. Поэтому их распределяют на основе установленной базы распределения [2, 87].

Учет затрат на производство строительной продукции в зависимости от видов объектов учета может быть организован по позаказному методу или методу накопления затрат за определенный период. Основным объектом учета затрат на производство строительных работ является отдельный заказ, открываемый на каждый объект строительства (вид работ), по которому учет затрат ведется нарастающим итогом до окончания выполнения работ или сдачи их заказчику.

В случае если строительная организация в соответствии с заключенным договором на строительство выполняет собственными силами другие виды работ, не относящиеся к строительным (проектные работы, работы по обеспечению стройки технологическим и инженерным оборудованием и т.п.), учет себестоимости осуществляется этой организацией исходя из общего объема работ, выполненных собственными силами, включая строительные и другие виды работ.

Процесс калькулирования себестоимости готовой продукции и выполненных работ можно поделить на три этапа. Исчисление себестоимости готовой продукции и выполненных работ путем суммирования затрат на производство по статьям калькуляции на первом этапе, на втором распределение косвенных расходов, определение фактической себестоимость за отчетный период на последнем этапе (рисунок 1) [3,112].

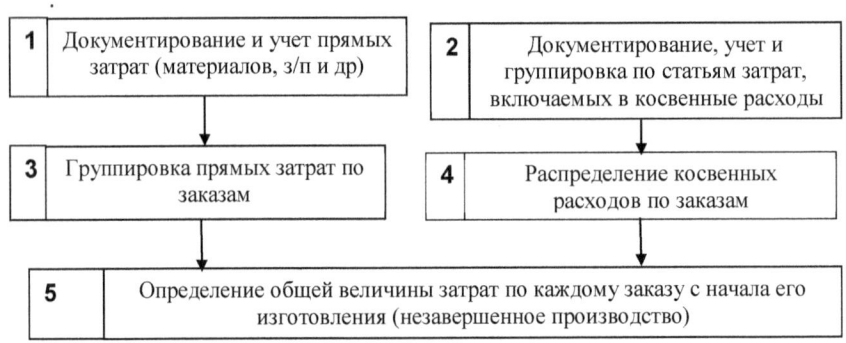

Рисунок 1 - Последовательность учета операций при позаказном методе

В процессе изготовления заказа расход материалов и заработной платы производственных рабочих контролируют сметными калькуляциями, которые составляют до запуска заказа в производство путем лимитирования отпуска материалов на производство и сопоставления начисленной заработной платы с суммой по этой статье в сметной калькуляции. Однако, окончательный результат выполнения плана по себестоимости выявляют лишь после выполнения заказа. Это обуславливает необходимость улучшения позаказного метода учета путем применения при позаказном методе принципов нормативного метода учета затрат на производство.

Рассмотрим на практическом примере как строительная организация определяет себестоимость строительно-монтажных работ. Для анализа возьмем 2 заказа (строительство жилого дома и торгового центра). Основные данные по двум заказам представлены в таблице 1. Заказ на выполнение строительно-монтажных (монолитных) работ при строительстве жилого многоквартирного дома – заказ №1. Заказ на выполнение строительно-монтажных работ при строительстве торгового центра – заказ №2.

В конце июля 2015 года были завершены строительно-монтажные работы по заказу №1 в точно указанный срок согласно заключенному ранее договору и переданы заказчику товарищества по акту приема -

передачи строительных работ. По заказу №2 закончено строительство фундамента и начато строительство первого этажа торгового дома.

Таблица 1 - Основные данные по строительным заказам №1 и №2, тенге

Наименование основных данных	Заказ №1	Заказ №2
Договорная стоимость	60 000 000	40 000 000
Сметная стоимость	32 000 000	21 750 000
Сроки выполнения	1 год 3 месяца	7 месяцев
Фактические расходы понесенные за июль 2015 года	2 550 000	4 550 000
Остаток незавершенного производства на начало июля	29 450 000	5 450 000

Производственные накладные расходы (ПНР) за июль по двум объектам составило 1 895 700 тг. Распределение ПНР производится по заказам пропорционально выбранной ставки распределения, в данном случае заработной плате основных производственных рабочих, задействованный при выполнении строительно-монтажных работ по выбранным строительным объектам (таблица 2).

Таблица 2 – Ведомость распределения производственно накладных расходов

Заказы	Начисленная заработная плата	Расчет суммы ПНР	Распределенная сумма ПНР
Заказ №1	680 850	(1 269 000 х 680 850) / 1 895 700	455 770
Заказ №2	1 214 850	(1 269 000 х 1 214 850) / 1 895 700	813 230
Всего	1 895 700	х	1 269 000

Фактическая себестоимость заказа №1 определяется после его выполнения. Когда могут быть достоверно подсчитаны все фактические затраты, понесенные при возведении строительного объекта.

Для каждого заказа заводится отдельная ведомость, в которой аккумулируются затраты по прямым материалам, прямому труду и накладным расходам, относимым на этот заказ по мере его прохождения через процесс производства. В зависимости от потребностей компании форма ведомости может быть различной. Ведомость (карточка) заказа является основным учетным регистром (таблица 3) [4,97].

Таблица 3- Ведомость по учету затрат по заказам, тенге

Статья расходов	Заказ №1	Заказ № 2
Остаток незавершенного производства на начало периода	29 450 000	5 450 000
Производственные затраты за июль 2014 г.:		
-Материалы	1 329 230	2 371 770
-Заработная плата основных рабочих	680 850	1 214 850
-Отчисления на социальные нужды	84 150	150 150
-Производственные накладные расходы	455 770	813 230
Остаток незавершенного производства на конец периода		10 000 000
Итого себестоимость готовой продукции	32 000 000	

Как видно из таблицы 3 себестоимость жилого комплекса, общей площадью 1 750 куб. метров, составила 32 000 000 тенге. Тогда, себестоимость 1куб. метра составит: 32 000 000 тенге ÷ 1 750 куб. метров = 18 285 тенге. Компания выполняло монолитные работы при строительстве заказа №1 по договорной цене равной 36 000 тенге за куб. метр.

В соответствии с МСФО (IAS) 11 «Договоры подряда» в строительной деятельности доход признается до передачи в имущество, поэтапно в течении нескольких отчетных периодов, по завершению отдельных элементов сделки и выписки актов выполненных работ. Это напрямую зависит от сроков выполнения работ.

МСФО исходят из предположения о том, что ни сметная стоимость этапа, ни плановые или фактически произведенные авансовые платежи не могут служить надежным базисом для оценки финансового результата по договорам строительства.

Для определения финансового результата по договору строительства на конец отчетного периода наиболее надежным критерием является степень фактической завершенности работ.

Для использования этого критерия необходимо классифицировать расходы, относимые на произведенные работы и соответствующие им доходы, которые подрядчик получит по выполненным работам.

Методические рекомендации к МСФО (IAS)11 раскрывают все эти вопросы, а также методы, в соответствии с которыми должны признаваться расходы, доходы и определяться финансовый результат по выполненному объему работ за отчетный период.

В соответствии с МСФО (IAS) 11 "Договоры подряда" безальтернативным подходом для признания дохода по договорам строительного подряда является метод процента выполнения.

Метод процента выполнения предусматривает, что доходы и расходы по договору на строительство признаются и оцениваются на основании подтвержденной подрядчиком степени завершенности (меры готовности) работ по договору на дату баланса и отражаются в отчете о прибылях и убытках в тех же отчетных периодах, в которых выполнены соответствующие работы.

Оперативный учет выполненных объемов строительно-монтажных работ осуществляется в специальном журнале учета выполненных работ - форма № КС-6, который ведет начальник строительного участка [5,131].

Способы определения стадии завершенности работ:

-определение затрат, понесенных на отчетную дату пропорционально сумме общих затрат на строительство;

-фактический подсчет доли выполненных работ по договору;

-наблюдение за работой.

Предприятие выбирает тот способ, который позволит наиболее надежно измерить и оценить выполненную работу.

Не отражают степень выполненной работы следующие затраты:

-затраты по договору, которые относятся к будущей деятельности по договору на строительство;

-авансовые платежи субподрядчику по договорам субподряда.

Выручка отчетного периода на основе затрат вычисляется по формуле [6,129]:

Выручка отчетного периода = (Признанные затраты отчетного периода ÷ общую стоимость сметных затрат) × Договорная стоимость

Корреспонденция счетов по определению финансового результата по заказам приведена в таблице 4.

Таблица 4 – Признание дохода и получение чистой прибыли за июль 2014 года по заказу №1 и заказу №2

п\п	Содержание операций	Сумма, тенге		Корреспонденция счетов	
		Заказ № 1	Заказ № 2	Дебет	Кредит
1	2	3	4	5	6
1	Признание дохода	4 781 250	8 367 816	1210	6010
2	Признание расходов	2 550 000	4 550 000	7010	8110
3 -	Закрытие счетов учета доходов и расходов: доход от реализации продукции	4 781 250	8 367 816	6010	5610
-	себестоимость реализованной продукции	2 550 000	4 550 000	5610	7010

Продолжение таблицы 4

1	2	3	4	5	6
-	общих и административных расходов	800000		5610	7210
-	расходы по корпоративному подоходному налогу	1209813		5610	7710
5	Чистая прибыль	4839253		5610	5510

Таким образом, учитывая особенность признания дохода в строительной деятельности, найдем выручку полученную компанией за июль по заказу № 1 и № 2 :

Заказ № : (2 550 000 ÷ 32 000 000) × 60 000 000 = 4 781 250 тенге.

Заказ № 2:(4 550 000 ÷ 21 750 000) × 40 000 000 = 8 367 816 тенге.

Если существует вероятность, что затраты по договору превысят выручку, то полученный убыток признается расходом. Величина ожидаемого убытка определяется независимо от стадии завершенности работ по договору, от того, начаты ли работы по договору или нет. Затраты по договору подряда, если отсутствует вероятность их возмещения, должны признаваться в качестве расходов. К ним относятся затраты по договорам, которые юридически не обоснованы, выполнение которых зависит от решения суда и др.

Таким образом, учет затрат на производство и калькуляция себестоимости продукции играют важную роль при определении, признании доходов предприятия. Правильное, достоверное и объективное исчисление себестоимости произведенной готовой продукции информационно определяет управление хозяйственной деятельностью предприятия, поскольку напрямую влияет на налогооблагаемую базу и на ценообразование. А также учет затрат является одним из важнейших факторов повышения эффективности производства на промышленных предприятиях, необходимым условием выполнения планов по производству продукции, снижению ее себестоимости, росту прибыли и рентабельности [7,86].

Список использованной литературы

1. Послание Президента Республики Казахстан Н.Назарбаева народу Казахстана. 11 ноября 2014 г. «НҰРЛЫ ЖОЛ – ПУТЬ В БУДУЩЕЕ»

2. Бабаев Ю. А., Макарова Л. Г., Борисова Е.Ю. Учет затрат на производство и калькулирование себестоимости продукции, работ, услуг. - М.: Вузовский учебник, 2009. - 298с.

3. Пипко В.А. Учет производства и калькулирование себестоимости продукции. - М.: Инфра-М, 2010. - 208с.

4. Юцковская И.Д. Процесс калькулирования // ГлавБух. - 2009. - № 6. - 279с.

5. Тайгашинова К.Т. Управленческий учет: Учебное пособие. Издание 2-е. Алматы 2010. - 193с.

6. Международные стандарты финансовой отчетности. – Алматы: БИКО, 2014. – 240 с.

7. Николаева С.А. Принципы формирования и калькулирования себестоимости продукции: Аналитика-Пресс - М.: 2008 – 189с.

Ибраева С.К.
Казахский Агротехнический университет им С. Сейфуллина
Экономический факультет, старший преподаватель
кафедры « Учет и аудит»

ОСОБЕННОСТИ УЧЕТА В ТУРИСТИЧЕСКИХ ФИРМАХ

Туристическая деятельность – красивый вид бизнеса, основанный на положительных эмоциях от отдыха. Однако бухгалтеры турфирм этой специфики не замечают, их внимание сосредоточено на множестве тонкостей, которые необходимо соблюдать при грамотном ведении бухучета. Что такое туризм, наверное, знает каждый. Туризм и путешествия являются неотъемлемой частью индустрии гостеприимства. Путешествия – основная часть туризма.

Нурсултан Назарбаев в своем послании народу Казахстана "Казахстан – 2030" определил туризм, как отрасль экономики, которая в ближайшее время должна стать высокодоходной и привлечь значительные поступления в казну государства.

В настоящее время в жизни Казахстана наступил такой момент, когда необходимо выводить уровень туризма и его инфраструктуры на качественно новый уровень. В связи с проведением масштабного мероприятия в 2017 году требует ряда мер по улучшению туристического сервиса в стране, следует рассматривать как строительство новых гостиниц с модернизацией старых, так и улучшения качества обслуживания в них.

Государственная программа развития туристской отрасли РК на 2010-2030 годы разработана в соответствии с п. 16 Сетевого графика исполнения Общенационального плана мероприятий по реализации Послания Президента РК народу Казахстана «Стратегия вхождения Казахстана в число пятидесяти наиболее конкурентоспособных стран мира». Новый импульс развитию туристской индустрии придало признание отрасли одной из приоритетных секторов экономики в числе семи кластерных инициатив. В настоящее время у Казахстана имеется реальная возможность интеграции в мировое туристское сообщество и укрепления позиций на международном туристском рынке.[1,7].

Современная туристская индустрия, базирующаяся на уникальном природном и культурном потенциале РК, является естественным системой образующим фактором гибкой интеграции туризма в систему международной торговли туристскими услугами, одной из наиболее динамично развивающихся и эффективных по отдаче на вложенный капитал отраслей, несмотря на ее капиталоемкость.

Время, расстояния, места проживания, цели и продолжительность пребывания – все это отличительные элементы туризма. В целом туризм - многоцелевой феномен, одновременно сочетающий в себе элементы приключений, романтику дальних странствий, некоторую тайну, посещение экзотических мест и земные заботы предпринимательства, вопросы здоровья, личной безопасности и сохранности имущества граждан. Именно поэтому на туризм в полной мере оказывают регулирующее воздействие нормы различных отраслей права: таможенного, страхового, административного, экологического, о защите прав потребителей и др., но особое место отводится гражданскому праву.

Работа бухгалтерии направлена на удовлетворение запросов его собственников, которым необходима информация о полученных результатах деятельности, о финансовом положении организации, такая информация, которая позволит оперативно влиять на производственный процесс и принимать эффективные управленческие решения.

Туризм играет одну из главных ролей в мировой экономике. Международный туризм входит в число трех крупнейших экспортных отраслей, уступая нефтедобывающей промышленности и автомобилестроению, удельный вес которых в мировом экспорте составляет 11% и 8,6% соответственно. Туризм прямо или косвенно влияет на развитие 32 отраслей экономики. Туризм способствует увеличению числа наемных рабочих и служащих, повышению их материального и культурного уровня, приводит к развитию рыночной инфраструктуры. На каждое рабочее место, создаваемое в индустрии туризма, приходится от 5 до 9 рабочих мест, появляющихся в других отраслях. [1, 12].

Туризм имеет не только экономическое значение, но и социально-культурное, так как способствует развитию международных связей и культурных обменов между странами, увеличивает объем межрегиональных связей, повышает познавательный уровень населения.

В настоящее время туризм является одной из перспективных отраслей народного хозяйства. Многие организации, работающие в этой отрасли, уверенно и прочно занимают свое место на рынке туристских услуг, имеют собственную агентскую сеть и постоянную клиентуру. В последнее время появляется все больше организаций, осуществляющих свою деятельность в туристско-экскурсионной сфере.

Это относительно новый и доходный вид бизнеса для казахстанских предпринимателей. В современных условиях хозяйствования одним из важнейших условий эффективного управления предприятием и достижением успехов в бизнесе является грамотно поставленный учет.

Разнообразие видов деятельности, которым занимается туристская фирма, требует применения различных методов и способов учета и отражения хозяйственных операций. Это обуславливает постановку и ведение четкой системы бухгалтерского учета, являющегося важнейшим инструментом управления в туристских организациях. В учете формируется информация о производственных, экономических и финансовых показателях работы предприятия. Эта информация после ее обработки и анализа позволяет принимать эффективное решение в сфере управления и поддерживать финансовое равновесие предприятия.

Оказание туристских услуг, связанных с выездом в другую страну, является импортом туристских услуг. Таким образом, если турагент или туроператор продают туристский продукт иностранным гражданам, данный оборот является экспортом. При этом следует иметь в виду, что оборот, совершаемый за пределами Республики Казахстан, не является облагаемым оборотом по НДС. Местом реализации по услугам в сфере туризма определяется там, где находится место предпринимательской или любой другой деятельности покупателя этой услуги, то есть туриста. [3, 46].

Услуги турагентов по реализации казахстанского турпродукта туристам, сформированного казахстанским туроператором, туристам, являющимся гражданами иностранного государства или постоянно проживающим за пределами РК (въездной туризм), в том числе через иностранных турагентов, также рассматриваются как услуги, реализованные за пределами РК, в связи с чем комиссионное вознаграждение турагента не облагается НДС.

Услуги по реализации иностранного турпродукта казахстанскими турагентами туристам, являющимся гражданами РК и лицам, постоянно проживающим на ее территории (выездной туризм), рассматриваются как услуги, реализованные на территории РК, следовательно у турагента возникает НДС с комиссионного вознаграждения.

При реализации казахстанскими турагентами казахстанского турпродукта, сформированного казахстанским туроператором, гражданам РК и лицам постоянно проживающим не ее территории, у казахстанского турагента возникает НДС с комиссионного вознаграждения.

Например, ТОО формирует туристский продукт для его реализации нерезиденту – охотничий тур по предгорьям. Продукт состоит из услуг гостиниц, ресторанов, транспортировки и экскурсионного обслуживания. Все услуги оказываются казахстанскими предприятиями, которые являются плательщиками НДС.[2, 66].

Таблица 1 Корреспонденция счетов по учету туристского продукта нерезиденту РК

№	Содержание операции	Корреспонденция счетов	
		Дебет	Кредит
1	Счет за услуги гостиницы с учетом НДС	8110	3310
2	Счет за услуги ресторана с учетом НДС	8110	3310
3	Счет за транспортные услуги с учетом НДС	8110	3310

4	Обобщены расходы на турпакет	1320	8110
5	Списана себестоимость тура	7110	1320
6	Стоимость путевки к оплате	1210	6010
7	Получена оплата от нерезидента	1030	1210
8	Начислена курсовая разница		
	- положительная	1210	6250
	- отрицательная	7430	1210

Как видно, услуги оказаны казахстанскими предприятиями, и их стоимость включает НДС. Но поскольку потребителем этих услуг является нерезидент Казахстана, этот оборот туристической фирмы не подлежит обложению НДС. Он соответствует понятию «экспорт» в туристской индустрии. Соответственно не подлежит отнесению в зачет по полученным от поставщиков услугам, которые вошли в состав туристского продукта, реализованному нерезиденту. Рассмотрим в таблице 2 пример реализации путевки в Италию гражданину РК на примере ТОО. [2, 72].

Таблица 2 Корреспонденция счетов по учету туристского продукта резиденту РК

№	Содержание операции	Корреспонденция счетов	
		Дебет	Кредит
1	Стоимость тура, приобретенного у туроператора –нерезидента (Италия)	8110	3310
2	Начислен НДС 12 % за нерезидента	1280	3130
3	Произведена оплата нерезиденту (без НДС)	3310	1030
4	Начислена курсовая разница		
	- положительная	1210	6250
	- отрицательная	7430	1210
5	Принят счет страховой организации	8110	3310
6	Перевозка пассажиров по маршруту «Астана - Рим» (НДС нет, т.к перевозка международная)	8110	3310
7	Общая стоимость турпакета	1320	8110
8	Стоимость реализованной путевки	1210	6010
9	НДС за реализованную путевку	1210	3130
10	Оплата путевки	1030	1210
11	Списана себестоимость турпакета	7110	1320
12	Оплачен НДС за нерезидента	3130	1030
13	Отнесен в зачет НДС, уплаченный за нерезидента	1420	1280

Так, как стоимость туристского продукта включает в себя стоимость размещения, перевозки, оформления виз, питания и других услуг, то в случае оказания нерезидентом таких услуг исключительно за пределами РК, а также если такой нерезидент не является резидентом страны с льготным налогообложением, то доходы от оказания таких услуг, не связанные с его постоянным учреждением в РК, не являются доходами из источников в РК. и соответственно, в отношении указанных доходов у нерезидента не возникает обязательство по уплате подоходного налога в РК.

СПИСОК ИСПОЛЬЗОВАННЫХ ИСТОЧНИКОВ

1. Программа по развитию туристической отрасли в Республике Казахстан на 2013-2020 годы «Туризм – 2020», Астана, 2012 г. – с 5-15.
2. К.Т. Тайгашинова., С.А. Сатаев.,С.Ш. Лапбаева. «Управленческий учет первый уровень с практическими заданиями». Учебник. Издательство « Экономика» Алматы 2014 г.- с. 64-78.
3. В.Л. Назарова. «Бухгалтерский учет в отраслях» Учебник. Издательство Lem Алматы 2012 г.- с. 43-48.

Сплавская Н.В.
кандидат юридических наук, НОУ ВПО "Международный инновационный университет"
e-mail: N.Splavskaya@yandex.ru
Кулешова Л.В.
кандидат экономических наук, доцент, ФГБОУ ВПО "Ставропольский государственный аграрный университет"

МОРАЛЬ КАК РЕГУЛЯТОР ПОВЕДЕНИЯ ГОСУДАРСТВЕННЫХ (МУНИЦИПАЛЬНЫХ) СЛУЖАЩИХ

Россия уже более 20 лет находится в сложной ситуации. С одной стороны, реализуются демократические реформы, формируются рыночные отношения, расширяются гарантии соблюдения прав и свобод человека и гражданина, с другой - идет сложный процесс формирования новых нравственных идеалов, которые соответствовали бы духу времени. В этой ситуации наша страна столкнулась с распадом действовавшей в течение многих десятилетий системы моральной регуляции – сегодня практически нет общераспространенной системы представлений о моральных ценностях. К тому же сильно изменилась шкала жизненных ценностей россиян, в частности уменьшилась сфера общественного, коллективистского, выросло значение индивидуалистических ценностей, на первое место вышли ценности потребления. Можно констатировать то, что в сознании людей изменились представления о нормах нравственности (доброте, отзывчивости, честности, бескорыстности, ответственности, патриотизме) [3, 32].

Особенно опасны такие проявления в системе государственной и муниципальной службы. Негативное впечатление от неэтичного, аморального поведения чиновника подрывает веру в государственную службу РФ и муниципальную службу. Именно институты государственной и муниципальной службы играют значимую роль в жизни общества, и от того, насколько организована их работа, зависит эффективность управления. Именно морально-этическая составляющая государственной и муниципальной службы определяет уровень демократичности государства, его единство и авторитет.

Однако по оценке россиян деятельность государственных служащих РФ и муниципальных служащих сегодня характеризуется "оторванностью от народа", "расхождением между словом и делом", "взяточничеством и коррупцией". Поэтому встает вопрос о том, какими средствами, формами можно добиться необходимой эффективности в процессе формирования должной нравственности у государственных и муниципальных служащих [4, 4].

На наш взгляд, сегодня очень важно переосмыслить моральные нормы и нравственные принципы, регулирующие институты государственной и муниципальной службы, так как моральный способ регуляции является уникальным. Его уникальность, в частности, заключается в том, что в отличии от правовых, административных регуляторов моральный регулятор не нуждается в создании специальных учреждений и органов, а также предполагает усвоение индивидами соответствующих норм и принципов поведения в обществе. Другими словами, результативность моральных требований определяется внутренним убеждением отдельного человека. Такой регулятор поведения, конечно, является самым надежным из всех возможных. Проблема только в том, как его сформировать и какие выбрать направления для коррекции.

По мнению Илларионовой А.Е., под нравственными принципами государственной и муниципальной службы понимается совокупность норм, выражающих требования государства и общества к нравственной сущности служащего, к характеру его взаимоотношений с государством, с гражданским обществом [5, 67].

В целом мы согласны с такой трактовкой и поэтому в глобальном плане мы считаем перспективными следующие направления современной моральной регуляции в российском обществе, которые смогут оказать положительное влияние на коррекцию поведения государственных служащих: увеличение сферы общественного и коллективистского; формирование у населения позитивного имиджа чиновника, в том числе силами СМИ; формирование у государственных служащих этики труда и личной ответственности; пропаганда законного образа жизни; информирование через СМИ о мерах по борьбе с коррупцией чиновников.

Эффективным механизмом, способствующим формированию надлежащей нравственности государственных (муниципальных) служащих может стать специально разработанный, нормативно закрепленный Этический кодекс служащего, по существу представляющий собой свод общих принципов профессиональной служебной этики и основных правил служебного поведения, которыми должны руководствоваться государственные (муниципальные) служащие независимо от замещаемой ими должности.

Примером может служить Кодекс этики и служебного поведения федеральных государственных гражданских служащих Министерства финансов Российской Федерации, утвержденный Минфином РФ. Как сказано в ч. 7 ст. 1 Кодекс служит основой для формирования должной морали в сфере гражданской службы, уважительного отношения к гражданской службе в общественном сознании, а также выступает как институт общественного сознания и нравственности гражданских служащих Министерства финансов Российской Федерации, их самоконтроля [1].

В преамбуле Этического кодекса государственных гражданских служащих Федеральной антимонопольной службы [2] отмечено, что он призван содействовать укреплению авторитета государственной власти, доверия граждан к институтам государства, в частности к ФАС России и его территориальным органам, обеспечить единую нравственную основу для согласованных и эффективных действий Федеральной антимонопольной службы.

В рассматриваемом вопросе заслуживает внимания и "Типовой кодекс этики и служебного поведения государственных служащих Российской Федерации и муниципальных служащих", одобренный решением президиума Совета при Президенте РФ по противодействию коррупции от 23 декабря 2010 г.

Важным фактором в формировании высоконравственных качеств государственного и муниципального служащего являются и самоограничения, т.е. более высокие, чем по отношению к остальным гражданам требования. Во-первых, служащий имеет больше возможностей, чем простой гражданин, и именно поэтому на него налагается больше ограничений и самоограничений. Не все для него должно быть морально допустимо, другими словами, не всегда то, что позволяет чиновнику закон, допустимо с моральной точки зрения, тем более что закон зачастую предоставляет высшим должностным лицам государства возможность широкого выбора. Во-вторых, должно существовать много форм контроля над государственными и муниципальными служащими, в первую очередь общественного контроля, делающего их поступки и даже мотивы поступков известными для граждан, а саму власть – прозрачной.

Литература (источники):
1. Кодекс этики и служебного поведения федеральных государственных гражданских служащих Министерства финансов Российской Федерации. (утв. Минфином РФ 23.03.2011) // СПС КонсультантПлюс.
2. Приказ Федеральной антимонопольной службы от 25 февраля 2011 г. № 139 "Об утверждении Этического кодекса государственных гражданских служащих Федеральной антимонопольной службы". – URL: http://hmao.fas.gov.ru/document/8081
3. Данилов Р.Р., Сплавская Н.В. Законность и ответственность в государственном управлении // Государство и право в XXI веке. 2015. № 1. С. 30-34.
4. Зотов М.Д. Кодексы этики как механизм управления нравственным развитием государственных гражданских служащих в условиях современной России. Автореф. дисс. на соискание ученой степени кандидата социологических наук. - М., 2013.
5. Илларионов А.Е. Основы теории государственной кадровой политики (учебно-методическое пособие и конспект лекций). - Владимир, 2009.

Ставило С.П.
кандидат юридических наук (PhD), доцент,
доцент кафедры гражданского права, управления и процесса филиала
Российского государственного социального университета в г. Анапе, РФ
e-mail: Stavilodallad@yandex.ru

ПАССИОНАРНОСТЬ ПРАВА

Сегодня, в период празднования очередной годовщины принятия Конституции Российской Федерации (РФ), мы вспоминаем исторические события, которые предшествовали ее принятию: перестройка в СССР, демократизация государственного управления и общественных отношений, гласность, многопартийность, новый, мирный мировой порядок, первый съезд народных депутатов СССР, неудачная попытка августовского переворота 1991 года, распад СССР, принятие Конституции РФ на всенародном голосовании (референдуме) 12 декабря 1993 года.

Все эти события были бы невозможны без непреодолимого желания и способностей широких слоев населения нашей страны к изменению окружающего мира к лучшему. Стремление к лучшей, мирной, более справедливой и достойной жизни составляет добродетельное направление общественного развития. Однако движение к лучшему было бы невозможно без ярких представителей общества, обладающих такими качествами, как энергичность, честолюбие, гордость, целеустремленность, способность к убеждению, самоотверженность и самопожертвование.

Такими личностями в различные исторические периоды были: Брут, благодаря которому был изгнан царь Тарквиний Гордый и в Древнем Риме почти на пятьсот лет установилась республиканская форма правления, император Константин, провозгласивший принцип «одна страна, один народ, один Бог!», распространивший христианство на все римские владения, Жанна Д Арк, спасшая Францию от английской интервенции. В России – это гражданский подвиг «декабристов», являвшихся авторами проектов первых российский Конституций, требовавших отмены крепостного права и введения законодательных представительных органов государственной власти. Только после революции 1917 года под руководством В.И. Ленина было провозглашено равноправие граждан и отменена частная собственность на средства производства, а в результате реформ М.С. Горбачева, направленных на построение социалистического государства «с человеческим лицом» у нас стало формироваться новое мышление и понимание роли нашей страны в деле сохранения мира и безопасности всего человечества и гуманистическом саморазвитии человека. Знаменитое произведение М.С. Горбачева так и называлось: «Перестройка и новое мышление для нашей страны и для всего мира» [1].

Все эти люди, и многие другие, с легкой руки Л.Н. Гумилева являются пассионариями, так как способны менять мир. Пассионарность – это «нарушение инерции агрегатного состояния среды, способность и стремление к изменению окружения». По мнению Л.Н. Гумилева пассионарии оказывают огромное влияние на других людей, они могут способствовать прогрессу и процветанию, а могут и препятствовать этому.

В связи с чем нельзя не вспомнить крылатые строки Б.Л. Пастернака: «Не потрясенья и перевороты для новой жизни открывают путь, а откровенья, бури и щедроты души воспламененной чьей–нибудь».

Сложно представить себе ситуацию, когда пассионарии не стремились бы изменить действующее законодательство в целях достижения главной цели права – максимум достижения счастья для большинства граждан.

Действующая Конституция РФ – коллективный плод пассионариев, таких как С.С. Алексеев, С.М. Шахрай А.А. Собчак и др. Благодаря «полету их творческой мысли» мы имеем столь прогрессивный основной закон нашего государства. Но если во времена своего принятия Конституция РФ воспринималась многими как сугубо консервативный нормативно–правовой акт – сейчас многие современники считают ее излишне либеральной. Авторы предвидели такое отношение в будущем и заложили в текст Конституции РФ ограничения, связанные с невозможностью внесения изменений в 1,2 и 9 главы, чем защитили гарантированные основы конституционного строя, права и свободы человека и гражданина.

Пассионариями являлись двадцатитрехлетний Дмитрий Комарь, тридцатисемилетний Владимир Усов и двадцативосьмилетний Илья Кричевский, которые 20 августа 1991 года отдали свои жизни ради повсеместного утверждения прав и свобод, впоследствии включенных во вторую главу действующей Конституции РФ.

И сегодня Конституция РФ является нашей основной защитой от злоупотреблений и правонарушений, она гарантирует нам незыблемые «прирожденные» и социальные права и свободы, без которых нормальная человеческая жизнь была бы невозможна.

В свое время Вольтер сказал: «Лишь только тот достоин жизни и свободы, кто каждый день за них идет на бой!».

На формирование права огромное влияние оказывали творческие достижения пассионариев, их мысли и чаяния впоследствии отражались в законодательстве. Так известно, что рекомендованный Вольтером Екатерине II знаменитый труд Чезаре Беккариа «О преступлениях и наказаниях» (1764 г.) был в значительной степени использован в ее Наказе (1767 г.), данном Комиссии для составления проекта нового Уложения.

Считаем, что формирование и реформирование права пассионариями может иметь как положительный, так и отрицательный эффект, так как право не статическое явление, а динамическое, зависящее от конкретных временных, территориальных, социальных, демографических, психологических, экономических, политических и других аспектов, в отличие от постулатов права – основных правовых принципов, которые общество, все же старается сохранить без изменений.

По всей видимости динамический процесс правотворчества неоднороден и имеет разное «волнообразное ускорение» применительно к отдельным принимаемым нормативно-правовым актам и ко всей совокупности этих актов в различные временные периоды. По нашему мнению пассионарность права – это чрезмерная подверженность правового пространства волевым радикальным изменениям.

В работе В.М. Баранова и В.В. Трофимова говорится о том, что личное (но не личностное) начало особенно рельефно проявляется при реальном продвижении тех или иных законодательных инициатив. «Скоростное» продвижение инициативы или законопроекта при личной заинтересованности власти становится возможным и не испытывает никаких затруднений, может осуществляться чуть ли даже не в течение одного рабочего дня парламентской деятельности (в частности, нижней из палат парламента). С другой стороны, характерно и многомесячное или даже многолетнее «торможение» – при личном неприятии властным лицом тех или иных законодательных инициатив. Роль личного начала в правотворчестве может превалировать настолько, что способна кардинально поменять конфигурацию того или иного сегмента правового регулирования, если не трансформировать весь юридический контекст, изменив доктрину законодательного регулирования (от одной модели нередко к прямо противоположной). Не случайно по этому поводу высказался германский юрист Ю. Кирхман: «три слова правки законодателя – и целые библиотеки превращаются в макулатуру» [2, 10].

Остается лишь спросить, что скрывается под формулировкой «личная заинтересованность власти»? В ст. 3 Конституции РФ говорится о том, что «единственным источником власти в РФ является ее многонациональный народ», так какую «личную заинтересованность власти» имели ввиду авторы указанной работы? Не проявление ли это безграничной, личной власти отдельных пассионариев, которые снова и снова предлагают свои законодательные правки на благо общества?

Литература (источники):

1. Горбачев М.С. Перестройка и новое мышление для нашей страны и для всего мира. М.: Политиздат, 1988. 271 с.

2. Баранов В.М., Трофимов В.В. Личное в правотворчестве: утопия, антропологический ресурс или необходимое технико-юридическое средство повышения качества // Юридическая наука и практика. Вестник Нижегородской академии МВД России. 2015. № 2 (30).

Журавлева Ю.В.
кандидат юридических наук
доцент кафедры гражданского права
Приволжского филиала ФГБОУВО
«Российский государственный университет правосудия»
Zhuravlevay@mail.ru

ВЛИЯНИЕ ИМПЕРАТИВНЫХ НОРМ О ПАРАЛЛЕЛЬНЫХ И ПОСЛЕДУЮЩИХ УСТУПКАХ НА ПРАВОВОЕ ПОЛОЖЕНИЕ УЧАСТНИКОВ ЦЕССИИ

В свете последних изменений Гражданский кодекс Российской Федерации [1] (далее по тексту – ГК РФ) впервые закрепил положения о так называемых последовательных (п.2 ст.385) и параллельных (п.4 ст.390) уступках. Из содержания данных норм явно следует то, что они носят императивный характер, а значит не предоставляют свободу выбора своего поведения участникам соответствующих правоотношений. В связи с этим представляется интересным рассмотреть вопросы, связанные с особенностями каждого вида, практикой их применения, а, главное, последствия совершения последовательных и параллельных уступок для должника.

В соответствии с п. 2 ст. 385 ГК РФ, если должник получил уведомление об одном или о нескольких последующих переходах права, должник считается исполнившим обязательство надлежащему кредитору при исполнении обязательства в соответствии с уведомлением о последнем из этих переходов права.

Во-первых, необходимо отметить, что данная норма распространяется на случаи получения уведомления как об одной, так и о нескольких последующих уступках (например, Постановление 13 ААС от 17.07.2015 г. по делу № А56-16944/2015). Однако, существует и другая позиция, согласно которой данная норма регулирует исключительно случаи с несколькими последовательными уступками (Постановление 11 ААС от 13.04.2015 г. по делу № А65-2092/2014). Однако, сама формулировка п.2 ст.385 содержит указание на применение ее так же к случаям, когда уступка осуществляется однократно от одного цедента к цессионарию.

Во-вторых, последующий переход права предполагает совершение определенной цепочки (ряда) уступок (например, А уступил требование В, В → С, С → Д). В этой связи любопытной представляется трактовка данной нормы в судебной практике. Так, в отдельных случаях суды рассматривают в качестве последовательных и уступку двух разных цедентов одному цессионарию (Постановление 11 ААС от 13.04.2015 г. по делу № А65-20924/2014; Постановление 13 ААС от 29.06.15 г. по делу № А56-3417/2015). В данном случае необходимо вести речь о двух самостоятельных, независимых друг от друга договорах цессии. Тогда как в случае с последующими уступками цессионарий, передавая уступленное ему цедентом А право требования, сам становится цедентом по отношению к следующему цессионарию. И так далее, в зависимости от того, сколько последовательных уступок было совершено.

Таким образом, последующая уступка представляет собой совершение определенной цепочки (ряда) последовательных уступок, в которых цессионарий, передавая уступленное ему право требование цедентом, сам становится цедентом по отношению к следующему цессионарию.

В результате совершения таких последовательных уступок надлежащим кредитором при исполнении обязательства считается последний кредитор, которому это право уступлено. Помимо того, что это прямо закреплено в п.2 ст.385 ГК РФ, в п.2 ст.389.1 ГК РФ предусмотрено, что требование переходит к цессионарию в момент заключения договора. Именно поэтому с момента заключения договора с последним цессионарием право требования прекратило существовать у цедента независимо от того о каком звене этой цепочки мы говорим.

Однако, несмотря на такую, казалось бы, внешнюю простоту в выявления надлежащего кредитора, у должника могут возникнуть серьезные проблемы с его определением.

Если предположить, что в отношении требования было совершено, скажем, три уступки (А → В → С → Д), а кредитор получил уведомление только о первой и третей. Последний кредитор предоставил должнику в качестве доказательства договор уступки права (требования), заключенный между лицами С и Д. У должника же есть информация об уступке его первоначальным кредитором лицу В, но отсутствует информация о заключенном договоре между В и С, а, следовательно, и о наличии соответствующего права у лица Д.

В п.1 ст.385, в свою очередь, предусмотрено право должника не исполнять обязательство новому кредитору до предоставления ему доказательств перехода права к этому кредитору. Между тем, как неоднократно отмечалось в судебной практике (Постановление Шестнадцатого арбитражного апелляционного суда от 22.04.2013 по делу N А63-11946/2012), отсутствие у должника достаточных доказательств о возникновении права у кредитора, непосредственно предъявляющего ему требование, не освобождает его от обязанности исполнить это обязательство первоначальному кредитору.

Проецируя этот вывод, сделанный в судебной практике на вышеприведенный пример, можно предположить, что при наличии у должника доказательств уступки права его первоначальным кредитором другому лицу, должник не освобождается от исполнения лежащей на нем обязанности в адрес данного лица (в нашем примере – лицу В).

Кроме того, вполне возможно, что на момент исполнения обязательства должник не получил уведомление о действительно последней уступке. В этом случае подлежит применению п.3 ст.382 ГК РФ.

Иначе складывается ситуации в отношении параллельных уступок. В п.4 ст.390 ГК РФ предусмотрено, что в отношениях между несколькими лицами, которым одно и то же требование передавалось от одного цедента, требование признается перешедшим к лицу, в пользу которого передача была совершена ранее.

Путем буквального толкования данной нормы и нормы, закрепленной в п.2 ст.389.1 ГК РФ, можно сделать два важных вывода. Во-первых, параллельные уступки предполагают передачу требования от одного цедента нескольким цессионариям (например, от А к В; от А к С; от А к Д) (Постановление Девятого арбитражного апелляционного суда от 22.05.2015 N 09АП-17069/2015 по делу N А40-98173/14). Во-вторых, требование считается перешедшим к лицу, в пользу которого передача была совершена ранее так же в силу общего правила о переходе требования к цессионарию в момент заключения договора.

Однако, следует обратить внимание на один очень важный момент. В случае, если стороны воспользовались правом, предоставленным в п.2 ст. 389.1 ГК РФ и включили в договор условие об ином моменте перехода права (требования) нежели заключение договора, может сложиться ситуация, что на момент последующей уступки цедент еще сам продолжает обладать этим правом. В таком случае, уже последующий кредитор станет обладателем права.

В данной связи представляется очень важным вывод, сделанный в судебной практике относительно последствия передачи несуществующего права. Так, если лицу, в пользу которого передача была совершена раньше, передано несуществующее право, требование считается перешедшим к тому цессионарию, к которому раньше перешло существующее право (Постановление Одиннадцатого арбитражного апелляционного суда от 09.09.2015 N 11АП-11082/2015 по делу N А65-172/2015 Требование: О возмещении убытков, возникших в результате ненадлежащего исполнения договора уступки права требования).

Во всех этих внутренних взаимоотношениях между цедентом и цессионариями будет довольно сложно разобраться должнику.

С одной стороны, при получении двух уведомлений он обязан будет исполнить обязательство первому цессионарию, с другой же он может не располагать информацией о том возникло это право у него или нет. В этом случае предъявление лишь одного договора об уступке права (требования) будет, явно, не достаточно. Необходимо будет запросить еще документы, подтверждающие факт приобретения этого права.

Однако же, если должник находится в добросовестном неведении относительно того, кто все-таки является первым надлежащим цессионарием, риск последствий исполнения не тому лицу несут цедент или цессионарий, которые знали или, что еще более важно, должны были знать об уступке требования, состоявшейся ранее (абз.2 п.4 ст.390 ГК РФ).

Таким образом, несмотря на кажущуюся очевидность правила, установленного в п. 4 ст.390 ГК РФ, на практике могут возникнуть некоторые нюансы.

В целом, необходимо отметить, что норма, закрепленная в п.4 ст.390 ГК РФ очень важна для стабильности гражданских правоотношений. В данной связи хотелось бы подчеркнуть насколько своевременно она появилась в законе. Ведь практика уже начала формироваться совсем по другому пути. В Постановлении Президиума ВАС РФ от 11.06.2013 N 18431/12 по делу N А40-133899/11-68-1158 [2,18] Арбитражный суд, применив аналогию закона (ст.398 ГК РФ), сделал вывод о том, что в случае уступки одного права (требования) нескольким лицам приоритет должен определятся на основании уведомления должника о состоявшейся уступке и возврат права требования будет невозможным, как только должник узнает об уступке, пускай и несуществующего права.

На наш взгляд во всех случаях, связанных с признанием должника надлежаще уведомленным, дабы снять неопределенность в вопросе о наличии у него полной и достоверной информации о надлежащем кредиторе, предложение, выдвинутое в п 4.1.6. Концепции развития гражданского законодательства [3,15] было наиболее рациональное. Только лишь наличие письменного документа, исходящего от первоначального кредитора и содержащего указание на то, что уступка имела место, может служить неопровержимым доказательством для должника.

Подводя итог, необходимо отметить, насколько важна правильная квалификация произведенных действий, поскольку последствия совершения последующих и параллельных уступок кардинально отличаются. Немаловажным является так же правильное определение момента возникновения права у отчуждателя. Кроме того, дабы соблюсти основной принцип цессионного права, который заключается в том, что уступка не должна ухудшать положения должника, представляется необходимым несколько отредактировать имеющиеся в ГК РФ нормы с целью предотвращения неопределенности в вопросе об установлении надлежащего кредитора.

Источники:

1. Гражданский кодекс Российской Федерации (часть первая) от 30.11.1994 N 51-ФЗ (ред. от 13.07.2015) (с изм. и доп., вступ. в силу с 01.10.2015) // Собрание законодательства РФ, 05.12.1994, N 32, ст. 3301.
2. Вестник ВАС РФ, 2013, N 12.
3. Вестник ВАС РФ, 2009, N 11.

Кунц Е.В.
доктор юридических наук, профессор,
ФГОБУ ВПО «Челябинский государственный университет»,
73kuntc@mail.ru
Голубовский В.Ю.
доктор юридических наук, профессор
Московский университет МФД им. В.Я. Кикотя

ПРОБЛЕМЫ ПРАВОВОЙ ПОЛИТИКИ В СФЕРЕ МЕЖНАЦИОНАЛЬНЫХ И РЕЛИГИОЗНЫХ ОТНОШЕНИЙ

На рубеже XX-XXI вв. преступления на почве межнациональных и религиозных отношений из разряда достаточно нечасто совершаемых преступлений перешел в достаточно распространенный вид. Преступления на этой почве, обладают повышенной общественной опасностью, часто непрогнозируемые, посягающие как на права личности, так и на общественный порядок и общественную безопасность, основы конституционного строя. Эти преступления чаще всего носят политических оттенок, что и объясняет особую деликатность при их изучении и рассмотрении.

В современной России принцип равноправия по-прежнему, является актуальнейшим, общество призвано постоянно утверждать и поддерживать этот принцип, который нарушается достаточно часто на практике и ослабляется преимуществами и льготами, предоставляемыми некоторым группам или слоям, в том числе пропагандирующим превосходства одной нации или народа над другой.

В многонациональной России, где традиционно были развиты межнациональные браки, перемещение населения в рамках территории Российской Федерации, большинство людей проживало вне своих территориях, огромное значение имеет положение о том, что каждый вправе определять и указывать свою национальную принадлежность. Это положение, которое закреплено в Конституции Российской Федерации не означает недооценку фактора национальности или тенденцию к асимиляции. Здесь также речь идет о праве пользования родным языком, право на свободный выбор языка общения, воспитания, творчества и обучения.

Конституция Российской Федерации в полном объеме предоставляет и гарантирует свободу совести, свободу вероисповедания, включая право исповедовать индивидуально или совместно с другими любую религию или не исповедовать никакой, свободно выбирать, иметь и распространять религиозные или иные убеждения.

В России гарантировано каждому гражданину свобода мысли и слова. Это основная предпосылка демократии имеет пределы, приемлемые для любого цивилизованного общества: исключается пропаганда или агитация, возбуждающие социальную, расовую, национальную или религиозную ненависть и вражду. Запрещается пропаганда социального, расового, национального, религиозного или языкового превосходства. Никто не может быть принужден к выражению своих мнений и убеждений или отказу от них.

Российская Федерация это многонациональное государство, которое характеризуется многообразием языков, традиций, этносов и культур, следовательно, для нее национальное и религиозное согласие является вопросом фундаментальным. Полностью разделяя позицию Президента РФ В.В. Путина о том, что любой ответственный политик, общественный деятель должен отдавать себе отчет в том, что одним из главных условий самого существования нашей страны является гражданское и межнациональное согласие[1,5].

Все мы становимся свидетелями того, что происходит в мире, какие здесь копятся серьезнейшие риски. Реальность сегодняшнего дня – рост межэтнической и межконфессиональной напряженности. Национализм, религиозная нетерпимость становятся идеологической базой для самых радикальных группировок и течений. Разрушают, подтачивают государства и разделяют общества [1,7].

С нерешенными вопросами национального и религиозного характера столкнулись самые развитые и благополучные страны, которые прежде гордились своей толерантностью, это и США, Сирия, Украина, ФРГ, Франция, Турция. Во многих странах существуют национально-религиозные общины, которые отказываются адаптироваться к местным устоям, не учитывают национальные особенности.

Сотрудничество государства с средствами массовой информации, международными и иными организациями, является адекватным отражением природы современного межнационального и религиозного напряжения, имеющего по преимуществу националистический, этнорелигиозный или международный характер. Эффективное противодействие проявлениям такого рода явлениям невозможно без взаимодействия власти с институтами гражданского общества, международными и иными организациями. В этом многократно убеждает как зарубежный, так и отечественный опыт борьбы с межнациональными, религиозными конфликтами.

Россия сегодня – страна открытая и объективно все больше интегрируется в мировое сообщество и его культуру. Но в этом процессе должен присутствовать здравый смысл, особенно в том, что касается [интеграции идеологий, нравственных ценностей. Государство должно заботиться о гуманитарной, духовной, интеллектуальной безопасности народа» [2,1].

К сожалению, российская культура не противостоит достаточно активно и целенаправленно экспансии голливудских культурных «суррогатов».

Все нормативные акты, которые определяли основные цели национальной политики, направленные на укрепление российской государственности, культурно-исторического и национального единства страны до 2012 года основывались на Концепции государственной национальной политики Российской Федерации, утвержденной Указом Президента Российской Федерации (15 июня 1996 г., № 909). Основной задачей внутренней национальной политики государства являлось согласование интересов всех проживавших в стране народов и этнических групп, национальных меньшинств, обеспечение их нормативно-правовой правовой и материальной основы их развития, а также сплочение всех народов, проживающих на территории Российской Федерации на основе принципов их добровольного, равноправного и взаимовыгодного союза и сотрудничества.

XXI век, с его кардинальными изменениями в традиционных подходах к национальной и миграционной политике во всех странах, которые можно объяснить кризисными явлениями, которые коснулись практически все страны мира, Россия своевременно сформулировала основные направления деятельности в этом направлении, приняв Стратегию государственной национальной политики Российской Федерации на период до 2025 г., в основу которой положены особенности национального, культурного, духовного, социального государства, которая призвана обеспечить целостность государства, сохранить межнациональное и межрелигиозное согласие в стране.

В современных условиях вопросы нормативно-правовой основы регулирования межнациональных, религиозных, межэтнических отношений приобретают огромное значение, становятся предметом обсуждения не только руководителей Российского государства, руководителей исполнительной, законодательной, судебной властей на местах, но и всего народа, мирового сообщества. Национальные, религиозные, этнические отношения, это все разновидность общественных отношений, следовательно, как и любой вид общественных отношений, они нуждаются в их нормативном регулировании. Учитывая многонациональный характер нашего государства, его территориальную, духовную, языковую, политическую, социальную особенности народа, проживающего на его территории, с особой деликатностью и осторожностью необходимо смотреть на вопросы обсуждения законопроектов, их принятия, как на местах, так и на уровне государства в целом.

Список литературы

1. Путин В.В. В.В. Путин, Президент Российской Федерации. Россия: национальный вопрос // Сборник законодательных актов в области государственной национальной политики и межнациональных отношений. Москва: ГБУ «МДН», 2013. С. 5.
2. Известия. 14.05.2001.

Кушарова М.П.
к.ю.н., доцент, доцент кафедры гражданского права и процесса, ЮФ
Новосибирского государственного университета
экономики и управления (НИНХ)

О СОВЕРШЕНСТВОВАНИИ СИСТЕМЫ УПРАВЛЕНИЯ АГРОПРОМЫШЛЕННОГО КОМПЛЕКСА СУБЪЕКТА ФЕДЕРАЦИИ

Ключевые слова: система управления агропромышленного производства; столкновение интересов сельских товаропроизводителей, переработчиков их продукции и агросервисных структур; неопределённость и бессистемность законодательства, «государственное управление» и государственное регулирование»; реализация федеральных и региональных целевых программ.

The improvement of the control system of the Federation of Agro-Industrial Complex.

Margarita Kusharova, Ph.D., Associate Professor, Department of Civil Law and Procedure, Law Branch of the Novosibirsk State University Economics and Management (NSUEM)

Keywords: control system of agricultural production; a clash of interests of agricultural producers, processors of their products and agro-service agencies; uncertainty and inconsistent legislation, "governance" and " governance regulation "; implementation of federal and regional long-term programs.

Современное состояние системы управления агропромышленного производства позволяет констатировать, что в агропромышленном комплексе как объекте управления произошли существенные изменения. Во-первых, как уже неоднократно отмечалось, ранее действовавшая единая интегрированная система управления сельскохозяйственным производством утратила свою целостность. Во-вторых, продолжаются противоречия производственно-экономических интересов как (и не только) внутри АПК так и за его пределами: это, прежде всего столкновение интересов сельских товаропроизводителей и переработчиков их продукции, а также агросервисных структур. Эти противоречия вызваны тем, что в ходе приватизации аграрного сектора экономики во многих случаях контрольный пакет акций перешёл к перерабатывающим предприятиям и агросервисным структурам, которые теперь занимают превалирующее положение и диктуют свои условия сельскохозяйственным производителям. В-третьих, идёт ускоренное разгосударствление ряда крупных структур, в продукции и услугах которых нуждаются и федеральные и региональные рынки, так часть государственных служб передана самим сельскохозяйственным коммерческим организациям, содержащим их за счет отчислений в фонды агропромышленных объединений. [1]

Законодательство, регулирующее агропромышленный сектор экономики по-прежнему отличается неопределённостью и бессистемностью, и принимается без научного обоснования и соблюдения юридической техники, поэтому носит как бы рекомендательный характер, что не способствует эффективной деятельности аграрного сектора.[2] До настоящего времени не решён наиглавнейший вопрос – вопрос о собственности земли как основном средстве производства.

При таком положении дел необходимо всей системе управления АПК ориентироваться на более эффективное хозяйствование и решение социальных задач на селе. Не менее важной задачей является создание единой системы государственного и хозяйственного управления как федеральным, так и региональным агропромышленным комплексом с полным циклом сельскохозяйственного производства, переработки и доведения её до потребителя.

Особое значение в связи с этим приобретает разработка и реализация моделей реформирования и функционирования АПК в субъекте Федерации с адекватной системой управления. И это реформирование должно быть «…. в рамках института административно-правового регулирования исполнительная власть не вправе вмешиваться в хозяйственную деятельность рыночных субъектов, но обязана регламентировать и контролировать все аспекты их деятельности, предусмотренные законом, а так же энергично защищать права и законные интересы участников экономических отношений»[3].

К числу таких моделей можно отнести области с научными подходами к реформированию сельского хозяйства, где разрабатываются системы ведения агропромышленного производства в совокупности с организационно-экономическими, технологическими, техническими, социальными и экологическими мероприятиями. Представляется, что такая система управления АПК субъекта подлежит утверждению органами федеральной государственной власти и в принципиальных вопросах не может противоречить федеральному законодательству.

Учёные – правоведы, разграничивая понятия «государственное управление» и государственное регулирование», указывают, что «управление» как экономическая категория должно выступать в двух формах – прямое и косвенное. .[4] Прямое распространяется на объекты государственной собственности и не может выходить за её пределы. Косвенное государственное управление предполагает воздействие на социально-экономические процессы (финансовый, ценовой, налоговый механизмы и т.д.» экономическими методами и поэтому укладывается в содержание понятия «государственное регулирование».

Однако в рыночных условиях начинает действовать принцип разграничения и тесного взаимодействия государственного и хозяйственного управления и, по мере развития рынка должен усиливаться приоритет хозяйственно-экономического управления, разумеется, в сочетании с экономическими методами государственного регулирования. При этом различия между понятиями «государственное регулирование» и «государственное управление» практически стираются, если последнее осуществляется преимущественно экономическими методами.

Как показывает анализ структур Министерства Сельского хозяйства Новосибирской области, особое внимание должно быть обращено на необходимость усиления использования экономических методов и рычагов, лучшей координации органов государственного управления. Сохраняя существовавшие в дореформенный период специализированные органы управления сельским хозяйством и отраслями перерабатывающей промышленности необходимо, на наш взгляд, создать новые управленческие структуры, охватывающие деятельность всех рыночных структур и предпринимателей сельскохозяйственного производства, в том числе деятельность крестьянских (фермерских) хозяйств и маркетинга. [5].

Структурный анализ взаимоотношений отдельного агропредприятия с органами исполнительной власти (управляющими структурами) свидетельствуют о значительном их несовершенстве, причины которого кроются в многолетнем противопоставлении управления как контролирующей структуры и конкретного предприятия, не готового сотрудничать с управляющими органами и не видит в них помощников. Перестройка менталитета как чиновников так и руководителей агропредприятий относится к первоочередным задачам системы управления. Изучая практику государственного управления сельскохозяйственной отраслью на региональном и районном уровнях приходится признать, что именно из-за несовершенства правового регулирования экономического механизма, ценового диспаритета, перекосов в кредитно-финансовой и налоговой системах наблюдается подмена органами управления функций хозяйственного управления и самоуправления. .[6]

Главам органов исполнительной власти приходится принимать множество неоправданных Постановлений, в которых преобладают распорядительные методы, или в определённой степени сочетаются административные и экономические методы, то есть вынужденно совмещаются функции хозяйственного и государственного управления с явным преобладанием последнего. Учитывая, что инфраструктура поставок материально-технических ресурсов для аграрного сектора, система закупок и распределения сельхозпродукции при реформировании

АПК была значительно разрушена, а бюджетная поддержка со стороны государственных органов не была эффективна и контролируема, в настоящее время необходимо создать соответствующий механизм координации и управления этой деятельностью. Для этого требуется комплексно решить следующие задачи:

1. Сформировать самостоятельные хозяйствующие субъекты с возложением на них полной финансовой и юридической ответственности за свою деятельность, способного использовать преимущества крупнооптового покупателя и продавца.

2. Органы государственной власти субъекта Федерации должны обеспечить реальные возможности регулирования тарифно-ценовой и снабженческо-сбытовой политики в соответствии с потребностями развития агропромышленного производства.

В результате проведённого анализа современного состояния системы управления АПК можно сделать вывод о необходимости дальнейшего совершенствования управления сельскохозяйственного производства в субъекте Федерации, с учётом законов рыночной экономики. Министерство сельского хозяйства РФ, АПК субъектов Федерации и районные их управления, осуществляя функции управления текущими экономическими процессами могут и должны стать центрами разработки стратегии развития агропромышленным производством и соответствующего этой стратегии хозяйственного механизма. Представляется, что основным в деятельности системы управления АПК на уровне субъекта должен стать анализ условий и результатов хозяйственной деятельности сельских товаропроизводителей, функционирования аграрных рынков реальной ситуации в продовольственном хозяйстве России и на мировом рынке, с учётом интересов отечественных сельхозпроизводителей и их информационного обеспечения.

При этом для создания эффективной системы государственного управления необходимо учесть три главных задачи.

1. Определение и чёткое разграничение функций государственного управления на всех уровнях, включая непосредственных сельхозпроизводителей, независимо от их организационно-правовой формы, но с учётом их правового положения.

2. Создание системы хозяйственного управления агропрмышленным производством представляется по опыту А.В. Чаянова - преимущественно в виде Ассоциаций и отраслевых союзов сельскохозяйственных товаропроизводителей.

3. Необходимо рациональное сочетание всех видов управления агропромышленным комплексом – государственного, хозяйственного (экономического) и местного. Особое внимание следует уделить специфике, закономерностям и тенденциям развития отрасли.

Реформирование аграрного сектора экономики, на наш взгляд, заключается в восстановлении управляемости, усилении вертикали государственного управления АПК и, прежде всего, в совершенствовании контрольных функций, разработке реализации долгосрочных федеральных и региональных сельскохозяйственных комплексных целевых программ. Информационное обеспечение рынков сельскохозяйственной продукции и сырья, развитие материально-технической базы, а так же организационно экономических структур государственного регулирования АПК должно быть на базе научно обоснованного правового механизма.

Библиографический список

1.М.И.Козырь.Аграрная реформа в Российской Федерации:правовые проблемы и решения.//М.1994 с.92; Файзуллин Г.Г. Роль государства в управлении сельским хозяйством: теория и практика // Административное и муниципальное право. 2008. №5. М.П.Кушарова Некоторые проблемы нормотворчества и правового обеспечения сельскохозяйственного производства в субъекте РФ//Научные труды SWorld,2014 т.31 № 1 С80-83.

2.А.Л.Тен.Административно правовое регулирование экономики. //Барнаул.2010;

3. А.Ф. Ноздрачев. Содержание института административно-правового регулирования экономических отношений// «Государство и право».-1999.-№10.-С.15

4. Атаманчук Г.В. Управление: сущность, ценность, эффективность.// М.: Культура, 2006.

5.Постановление Губернатора НСО от 04 мая 2010 г об утверждении Положения о Министерстве сельского хозяйства Новосибирской области (в ред.от08.07.2010 N199,от14.09.2010 N287,от 01.11.2010 N 340, от 06.02.2012 N19,от23.05.2013 N133,от24.02.2014 N30)

6..Постановление Правительства Новосибирской области от 02.02.2015 N 37-п (ред. от 25.08.2015) "О государственной программе Новосибирской области "Развитие сельского хозяйства и регулирование рынков сельскохозяйственной продукции, сырья и продовольствия в Новосибирской области на 2015-2020годы"// из информационного банка "Новосибирская область"